直线压缩机技术

邹慧明　唐明生　田长青　著

机 械 工 业 出 版 社

本书在制冷领域用直线压缩机技术理论与应用研究的基础上，从直线压缩机的结构、设计方法、性能特点及控制等方面介绍了相关研究成果，总结了直线压缩机设计与开发过程中的相关理论。本书主要有以下特点：①从直线压缩机的物理模型出发，描述了表征直线压缩机机电耦合性能的特征参数的特性，建立了描述直线压缩机运行过程与性能的非线性数学模型；②介绍了自由活塞结构直线压缩机各种不稳定现象的产生机理和稳定性判别；③阐述了典型应用条件下直线压缩机的结构设计与控制策略。

全书共分7章：第1章是绪论部分；第2章介绍了直线压缩机理论模型；第3章介绍了直线压缩机特征参数；第4章介绍了直线压缩机设计方法；第5章介绍了直线压缩机制冷性能；第6章介绍了直线压缩机控制技术；第7章介绍了直线压缩机补气技术。

本书可供从事小型制冷压缩机方向研究、设计、制造、试验和运行的科研人员、工程技术人员参考，也可作为制冷压缩机专业方向研究生的教材和参考书。

图书在版编目（CIP）数据

直线压缩机技术 / 邹慧明，唐明生，田长青著.

北京：机械工业出版社，2025. 2. -- ISBN 978-7-111-77686-4

Ⅰ. TB652

中国国家版本馆 CIP 数据核字第 2025PD9013 号

机械工业出版社（北京市百万庄大街22号　邮政编码100037）

策划编辑：刘本明　　　　　责任编辑：刘本明　田　畅

责任校对：樊钟英　刘雅娜　　封面设计：张　静

责任印制：张　博

北京建宏印刷有限公司印刷

2025年6月第1版第1次印刷

169mm × 239mm · 19印张 · 338千字

标准书号：ISBN 978-7-111-77686-4

定价：99.00 元

电话服务　　　　　　　　　网络服务

客服电话：010-88361066　　机　工　官　网：www.cmpbook.com

　　　　　010-88379833　　机　工　官　博：weibo.com/cmp1952

　　　　　010-68326294　　金　书　网：www.golden-book.com

封底无防伪标均为盗版　　机工教育服务网：www.cmpedu.com

前　言

压缩机是制冷、空调、化工等应用领域的关键核心装置。往复活塞的压缩方式具有较高的容积效率，对于百瓦级甚至更小容量、高压比等应用需求来说，其优势非常突出。作为往复式压缩机的一种新型结构，直线（线性）压缩机采用直线振荡电动机直接驱动活塞往复运动做功，充分保留了往复式压缩机容积效率高、制造成本低等优势，同时省去了旋转-往复运动的转换机构，结构更加紧凑，具有很好的节能潜力，是低温制冷机、冷藏箱、电冰箱等小型制冷装置用压缩机技术的重要发展方向。经过多年的理论研究与应用技术发展，直线压缩机在小型制冷装置中应用日益广泛，但目前尚未有直线压缩机相关的技术书籍。因此，作者结合课题组多年来在直线压缩机领域的研究经验与成果，紧密围绕小型制冷装置用直线压缩机的应用需求撰写了本书，希望能够填补压缩机技术领域中直线压缩机方向的空白。

本书由邹慧明、唐明生和田长青共同撰写完成，主要介绍了直线压缩机特征参数的非线性、压缩机运行机电耦合特性方面的研究成果，完善了直线压缩机理论模型体系；针对自由活塞结构容易出现不稳定状态的特点，阐述了直线压缩机各种不稳定现象的产生机理和稳定性判别，为直线压缩机控制技术的发展奠定了理论基础；给出了直线压缩机的设计流程、部件优化及控制方法，为直线压缩机的理论和应用研究提供参考。

本书得以顺利完成，离不开课题组参与直线压缩机理论与技术研究的研究生们，包括张立钦、李灿、王敏、李旋、王英琳、汤鑫斌等。

在本书撰写过程中，中国科学院理化技术研究所周远院士等对本书的撰写计划和提纲给予了支持和建议，并且对本书主要内容进行了审查和帮助。在本书写作过程中，作者系统查阅了近年来关于直线（线性）压缩机方面的文献，在这些国内外文献中，许多丰富多彩的论述与深入浅出的分析使作者受益匪浅。在此对上述同行表示深切的感谢与崇高的敬意。本书的研究工作还得到国家自然科学基金的支持（51105355，51505466，51576203，51976299，52276023），在此也表示深深的谢意。

由于作者水平有限，书中难免有不足之处，敬请读者批评指正。

邹慧明　唐明生　田长青

于中国科学院理化技术研究所

目　录

第 1 章

绪论

1.1 直线压缩机的发展概况

压缩机是一种提高气体压力以实现制冷或储存、输送气体的动力流体机械，是制冷、空调、化工等应用领域的关键核心装置。对于制冷行业来说，压缩机技术的创新发展是促进产业转型升级、全面提高核心竞争力的关键因素，对于行业的"高效、清洁、低碳、循环"可持续发展具有非常重要的意义。

纵观压缩机技术的发展史，往复活塞式压缩机是最早出现的压缩机形式，它通过曲柄连杆机构将电动机的旋转运动转化为直线运动后驱动活塞工作。随着信息、材料等工业技术领域的不断发展，在计算机辅助设计（CAD）、计算机辅助制造（CAM）等现代科技的帮助下，压缩机技术在效率、可靠性、噪声与成本方面得到了长足的进步：通过改善电动机性能提高电动机效率；改进气阀的结构和材料，减少流动损失、泄漏和吸气过热；优化改进泵体结构，提高容积效率；通过提高零件精度、改善运动副结构和材料特性、改良润滑油特性等措施降低机械损耗；采用变频调速技术等提高压缩机的整体性能。但是由于其结构本身的特点，往复式活塞压缩机依然存在一些难以克服的问题，主要体现在：

（1）结构复杂，机械损耗必然存在　传统的往复式活塞压缩机都采用旋转电动机作为驱动器，电动机将电能转变为旋转机械能，通过曲柄连杆机构将旋转运动转变为活塞的往复运动，能量传递环节多，十字滑块和活塞受侧向力作用，产生较大的摩擦力，且不可避免地存在旋转摩擦功耗，因此，整机的机械损失较大，机械效率较低。

（2）噪声问题　当通过曲柄连杆机构采用旋转电动机驱动活塞压缩气体工

作时，周期性的往复力和倾覆力矩势必会引起较大的振动和噪声，这些噪声伴随着压缩机的工作工程，给消声减振方面的工作带来了很大的难题。

（3）系统匹配问题　曲轴、连杆、轴瓦及滑块等部件需要与电源频率相关的电动机旋转速度与活塞压缩气体的往复运动速度相耦合，受设计水平和制造工艺的影响，很难实现理论上的最优匹配。

（4）体积庞大，精度较差　由于传统的往复式活塞压缩机具有以上一些较难克服的问题，进一步提升性能的空间已很小，而且为了实现较小的提升而投入大量的人力物力也非明智之举。

为解决旋转电动机与往复活塞运动不匹配所带来的一系列问题，压缩机技术逐步发展形成了两大技术方向：一是通过采用回转式压缩机构配合电动机的旋转运动以提高压缩效率和容量，如转子式、涡旋式、螺杆式、离心式等回转式压缩机，已成为千瓦级到兆瓦级不同容量范围的主要压缩机型，在建筑、能源、化工等领域得到了越来越广泛的应用；二是由于往复活塞的压缩方式具有较高的容积效率，对于冰箱、冷柜、低温制冷机等小型制冷装置领域的百瓦级甚至更小容量、高压比的压缩机应用需求，优势非常突出。采用直线振荡电动机直接驱动活塞往复运动做功的直线（线性）压缩机技术，既保留了往复式压缩机容积效率高、制造成本低等优势，也省去了旋转-往复运动转换机构，结构更加紧凑，成为小、微型压缩机技术的重要发展方向。直线压缩机的电动机电磁驱动力方向始终与活塞的运动方向在同一直线上，活塞将不存在径向力或径向力非常小，有效减小了活塞的摩擦功耗和磨损，延长了压缩机的使用寿命，易于实现无油润滑。同时，直线压缩机从结构配置上实现了驱动电动机与压缩机构的机械运动协同，通过谐振弹簧与活塞等运动部件构成的"质量-弹簧"系统，可以灵活调整活塞的行程，也给变容量调节提供了更大的自由度，具有更大的节能潜力。传统往复活塞式压缩机与直线压缩机原理图如图 1-1 所示。

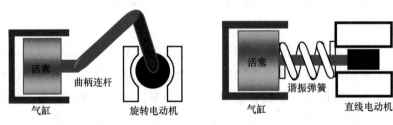

a) 传统往复活塞式压缩机　　　　b) 直线压缩机

图 1-1　传统往复活塞式压缩机与直线压缩机原理图

　　直线压缩机的发展可以追溯到 1821 年法拉第第一次搭建了电动机模型。1840 年惠斯通（Charles Wheatstone）提出并制作了略具雏形的直线电动机。1891 年，Van Depoele 获得了以两个线圈和铁心动子为特征的直线驱动器专利。1901 年，Le Pontois 获得了动圈型驱动器发明专利，并建议应用于压缩机和泵上。1940 年，Von Delden 申请了动圈型直线压缩机的专利。1954 年，德国人 Heinrion Doelz 获得了被称为 Doelz 压缩机的线性制冷压缩机的美国专利。但是由于直线压缩机的自由活塞结构，压缩机的效率对于系统参数的变化非常敏感，控制难度大，且永磁体的性能不足，限制了直线压缩机在早期的发展和应用。

　　20 世纪 70 年代，随着控制理论和技术的飞速发展，以及新型永磁材料的突破，直线电动机技术逐步得到了应用，直线压缩机技术也进一步得到了发展。20 世纪 70 年代中期，直线压缩机开始应用于空气压缩领域。20 世纪 70 年代末期，牛津大学成功研制了应用直线压缩机的牛津型长寿命斯特林制冷机。随后，欧美国家纷纷开发专用直线压缩机应用于斯特林型或脉冲管型小型低温制冷机。法国 Barthalon 公司在 20 世纪 70 年代中期首先成功研制了一种电磁振动式空气压缩机，日本也成功制造了一台 A105-0920 型空气压缩机。

　　20 世纪 90 年代后，直线压缩机开始逐步转向民用化方向。在这一方面世界大型机电企业走在了前列，尤其以美国 Sunpower 公司和韩国 LG 公司为代表。20 世纪 90 年代末，Sunpower 公司开发了用于家用制冷机的直线马达制冷压缩机。2003 年，LG 使直线压缩机首次实现了商用化，在 DIOS 冰箱中采用了工质为 R600a 的动磁式直线压缩机，并研制了空调用直线压缩机的样机，在 ASHRAE-T 工况下，使用 R410a 制冷剂，能效比可达到 12.5Btu/（W·h），相当于最大等熵能效比的 82.5%，制冷量可调节范围为 1000~6000W，小制冷量范围内的调节特性非常突出。此外，日本松下、神钢，瑞典 Electrolux，巴西 Embraco 等海外主要白色家电和压缩机生产企业都逐步开展了小型制冷装置用直线压缩机的开发。2010 年，巴西 Embraco 在新西兰 Fisher & Paykel 公司专利的基础上开发了冰箱用无油直线压缩机，并在海尔的卡萨帝冰箱上进行了应用。

　　相比于国外，国内在直线压缩机方面的研究相对稍晚。1986 年，梁嘉麟发明了一种直线活塞式压缩机。1991 年，西安交通大学成功开发了一台电磁线性驱动高压气体压缩机。在低温应用方面，1999 年，华中科技大学与中国科学院兰州化学物理研究所联合研制了一台星载斯特林制冷机用直线压缩机。21 世纪初，中国科学院理化技术研究所分别开发了应用于脉冲管制冷机和热声制冷机的动圈式直线压缩机。中国科学院上海技术物理研究所及上海交通大学等单位也对斯特林制冷机用直线压缩机进行了研究。

在民用小型制冷装置方面，2003年西安交通大学设计开发了采用直线磁阻电动机（LRM）驱动的直线压缩机。浙江大学也致力于冰箱用直线压缩机的研究，对动圈式和动磁式直线压缩机的设计和开发进行了探索；2004年成功设计并制造了一台永磁动圈式直线压缩机的原理样机，样机活塞直径26mm，动子质量0.6kg；2005年又设计制造了冰箱用方形动磁式直线压缩机，动子质量0.9kg，气缸直径26mm，活塞行程20mm。太原理工大学等单位也对直线压缩机及其电动机进行了一定的研究。2007年起，中国科学院理化技术研究所开始进行电冰箱用直线压缩机的研制工作，2018年，研制的R600a直线压缩机在冰箱国标工况下制冷性能系数（Coefficient of Performance，COP）达2.09。2019年，研制的基于R290工质的冷柜与热泵空调用直线压缩机，在冷柜国标工况下COP为1.97；在空调制冷工况下COP为4.23（蒸发温度$T_e = 2.7℃$，冷凝温度$T_c = 42.3℃$）；在低温热泵工况下制热COP为3.20（$T_e = -23.3℃$，$T_c = 45℃$）。变容量调节性能优异，制冷量输出降到25%时压缩效率衰减低于5%。

目前直线压缩机主要是作为低温系统中的压力波发生器，应用于传统的斯特林制冷机、脉冲管制冷机等，以及热声制冷、磁制冷等新型低温制冷技术领域。但随着研究的深入，直线压缩机在民用制冷行业的扩展应用也步入了快速发展阶段，在电冰箱制冷系统中的应用日益广泛，但由于成本、可靠性等问题，在家用空调器中的应用研究目前尚处于实验室阶段。总体来说，独特的自由活塞结构形式、可变容量、无油润滑等优势使直线压缩机在小型制冷装置中具有良好的发展潜力和应用前景。

1.2　直线压缩机的主要结构及应用

直线压缩机是由直线电动机直接驱动活塞往复运动，从而压缩气体做功的流体机械装置。活塞与直线电动机动子直接连接，由直线电动机在电磁场的作用下产生轴向驱动力，推动活塞克服气体压力做往复直线运动；通过谐振弹簧的设置来平衡活塞往复运动所形成的惯性力。当活塞向一侧运动时，气缸内形成一定的负压，吸气阀打开，气体通过吸气阀进入气缸工作腔；当活塞向另一侧运动时，气体被压缩，压力升高，当压力高于排气腔内的背压时，排气阀打开，气体由排气管排出压缩机外。

1.2.1　直线电动机原理及结构形式

为了便于解释直线电动机的基本原理，通常将直线电动机和旋转电动机进行类比，图 1-2 所示为永磁旋转电动机到直线电动机的演变过程。将旋转电动机沿径向剖开后将圆周展开后就形成了扁平型直线电动机的形式，进一步，沿着与直线运动垂直的方向卷起，则将扁平型直线电动机演变为圆筒形直线电动机。

直线电动机是直线压缩机区别于传统压缩机的关键部件。为使得直线电动机与压缩机活塞的往复运动形成良好的运动谐振，通常采用直线振荡电动机作为直线压缩机的驱动器。根据其结构原理特点，通常把直线振荡电动机分为动圈式、动铁式和动磁式三大类。

图 1-3 所示为动圈式直线电动机的结构原理，线圈作为直线电动机的动子部件，永磁体与轭铁一同构成了直线电动机的定子部件，线圈中通交流电产生交变磁场，永磁体产生的恒定磁场与线圈产生的

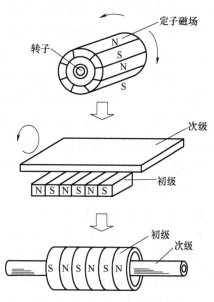

图 1-2 永磁旋转电动机到
直线电动机的演变过程

交变磁场互相作用形成推力，驱动线圈往复运动。图 1-3a 和图 1-3b 分别为永磁体在磁路中位置的变化示意。线圈动子上不存在径向力和扭矩，空载时没有轴向力存在，不存在磁滞损耗。但受电流大小的限制，驱动力相对较小。同时由于线圈处于高频振荡状态，引线问题对其使用寿命有一定的影响。

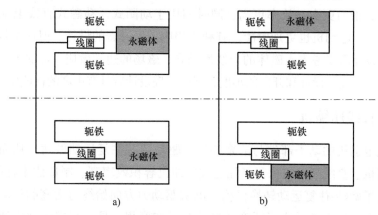

图 1-3 动圈式直线电动机的结构原理

图 1-4 所示为动铁式直线电动机的结构原理，铁磁材料作为直线电动机的动

子，两组线圈与对应结构形式的轭铁一同构成了直线电动机的定子部件，两组
线圈中通不同相位的交流电，产生了不同相位的交变磁场，两股相位不同的交变磁场互相作用形成推力，驱动铁磁材料往复运动。动铁式直线电动机由于采用铁磁材料作为动子，动子在气隙中的运动不太稳定，一旦它的中心线偏离气隙的轴线的位置，偏离量会越来越大，很难回到原来的位置。它在早期永磁材料成本较高时主要作为替代方案，目前基本已处于逐步淘汰的状态。

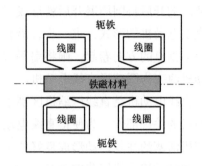

图 1-4　动铁式直线电动机的结构原理

图 1-5 所示为动磁式直线电动机的典型结构形式，永磁体作为直线电动机的动子部件，线圈与轭铁一同构成了直线电动机的定子部件，线圈中通交流电产生交变磁场，永磁体产生的恒定磁场与线圈产生的交变磁场互相作用形成推力，驱动永磁体往复运动。图 1-5a 的结构与动铁式结构类似，图 1-5b 所示为 Shtrikman 型动磁式直线电动机，线圈中通以交流电，由轭铁构成了带有气隙的磁通路，气隙之中存在两个磁级方向相反的永磁体。图 1-5c 所示为 Corey 型动磁式直线电动机，它是 Shtrikman 型直线电动机的变形，基本原理相同，只是轭铁的结构设计为多个磁通路，形成了多个气隙，每个气隙均有一组永磁体。图 1-5d 所示为环形同轴布置的 Redlich 型直线电动机永磁体与轭铁的位置变化示意，当然，还有其他多种类型的结构形式。动磁式直线电动机由于采用高效的永磁材料，推力更大，效率更高，同时相比于动圈式，动磁式直线电动机的动子质量更小，电动机也更加紧凑，有利于相应谐振弹簧的设计。但该结构相对复杂，系统设计需要考虑永磁体的非线性磁导、磁场的边端效应、电涡流损失等因素的影响，增加了设计和开发的难度，但经合理设计后具有更高的性能优势。

1.2.2　直线压缩机

直线电动机的动子部件与活塞连接，驱动活塞往复运动做功，从而构成了直线压缩机。直线压缩机保留了往复式压缩机容积效率高、制造成本低等优势，同时省去了旋转-往复运动转换机构，电磁驱动力方向始终与活塞的运动方向在同一直线上，极大地减小了活塞的摩擦功耗和磨损，易于实现无油润滑，延长压缩机的使用寿命，另外可以灵活调整的活塞行程也给压缩机的变容量调节提供了更高的自由度，具有更大的节能潜力，在低温制冷机、冷藏箱、电冰箱等

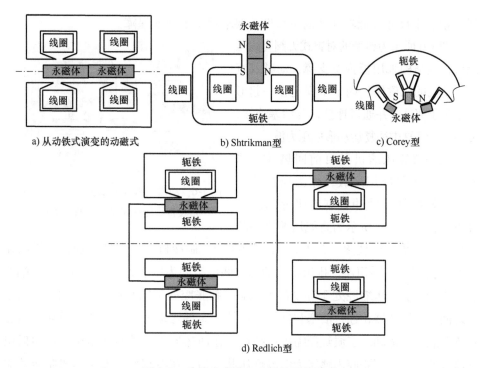

a) 从动铁式演变的动磁式　　　　b) Shtrikman型　　　　c) Corey型

d) Redlich型

图 1-5　动磁式直线电动机的结构形式

小型制冷装置中得到了越来越广泛的应用，在家用空调和电子冷却应用研究方面也逐渐成为研究热点，是小型制冷装置用高效压缩机的一个重要发展方向。

1. 低温领域

随着现代科学技术的快速发展，通信、超导、半导体、空间技术等领域对于低温制冷技术的需求日益迫切，小型低温制冷技术在现代科学和工业领域起到了不可或缺的作用。经历了几十年的研究探索，小型低温制冷机从结构到性能均得到了长足的发展，形式多样，也形成了不同的分类方式。例如，从换热器角度分类，分为间壁式、回热式和混合式；从流体流率控制方法角度分类，分为有配气阀门控制和无配气阀门控制；从驱动方式角度分类，分为机械压缩驱动和热压缩驱动；从相位调节方式角度分类，分为排出器调相的斯特林型和小孔气库调相的脉冲管型。通过上述结构形式的交叉配置，可以构成多种不同类型的低温制冷机，用于服务各自低温制冷的应用需求，如红外遥感器、X 射线探测器、锗（Ge）二极管 γ 射线探测器、碲镉汞（HgCdTe）红外探测器、高温超导量子干涉仪、高温超导滤波器等。

由于直线压缩机独特的自由活塞结构，具有活塞侧向力小，效率高，振动小，易于实现无油润滑等特点，为实现低温制冷机长寿命、低振动、高效率、轻重量、小尺寸、低功耗及高可靠性等要求提供了技术保障。

图 1-6 所示为典型的对置式无阀直线压缩机，该结构采用板弹簧支撑，动磁式直线电动机的永磁体和内定子固定在一起形成了动子部件，并通过连接件与活塞连接，使活塞在气缸中往复运动形成压力波。

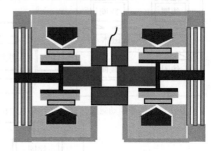

图 1-6　动磁式直线电动机驱动的对置式无阀直线压缩机结构原理示意图

无阀直线压缩机是目前回热式低温制冷机的主要应用形式，作为斯特林制冷机和斯特林型脉冲管制冷机等的压力波发生器。图 1-7 所示为直线压缩机驱动的低温制冷机的原理图。图 1-7a 所示为斯特林制冷机，其工作原理：直线压缩机的活塞与排出器相连，排出器与活塞之间的空间为压缩腔，而排出器另一端的空间为膨胀腔，压缩腔处于环境温度状态，膨胀腔处于低温状态。压缩腔与膨胀腔之间通过回热器相连，活塞和排出器保持一定的运动相位差，使工质在压缩腔和膨胀腔之间流动。工质经压缩机压缩后，在回热器中向填料散出热量后向低温膨胀腔流动，在膨胀腔内膨胀为低温低压状态后，在冷端换热器中形成制冷效应使被冷却器件温度降低，而后再从低温膨胀腔返回回热器，并在回热器中从回热填料吸收热量，从而返回压缩机。图 1-7b 所示为斯特林型脉冲管制冷机，其与斯特林制冷机的主要区别在于消除了低温下运动的排出器，以脉冲管等部件替代，通过小孔和气库等调相机构完成相位调节，利用工质的压缩和膨胀产生制冷效应。

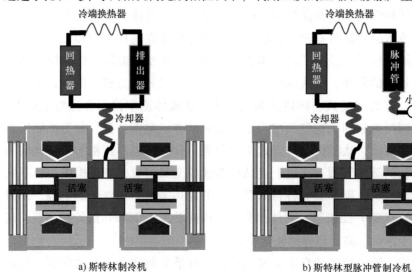

a) 斯特林制冷机　　　　　　　　　b) 斯特林型脉冲管制冷机

图 1-7　直线压缩机驱动的低温制冷机的原理图

图 1-8 所示为有阀直线压缩机的结构原理示意图，图 1-8a 所示为在气缸端头设置阀板，阀板上分别设置簧片式吸气阀和排气阀，图 1-8b 所示为在活塞端头设置簧片式吸气阀，在气缸的端头设置菌型排气阀，通常簧片阀的材料为阀片钢，菌型阀的材料为复合材料。

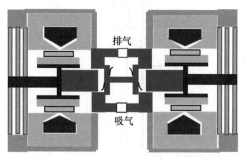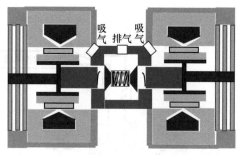

a) 阀板加簧片式吸气阀和排气阀　　　　　b) 簧片式吸气阀、菌型排气阀

图 1-8　有阀直线压缩机的结构原理示意图

有阀直线压缩机在低温制冷机中主要适用于焦-汤节流型制冷机，利用压缩机将工质压缩到高压状态，高压气体通过节流阀等熵膨胀到低压状态，从而降低工质的温度，产生制冷效应。图 1-9 所示为有阀直线压缩机驱动的焦耳-汤姆逊节流型制冷系统原理示意图。图 1-9a 所示为单级循环流程示意图，工质经直线压缩机一级压缩腔压缩后，进入二级压缩腔压缩，两级之间或级后可设置冷却器以降低排气温度，高压气体经间壁式回热器被低压返回的气体冷却，经节流阀膨胀为低温低压状态，在冷端换热器中吸收热量，产生制冷效应，蒸发后的低压工质在回热器中被加热，最后回到压缩机。对于节流转化温度远低于室温的低温流体氖、氢和氦来说，要获得液态温度，需要采用多级预冷的节流系统，如图 1-9b 所示，其为多级预冷循环的流程示意图，通过多级预冷将工质温度降低到转换温度区间后，通过节流效应实现制冷。

2. 普冷领域

蒸气压缩式制冷循环是普冷温区制冷领域的重要形式，为了拓展直线压缩机的应用范围，国内外研究机构提出了各种结构创新，以动磁式有阀直线压缩机为主，总体来说可总结为图 1-10 所示的几种典型结构。图 1-10a 所示为圆筒形电动机的永磁件位于线圈内侧，压缩腔位于电动机内侧；图 1-10b 所示为永磁体位于线圈外侧，直径的增加可以使铁氧体等低磁强度永磁材料得到应用，从而降低成本；图 1-10c 所示为双压缩腔对置式；图 1-10d 所示为压缩腔位于直线电动机外侧，从而为无油气密封提供了空间条件；图 1-10e 采用了方形电动机，结构更加紧凑。为了节约成本，在普冷温区制冷领域通常采用圆柱弹簧作为谐振部件。

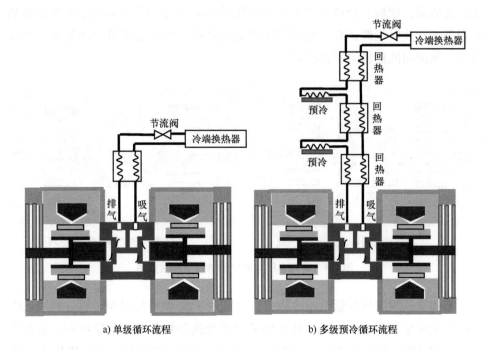

a) 单级循环流程　　　　　　　　b) 多级预冷循环流程

图 1-9　有阀直线压缩机驱动的焦耳-汤姆逊节流型制冷系统原理示意图

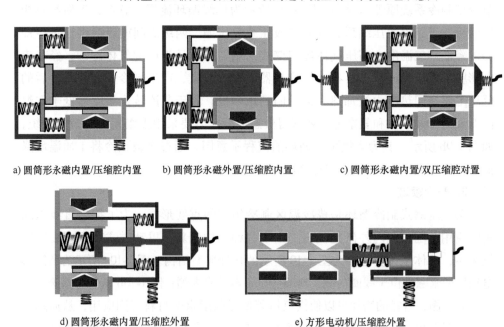

a) 圆筒形永磁内置/压缩腔内置　　b) 圆筒形永磁外置/压缩腔内置　　c) 圆筒形永磁内置/双压缩腔对置

d) 圆筒形永磁内置/压缩腔外置　　　　e) 方形电动机/压缩腔外置

图 1-10　直线压缩机结构原理

在这些结构原理的基础上，国内外学者与技术人员从部件优化、建模仿真和控制技术等方面开展了一系列的研究。研究表明，对于小型制冷装置，直线压缩机具有良好的节能优势。我国是制冷设备的生产和使用大国，尤其是电冰箱和家用空调器，其产量已居世界首位，电冰箱和空调能耗约占全国总能耗的15%以上，而直线压缩机在冰箱工况下制冷性能可比传统活塞压缩机提高10%以上，目前已在冷藏箱、电冰箱等制冷系统中得到了广泛的应用。近年来，国内外研究机构对于直线压缩机在家用空调器和电子冷却等制冷系统的应用研究也越来越多，表明直线压缩机技术具有良好的发展潜力。

1.3　直线压缩机的主要研究热点

回顾直线压缩机的发展史，国内外的学者一直致力于针对不同的应用场景与需求，从直线压缩机的基础理论、整体结构及关键部件的设计与优化，以及控制技术等方面开展深入的研究。

1.3.1　基础理论研究

由于直线压缩机是由机械系统、电磁系统、热力系统、控制系统耦合而成的机电一体化系统，其机电耦合性能与负载特性共同决定着活塞的运动特征、频率响应等指标，其中电磁力系数、气体负载、摩擦阻尼等特征参数存在着一些非线性特性。一方面，采用传统的线性化方法进行直线压缩机设计和开发时，为保证这些特征参数处于线性区域，压缩机零部件的结构配置都偏于保守，从而使原材料消耗偏大。线性化处理后的数学模型结果与实际试验结果存在一定的差距，也影响了控制系统的精度和可靠性。另一方面，直线压缩机的自由活塞结构使其不仅具有可通过调节行程实现变容量输出的特点，还易于出现行程跳跃或振荡不稳定现象。这些现象不利于直线压缩机高效可靠地运行。直线压缩机与控制系统和热力系统一起构成了典型的多变量耦合系统，系统耦合运行过程是一个复杂的多变量动态过程。系统的局部微小振荡可能会引起直线压缩机的不稳定振荡并进而影响系统的整体稳定性，直线压缩机的容量调节也可能会引起系统的局部振荡甚至引发整体不稳定振荡。因此，直线压缩机的机电耦合模型、特征参数非线性、动力学稳定性等是其基础理论研究的重点。

1. 机电耦合非线性

经典的直线压缩机机电耦合模型主要由机械动力学模型与电磁场模型两部分组成，通过动力学平衡方程和电路平衡方程联立，设定运动部件的位移，电源的电压和电流为周期正弦函数，将方程组中的当量电感、电磁力系数、当量电阻、弹簧刚度及摩擦阻尼系数作为常数，将气体力进行线性化处理后，建立直线压缩机的理论模型。线性化处理后的直线压缩机模型采用 Runge-Kutta 或 Newmark 等数值计算法求解可以进行一定的直线压缩机工作特性分析。

然而采用线性化的理论模型进行直线压缩机性能分析时，理论数值计算结果与实际结果存在一定偏差。偏差存在的原因主要是由于状态方程组中一些特征参数存在着一定的非线性特性，如气体力、电磁力系数、电动机当量电感和摩擦阻尼等，这些参数的非线性特性均会对直线压缩机的机电耦合性能有一定的影响。以电磁力系数为例，电磁力系数与永磁体在气隙中的位置有关，在一定的行程范围内接近于常数，但当行程达到某个值时，电磁力系数会急剧降低，呈非线性变化，永磁体长度越大，其线性区范围越大，因而在对直线压缩机进行性能分析时，若其行程超越了线性区，采用上面的线性理论模型的分析结果与直线压缩机的实际运行结果必然会存在一定的偏差。而且，电磁力系数不仅仅与行程有关，还是与电流等多个变量有关的非线性参数。

同时，由于非线性参数的存在，直线压缩机运行时还会出现一些混沌现象和行程跳跃的分叉现象，这些非正常现象不仅降低了直线压缩机的运行效率，还可能因为活塞撞缸而导致压缩机损坏。因此，开展直线压缩机特征参数非线性研究，将非线性因素引入直线压缩机的理论模型，建立与实际运行更为吻合的理论模型，使直线压缩机的理论研究可以更好地指导其实际应用，是直线压缩机理论研究的一个热点内容。一方面，在新的理论模型基础上，可以充分利用电磁场的有效区域，更好地优化直线压缩机的结构配置，在确保其运行性能的前提下，减小直线压缩机的结构尺寸，实现节材的目标；另一方面，在新理论模型的基础上优化控制策略，可以进行更切实的驱动电源调制和运行控制，提高其控制系统的精度与可靠性，实现节能的目标。

2. 稳定性

直线压缩机作为电磁系统、机械系统与热力系统相耦合的机电一体化装置，与控制系统和制冷系统一起则构成了典型的多变量耦合系统。当通过调节供电参数改变活塞行程实现容量调节（变容量）或者制冷工况改变（变工况）导致活塞行程变化时，活塞行程的改变会影响制冷工质的流动特性、压力等热力学参数，热力学参数的变化会改变机械振动系统的刚度、阻尼、固有频率、阻尼比等动力学参数，而这些动力学参数的变化又会进一步影响活塞行程响应与直线电动机的电磁特性。

自由活塞结构使直线压缩机不仅具有可通过调节行程实现变容量输出的特

点，还具有易于出现行程跳跃或振荡不稳定现象的独特特性。行程跳跃现象表现为在某个行程条件下电压发生微小变化而引起活塞往复运动的行程突然增大的现象。在进一步研究气体力非线性的影响过程中，发现当直线压缩机在制冷系统中运行时，制冷剂充注量、环境工况或者负荷等参数发生一定变化时，还会发生不稳定振荡现象，使活塞往复运动产生忽大忽小的振荡变化，进而引起更加剧烈的制冷系统不稳定振荡。这种不稳定振荡不仅影响系统运行性能，还极易导致压缩机活塞与机身撞击造成损坏而危害系统安全，严重制约了直线压缩机技术的发展。

因此，直线压缩机变容量制冷系统的动态稳定性理论研究是直线压缩机的另一个研究热点：通过试验和理论研究得出制冷系统局部振荡对直线压缩机运行稳定性的影响及直线压缩机本体容量调节对制冷系统整体稳定性的影响规律，完善变容量直线压缩机与制冷系统多变量耦合的稳定性理论。

1.3.2 关键部件的设计与优化

直线压缩机主要由直线电动机、谐振弹簧、压缩与润滑机构等部件组成。

1. 直线电动机

如本章 1.2.1 节所述，近年来直线压缩机采用的直线电动机主要为动圈式和动磁式两种，三大类小型制冷装置用直线压缩机的驱动电动机的研究主要集中在动磁式和动圈式这两种类型上。磁路结构的设计和优化及新材料的使用是直线电动机的主要研究重点。

与旋转永磁电动机类似，直线电动机的磁路结构设计和优化也主要依据电磁场的数值分析，主要采用有限元法、边界元法、有限差分法等，其中有限元法应用最为广泛。电磁场的经典描述是麦克斯韦（Maxwell）方程组，实际上是求解给定边界条件下的麦克斯韦方程组及由方程组演化出的其他偏微分方程问题。磁路结构设计的关键点主要包括两个方面：一是为了合理地引导磁路，减少漏磁通而需进行的结构形状设计；二是为了尽可能减少铁磁损耗而进行的尺寸设计。

直线电动机的性能与磁导材料的选择密切相关。磁导材料需具有磁滞回线窄而长、磁导率高的特性，能够在较小的励磁电流下获得较强的磁感应强度，既容易磁化又容易退磁，磁滞损耗小。永磁体应能在指定的工作空间内产生所需要的磁场，具有一定的稳定性、耐蚀性和良好的力学特性。

2. 谐振弹簧

谐振弹簧是直线压缩机的重要部件，谐振弹簧的刚度选择直接影响直线压缩机整体动力学性能，同时谐振弹簧的形状及规格的设计也关系到直线压缩机的工作寿命、整体尺寸、噪声等。直线压缩机的谐振弹簧形式主要有螺旋弹簧、板弹簧、气体弹簧几种。采用螺旋弹簧作为直线压缩机的谐振弹簧时，通常由单个或多个圆柱弹簧构成谐振子。采用板弹簧时，板弹簧的构型设计需要通过疲劳强度、轴向刚度、径向刚度及自振频率这几个指标反映其不同方面的性能，刚度及疲劳强度对动力学性能影响较大，而板弹簧的轴向和径向刚度及应力分布又与其几何结构密切相关。气体弹簧能获得比板弹簧和螺旋弹簧更高的可靠性，能使直线压缩机更加紧凑，但气密性问题、弹性刚度非线性问题，以及弹性变化过程中气体产生的熵增等问题还需要进行更加深入的研究。

总体来说，由于谐振弹簧对于直线压缩机的体积影响较为突出，谐振弹簧的形式，以及对应的结构数量设置与分布方式是近年来直线压缩机用谐振弹簧的研究重点。

3. 压缩与润滑机构

直线压缩机采用活塞式压缩方式，压缩与润滑机构主要包括活塞与气缸之间的润滑、密封、供油机构，以及吸、排气阀等。

对于低温领域来说，常用无阀直线压缩机作为脉冲波发生器，为保证低温制冷机的制冷性能，压缩机不能有润滑油，活塞与气缸之间的间隙配合会影响压缩机构的摩擦损耗和泄漏损耗，如何在保证运行可靠的前提下降低摩擦损耗和泄漏损耗是这类直线压缩机压缩与润滑机构的研究重点。

对于普冷领域常用的直线压缩机来说，通常为带吸、排气阀的形式，吸、排气阀在压缩机构中的设置，以及其动力学特性对直线压缩机的制冷性能影响显著。同时，普冷领域常用的直线压缩机活塞与气缸之间可以进行有油或少油润滑，但由于直线电动机驱动下传统旋转压缩机的供油结构不再适用，利用直线压缩机自身的振动作为供油系统的能量来源是目前直线压缩机供油机构的主要形式，主要的研究工作体现为结合直线压缩机的结构形式、背压状态进行供油机构的设计。同时，近年来无油气润滑的研究也不断深入，利用高压排气旁通在气缸活塞之间形成气膜，也能起到润滑与密封的作用，目前的研究工作主要集中在供气流动构型、供气量调控方面。

1.3.3 控制技术

直线压缩机控制系统主要包括供电调节的功率驱动模式与控制策略算法两方面。初期的功率驱动方式主要是采用三端双向可控硅（Triode for Alternating Current，TRIAC）开关实现的，但是 TRIAC 不具备调频的功能，无法应对工况变化后频率特性改变所引起的效率下降问题，同时当出现不稳定现象时，只能通过停机来避开损害，具有一定的局限性。脉宽调制技术（Pulse Width Modulation，PWM）给直线压缩机的高性能化和小型轻量化提供了更广阔的发展空间。研究结果表明，通过测量直线压缩机的反电动势，确定其频率大小，并将其频率调整为接近压缩机的谐振频率，可以提高效率。采用概率密度函数（Probability Density Function，PDF）控制算法可以实现活塞位置和止点的控制，基于共振频率跟踪技术可自行调整电流频率以适应压缩机的工作频率。

然而，电压和频率双变量调节的驱动方式更加突出了直线压缩机制冷系统的多变量特征，给控制系统策略的研究带来了巨大的挑战。研究过程中发现，控制操作变量的供电参数调节方式对直线压缩机系统响应有很大的影响，比如起动过程中电压调节时间间隔与制冷系统吸排气压比的变化率相关联，电压调节的步长对直线压缩机的行程响应有一定的影响，当一次性电压增加较大时，会产生很大的不稳定振动；此外，供电变量的反复调节也会引起反馈信号的波动和不稳定从而给控制带来了很大的干扰。而直线压缩机控制策略的相关研究主要集中在直线压缩机的行程控制、上止点检测等方面，对于稳定性控制方面的研究很少。

因此，以直线压缩机制冷系统高效、稳定为控制目标的控制技术研究具有重要的应用价值。开展具有较强鲁棒性和自适应性的直线压缩机控制方法也是直线压缩机理论研究的又一重要热点。

第 **2** 章
直线压缩机理论模型

直线压缩机主要由机械系统、电磁系统、热力系统、控制系统等系统组合构成，是一种典型的机电一体化装置。机电耦合过程是机械运动过程与电磁转换过程之间的相互作用与相互联系，其重要特征是机械能和电磁能的相互转换，包括机械运动的微分方程和电磁转换过程的状态描述。根据直线压缩机的结构特点和工作过程，直线压缩机理论模型可以分为两部分：机械动力学模型和电磁转换模型。机械动力学模型描述了直线电动机驱动活塞压缩气体工质过程中的力平衡关系，电磁转换模型是利用电路的电流、电压和磁场的磁通、磁链等参数来描述电磁转换过程的电势平衡关系。

本章的主要任务在于介绍直线压缩机的理论模型及相关参数的物理意义，作为直线压缩机的设计、控制等应用技术发展的理论基础。

2.1　机械动力学模型

振动学上将机械或结构在其平衡位置附近的往复运动称为振动，直线压缩机的活塞运动是在电动机的驱动下做往复运动，可以归类为振动的一种。在振动系统中，有些振动可以用线性微分方程（组）描述，这样的系统称为线性系统，其振动称为线性振动。目前对于线性振动的理论研究已比较完善，线性振动系统的设计、分析、监测和控制等方面的工作相对比较成熟。而应用中还有些系统的振动需要用非线性微分方程来描述，这样的系统称为非线性系统。非线性系统比较复杂，一般不满足线性系统所具有的解的叠加性原理，大多数情况存在多解性问题，只有少数简单问题会有精确解。例如，非线性系统可以具有多种共存的稳态振动，振动的实现及稳定性与初始条件有关，系统响应中包含倍频和分频的成分，系统的振动频率和振幅有关，存在分叉和混沌等复杂动力学现象。

16

2.1.1　动力学模型

这里先将直线压缩机的机械弹簧共振系统简化为一个单自由度的受迫阻尼振动模型。在压缩机机体比较重且通过螺栓固定安装于基座上的情况下忽略机体的振动，并忽略在垂直方向重力的影响，将作用在直线压缩机动子部件上的力分解为惯性、弹性和阻尼三种构成要素，建立和实际系统相对应的数学模型，其中惯性元件是承载运动的实体，弹性元件提供振动的回复力，阻尼元件在振动过程中消耗系统的能量或吸收外界的能量，如图 2-1 所示。

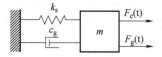

图 2-1　直线压缩机单自由度模型

直线电动机推动活塞在气缸中的往复运动过程可以看作是角速度为 ω 的简谐运动。在运动过程某一时间 t 时位移为 x，速度为 $v = \dfrac{\mathrm{d}x}{\mathrm{d}t} = X\omega\cos\omega t$，加速度为 $a = \dfrac{\mathrm{d}^2 x}{\mathrm{d}t^2} = -X\omega^2\sin\omega t$。当 $t = 0$ 时，直线压缩机活塞处于行程中点即运动平衡点，X 为活塞振幅，也称为活塞行程。活塞运动过程中主要参与的力为电磁力、惯性力、弹簧力、摩擦力和气体力。在活塞运动过程中，上述的五个力满足力平衡方程为

$$F_i + F_s + F_f + F_g + F_e = 0 \tag{2-1}$$

F_i 为惯性力
$$F_i = m\frac{\mathrm{d}^2 x}{\mathrm{d}t^2} = -mX\omega^2\sin\omega t \tag{2-2}$$

F_f 为摩擦力
$$F_f = c_f\frac{\mathrm{d}x}{\mathrm{d}t} = c_f X\omega\cos\omega t \tag{2-3}$$

F_s 为弹簧力
$$F_s = k_s x = k_s X\sin\omega t \tag{2-4}$$

式（2-1）进一步转换为
$$m\frac{\mathrm{d}^2 x}{\mathrm{d}t^2} + c_f\frac{\mathrm{d}x}{\mathrm{d}t} + k_s x + F_g(t) = F_e(t) \tag{2-5}$$

式中，m 为压缩机运动部件质量；k_s 为谐振弹簧刚度；c_f 为电动机摩擦阻尼系数；F_g 为气体力；F_e 为电磁力。

2.1.2　气体负载

直线压缩机是通过直线电动机驱动活塞往复运动以压缩气体，根据 1.2.2 节所介绍的直线压缩机工作原理，其压缩形式主要有两种：一种是压缩腔无吸、排气阀，工作流体在活塞运动的作用下形成压力脉动；另一种是压缩腔带吸、排气阀，工作流体经由吸气阀吸入压缩腔，在活塞运动的作用下压缩后经由排

气阀排出。这两种形式的气体负载特性不同,带吸、排气阀的压缩形式气体负载的非线性特性更加突出。这里介绍压缩腔带吸、排气阀的气体负载。

实际上,压缩机吸、排气过程中由于气阀阻力,会使气缸内的进气压力低于名义进气压力,而且由于气阀颤振等原因,气体压力存在一定波动。在压缩与膨胀过程中,存在动态的热交换,使多变指数在压缩或膨胀过程中随着状态变化而变化,在刚开始阶段,由于气体从气缸及活塞处吸收热量,多变指数大于被压缩介质的等熵指数;到压缩终了时,气体向气缸及活塞放热,多变指数又小于被压缩介质的等熵指数;而在膨胀过程中,变化正好相反。此外,由于活塞与气缸等处的密封及气阀阀片不能及时关闭引起的气体泄漏、余隙等因素也影响着气体压缩与膨胀。为简化模型,这里忽略吸排气阀启闭振动对气体负载的影响,将压缩过程用多变指数来表述。

1. 单侧压缩

在直线电动机的一侧配置一个由气缸活塞组成的压缩腔为单侧压缩。理论上来说,压缩过程由两个绝热过程和两个等压过程组成。为了简化分析,忽略了进排气过程中的压力波动、压缩与排气过程中的泄漏等一系列复杂因素,假设进气、排气平稳进行。直线压缩机吸排气压缩等工作过程简化为图 2-2,其中吸气阀配置于活塞端头,排气阀采用带预压弹簧的菌类阀配置于气缸端头。

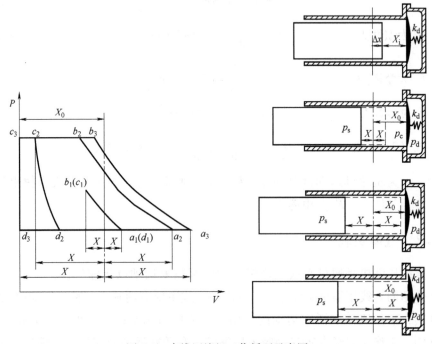

图 2-2 直线压缩机工作循环示意图

压缩机气缸截面积一定，气体体积的变化量正比于活塞行程，可用活塞行程的变化来代替压缩机工作中的体积 V 的变化，图 2-2 中 X_0 表示活塞的振动中心到上止点的距离，X 表示活塞的振幅，x 表示当前活塞所处的位置。

当压缩机行程较小，工作腔内压力小于排气腔内背压时，压缩机工作过程如图 2-2 中 a_1-b_1(c_1)-d_1(a_1) 所示，分别由 a_1-b_1 绝热压缩和 c_1-d_1 绝热膨胀两个重合过程组成，无排气过程，气体力 F_g 可以表示为上述两个分段函数，气体力的具体表达式见表 2-1 中压缩机未排气工作阶段，此时气体力如图 2-3 中所示未排气过程。

表 2-1　压缩机全过程工作气体力表达式

工作阶段及关键节点控制参数	节点角位移	F_g 表达式
未排气阶段 a_1-b_1(c_1)-d_1(a_1) $\dfrac{X}{X_0} < \dfrac{p_d^{1/\kappa} - p_s^{1/\kappa}}{p_d^{1/\kappa} + p_s^{1/\kappa}}$ $p_{b2} = p_s\left(\dfrac{X_0+X}{X_0-X}\right)^{\kappa}$	a_1-b_1 $\theta \in [0,\pi]$	$F_g = p_s A\left[\left(\dfrac{X_0+X}{X_0-x}\right)^{\kappa} - 1\right]$
	c_1-d_1 $\theta \in [\pi,2\pi]$	$F_g = A\left[\left(\dfrac{X_0-X}{X_0-x}\right)^{\kappa} p_{b2} - p_s\right]$
排气未过上止点阶段 a_2-b_2-c_2-d_2-a_2 $\dfrac{p_d^{1/\kappa} - p_s^{1/\kappa}}{p_d^{1/\kappa} + p_s^{1/\kappa}} \leq \dfrac{X}{X_0} < 1$ $\theta_1 = \arccos\left\{\dfrac{X_0}{X}\left[\left(\dfrac{p_s}{p_d}\right)^{1/\kappa}\left(1+\dfrac{X}{X_0}\right) - 1\right]\right\}$ $\theta_2 = 2\pi - \arccos\left\{\dfrac{X_0}{X}\left[\left(\dfrac{p_s}{p_d}\right)^{1/\kappa}\left(1+\dfrac{X}{X_0}\right) - 1\right]\right\}$	a_2-b_2 $\theta \in [0,\theta_1]$	$F_g = p_s A\left[\left(\dfrac{X_0+X}{X_0-x}\right)^{\kappa} - 1\right]$
	b_2-c_2 $\theta \in [\theta_1,\pi]$	$F_g = (p_d - p_s)A$
	c_2-d_2 $\theta \in [\pi,\theta_2]$	$F_g = A\left[\left(\dfrac{X_0-X}{X_0-x}\right)^{\kappa} p_d - p_s\right]$
	d_2-a_2 $\theta \in [\theta_2,2\pi]$	$F_g = (p_s - p_s)A = 0$
过上止点阶段 a_3-b_3-c_3-d_3-a_3 $\dfrac{p_d^{1/\kappa} - p_s^{1/\kappa}}{p_d^{1/\kappa} + p_s^{1/\kappa}} \leq \dfrac{X}{X_0}$ 且 $1 \leq \dfrac{X}{X_0}$ $\theta_1 = \arccos\left\{\dfrac{X_0}{X}\left[\left(\dfrac{p_s}{p_d}\right)^{1/\kappa}\left(1+\dfrac{X}{X_0}\right) - 1\right]\right\}$ $\theta_2 = \pi + \arccos\left(\dfrac{X_0}{X}\right)$	a_3-b_3 $\theta \in [0,\theta_1]$	$F_g = p_s A\left[\left(\dfrac{X_0+X}{X_0-x}\right)^{\kappa} - 1\right]$
	b_3-c_3 $\theta \in [\theta_1,\pi]$	$F_g = (p_d - p_s)A$
	c_3-d_3 $\theta \in [\pi,\theta_2]$	$F_g = (p_d - p_s)A$
	d_3-a_3 $\theta \in [\theta_2,2\pi]$	$F_g = (p_s - p_s)A = 0$

当压缩机行程增大，工作腔内压力大于排气腔内背压时，压缩机工作过程如图 2-2 中 a_2-b_2-c_2-d_2-a_2 所示，分别由 a_2-b_2 绝热压缩，b_2-c_2 等压排气过程，

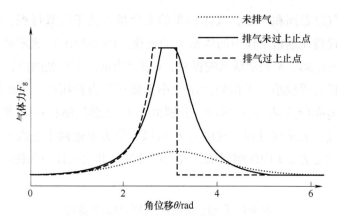

图 2-3 直线压缩机不同运行状态时对应气体力

c_2-d_2 绝热膨胀和 d_2-a_2 等压吸气四个过程组成。气体力 F_g 可以表示为上述四个过程的分段函数，气体力的具体表达式见表 2-1 中压缩机排气未过上止点工作阶段，此时气体力如图 2-3 中所示排气未过上止点过程所示。

当直线压缩机采用弹簧预压的排气阀时，压缩机行程有可能超过气缸上止点位置，压缩机工作过程如图 2-2 中 a_3-b_3-c_3-d_3-a_3 所示，此时压缩机无绝热膨胀过程。c_3-d_3 过程气体力可以描述为

$$F_g = (p - p_s)A = (p_d - p_s)A \tag{2-6}$$

其他过程中压缩机气体力与图 2-2 中 a_2-b_2-c_2-d_2-a_2 所示的各阶段相同，气体力的具体表达式见表 2-1 中压缩机排气过上止点工作阶段，此时气体力如图 2-3 中所示排气过上止点过程所示。

假设直线压缩机活塞初始位置为 X_i，位移 $x = X\cos\omega t$，活塞运动时中心平衡位置距上止点距离为 X_0，κ 为绝热指数，当将压缩膨胀过程考虑为多变过程时，则可用多变指数 n 替代绝热指数 κ。由此可以得到压缩机刚好满足排气要求时的临界行程。

$$X_c = X_0 \frac{p_d^{1/\kappa} - p_s^{1/\kappa}}{p_d^{1/\kappa} + p_s^{1/\kappa}} \tag{2-7}$$

令 $r = \dfrac{X}{X_0}$，$r_c = \dfrac{X_c}{X_0}$。

1）当 $r_c \leqslant r \leqslant 1$，即压缩机排气但活塞位移未过上止点，这时压缩机最为常见的工作状态，此时压缩机开始排气点（b_2）与开始吸气点（d_2）的角位移 θ_1，θ_2 分别表示为

$$\theta_1 = \arccos\left\{\frac{X_0}{X}\left[\left(\frac{p_s}{p_d}\right)^{1/\kappa}\left(1 + \frac{X}{X_0}\right) - 1\right]\right\} \tag{2-8}$$

$$\theta_2 = 2\pi - \arccos\left\{\frac{X_0}{X}\left[\left(\frac{p_s}{p_d}\right)^{1/\kappa}\left(1+\frac{X}{X_0}\right)-1\right]\right\} \tag{2-9}$$

2）当 $r_c \leqslant r$，$1 \leqslant r$，即压缩机活塞位移过上止点时，此时压缩机开始排气点（b_3）与开始吸气点（d_3）的角位移 θ_1，θ_2 分别表示为

$$\theta_1 = \arccos\left\{\frac{X_0}{X}\left[\left(\frac{p_s}{p_d}\right)^{1/\kappa}\left(1+\frac{X}{X_0}\right)-1\right]\right\} \tag{2-10}$$

$$\theta_2 = \pi + \arccos\left(\frac{X_0}{X}\right) \tag{2-11}$$

3）当 $r \leqslant r_c$ 时，即压缩机无排气时，压缩机压缩终止点（b_1）与膨胀终止点（d_1）的角位移 θ_1，θ_2 分别表示为

$$\theta_1 = \pi, \theta_2 = 2\pi \tag{2-12}$$

以上为压缩机全工作状态（包括未排气、排气但未过上止点、排气过上止点）的关键节点参数表达，表 2-1 总结了压缩机全工作过程中相应节点参数及气体力表达式，这里采用绝热指数 κ，考虑压缩机中传热等因素影响时，可用多变指数 n 替代。

从气体力的表达式可以看出气体力 F_g 不仅与压缩机位移 x 有关，同时还受到位移幅值 X 的影响，具有典型的非线性特征。

2. 对置压缩

对置式压缩是在电动机的两侧分别配置由气缸活塞组成的压缩腔，图 2-4 所示为一种双缸对置式直线压缩机的结构原理图，在电动机动子的两侧设置两个活塞分别安装于气缸中，活塞与直线电动机动子直接连接，由直线电动机在电磁场的作用下产生轴向驱动力，驱动活塞在气缸中往复运动，通过谐振弹簧的设置来平衡活塞往复运动所形成的惯性力。在其运行过程中，中间吸气，两侧排气，当运动部件向左侧运动时，左侧气缸处于压缩排气过程，气缸内气体压力升高，当压力高于排气腔内的背压时，排气阀打开，气体由排气管排出压缩机外，同时右侧气缸处于吸气过程，并在气缸工作腔内形成一定的负压，吸气阀打开，气体通过吸气阀进入气缸工作腔；当运动部件向右侧运动时，右侧气缸处于压缩排气过程，气缸内气体压力升高，当压力高于排气腔内的背压时，排气阀打开，气体由排气管排出压缩机外，同时左侧气缸处于吸气过程，并在气缸工作腔内形成一定的负压，吸气阀打开，气体通过吸气阀进入气缸工作腔，如此往复。

活塞运动位移示意图如图 2-5 所示，两侧气缸直径为 D，动子活塞初始平衡位置 $x=0$，初始余隙为 X_0。

当对置式双缸两侧的吸气压力和排气背压相同时，作用在电动机动子上的

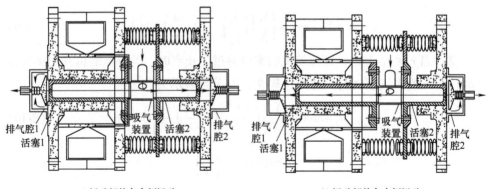

a) 运动部件向左侧运动   b) 运动部件向右侧运动

图 2-4　一种双缸对置式直线压缩机的结构原理图

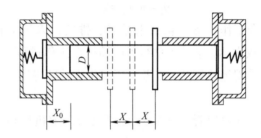

图 2-5　活塞运动位移示意图

气体力描述函数为

1) 气缸 1 处于绝热压缩过程, 气缸 2 处于定压吸气过程:

$$F_{\mathrm{g}}=(p_1-p_2)A=p_{\mathrm{s}}A\left[\left(\frac{X_0+X}{X_0-x}\right)^{\kappa}-1\right] \tag{2-13}$$

2) 气缸 1 处于定压排气过程, 气缸 2 处于定压吸气过程:

$$F_{\mathrm{g}}=(p_1-p_2)A=(p_{\mathrm{d}}-p_{\mathrm{s}})A \tag{2-14}$$

3) 气缸 1 处于绝热膨胀过程, 气缸 2 处于绝热压缩过程:

$$F_{\mathrm{g}}=(p_1-p_2)A=A\left[\left(\frac{X_0-X}{X_0-x}\right)^{\kappa}p_{\mathrm{d}}-\left(\frac{X_0+X}{X_0+x}\right)^{\kappa}p_{\mathrm{s}}\right] \tag{2-15}$$

4) 气缸 1 处于定压吸气过程, 气缸 2 处于绝热压缩过程:

$$F_{\mathrm{g}}=(p_1-p_2)A=Ap_{\mathrm{s}}\left[1-\left(\frac{X_0+X}{X_0+x}\right)^{\kappa}\right] \tag{2-16}$$

5) 气缸 1 处于定压吸气过程, 气缸 2 处于定压排气过程:

$$F_{\mathrm{g}}=(p_1-p_2)A=(p_{\mathrm{s}}-p_{\mathrm{d}})A \tag{2-17}$$

6) 气缸 1 处于绝热压缩过程, 气缸 2 处于绝热膨胀过程:

$$F_g = (p_1 - p_2) A = A \left[\left(\frac{X_0 + X}{X_0 - x} \right)^{\kappa} p_s - \left(\frac{X_0 - X}{X_0 + x} \right)^{\kappa} p_d \right] \tag{2-18}$$

7）气缸 1 处于绝热压缩过程，气缸 2 处于定压吸气过程：

$$F_g = (p_1 - p_2) A = p_s A \left[\left(\frac{X_0 + X}{X_0 - x} \right)^{\kappa} - 1 \right] \tag{2-19}$$

根据气体力数学模型，图 2-6 所示为同样排气容积，同样行程条件下，单、双气缸直线压缩机的气体力随时间变化曲线，可以看出单气缸直线压缩机气体力单侧分布，幅值较大；双气缸直线压缩机气体力对称分布，幅值较小。

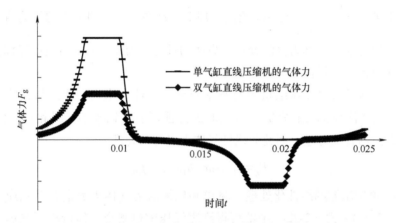

图 2-6　单、双气缸直线压缩机的气体力随时间变化曲线

2.1.3　气体负载的线性化处理

人们在研究伺服系统中的大量非线性结构时提出用非线性部件的基波特性来代替非线性系统，近似地用线性系统的频域法来分析非线性系统，这样就产生了描述函数法。描述函数法是利用线性系统频域响应分析方法对非线性系统进行线性化的一种简易近似分析方法，针对具有低通滤波特性的非线性系统，运用谐波线性化的方法，将非线性系统的特性线性化，把对非线性系统的分析纳入经典频域法的框架中，便于工程应用。

直线压缩机的气体负载通常也可以进行线性化处理，下面介绍气体力的线性化处理方法。

考虑气体力是关于 $x(t)$ 的周期函数，且在周期内只有有限个第一类间断点和极值点，因此气体力 F_g 可展开为傅里叶（Fourier）级数，表示为

$$F_g = \sum_{n=1}^{\infty} (a_n \cos \omega t + b_n \sin \omega t) + \frac{a_0}{2} \tag{2-20}$$

其中，

$$a_n = \frac{2}{T}\int_0^T f(t)\cos n\omega t \mathrm{d}t, \quad (n=0,1,2,\cdots)$$

$$b_n = \frac{2}{T}\int_0^T f(t)\sin n\omega t \mathrm{d}t, \quad (n=1,2,3,\cdots) \tag{2-21}$$

$$a_0 = \frac{2}{T}\int_0^T f(t)\,\mathrm{d}t \tag{2-22}$$

式中第一项 $\dfrac{a_0}{2}=\dfrac{1}{T}\displaystyle\int_0^T f(t)\,\mathrm{d}t$ 给出了周期振动在一个周期 T 内的平均值，反映了振动的静态成分，称为直流分量，后面的任意项是基频的 n 倍频的简谐振动，称为第 n 阶谐波分量。

对于基频处于直线压缩机固有频率附近的气体力来说，理论与试验分析其高频分量（2 倍频及以上分量）对压缩机行程幅值贡献较小，因此对气体力 F_g 取 1 阶谐波与直流分量，因此非线性气体力可等效处理为

$$F_g = a_1\cos\omega t + b_1\sin\omega t + f_{g0} \tag{2-23}$$

（1）单侧压缩的线性化处理　将单侧压缩时的气体力表达式及相应角位移代入式（2-20）~式（2-22）中即可得到直线压缩机某个具体行程下气体力傅里叶级数表达，如压缩机排气但未过上止点过程，可得到：

$$
\begin{aligned}
a_1(X,X_0) &= \frac{1}{\pi}\int_0^{2\pi} F_g(t)\cos\omega t \mathrm{d}(\omega t) = \frac{Ap_s}{\pi}\int_0^{\theta_1}\left(\frac{X_0+X}{X_0-X\cos\omega t}\right)^{\kappa}\cos\omega t \mathrm{d}(\omega t) + \\
&\quad \frac{Ap_d}{\pi}\int_{\theta_1}^{\pi}\cos\omega t \mathrm{d}(\omega t) + \frac{Ap_d}{\pi}\int_{\pi}^{\theta_2}\left(\frac{X_0-X}{X_0-X\cos\omega t}\right)^{\kappa}\cos\omega t \mathrm{d}(\omega t) + \\
&\quad \frac{Ap_s}{\pi}\int_{\theta_2}^{2\pi}\cos\omega t \mathrm{d}(\omega t)
\end{aligned}
\tag{2-24}
$$

$$
\begin{aligned}
b_1(X,X_0) &= \frac{1}{\pi}\int_0^{2\pi} F_g(t)\sin\omega t \mathrm{d}(\omega t) = \frac{Ap_s}{\pi}\int_0^{\theta_1}\left(\frac{X_0+X}{X_0-X\cos\omega t}\right)^{\kappa}\sin\omega t \mathrm{d}(\omega t) + \\
&\quad \frac{Ap_d}{\pi}\int_{\theta_1}^{\pi}\sin\omega t \mathrm{d}(\omega t) + \frac{Ap_d}{\pi}\int_{\pi}^{\theta_2}\left(\frac{X_0-X}{X_0-X\cos\omega t}\right)^{\kappa}\sin\omega t \mathrm{d}(\omega t) + \\
&\quad \frac{Ap_s}{\pi}\int_{\theta_2}^{2\pi}\sin\omega t \mathrm{d}(\omega t)
\end{aligned}
\tag{2-25}
$$

$$\frac{1}{2}a_0 = f_{g0}(X, X_0) = \frac{1}{2\pi}\int_0^{2\pi} F_g(t)\,\mathrm{d}(\omega t) = \frac{Ap_s}{2\pi}\int_0^{\theta_1}\left(\frac{X_0+X}{X_0-X\cos\omega t}\right)^{\kappa}\mathrm{d}(\omega t) +$$

$$\frac{Ap_d}{2\pi}\int_{\theta_1}^{\pi}\mathrm{d}(\omega t) + \frac{Ap_d}{2\pi}\int_{\pi}^{\theta_2}\left(\frac{X_0-X}{X_0-X\cos\omega t}\right)^{\kappa}\mathrm{d}(\omega t) + \tag{2-26}$$

$$\frac{Ap_s}{2\pi}\int_{\theta_2}^{2\pi}\mathrm{d}(\omega t) - Ap_s$$

（2）对置压缩的线性化处理　对于双缸对置式气体负载，取 1 阶谐波分量后，得到简化的等效气体力：

$$a_1(X, X_0) = \frac{1}{\pi}\int_0^{2\pi} F_g(t)\cos\omega t\,\mathrm{d}(\omega t)$$

$$= \frac{Ap_s}{\pi}\int_0^{\theta_1}\left[\left(\frac{X_0+X}{X_0-X\sin\omega t}\right)^{\kappa}-1\right]\cos\omega t\,\mathrm{d}(\omega t) + \frac{A}{\pi}\int_{\theta_1}^{\frac{\pi}{2}}(p_d-p_s)\cos\omega t\,\mathrm{d}(\omega t) +$$

$$\frac{A}{\pi}\int_{\frac{\pi}{2}}^{\theta_2}\left[\left(\frac{X_0-X}{X_0-X\sin\omega t}\right)^{\kappa}p_d-\left(\frac{X_0+X}{X_0+X\sin\omega t}\right)^{\kappa}p_s\right]\cos\omega t\,\mathrm{d}(\omega t) +$$

$$\frac{Ap_s}{\pi}\int_{\theta_2}^{\theta_3}\left[1-\left(\frac{X_0+X}{X_0+X\sin\omega t}\right)^{\kappa}\right]\cos\omega t\,\mathrm{d}(\omega t) + \frac{A}{\pi}\int_{\theta_3}^{\frac{3\pi}{2}}(p_s-p_d)\cos\omega t\,\mathrm{d}(\omega t) + \tag{2-27}$$

$$\frac{A}{\pi}\int_{\frac{3\pi}{2}}^{\theta_4}\left[\left(\frac{X_0+X}{X_0-X\sin\omega t}\right)^{\kappa}p_s-\left(\frac{X_0-X}{X_0+X\sin\omega t}\right)^{\kappa}p_d\right]\cos\omega t\,\mathrm{d}(\omega t) +$$

$$\frac{Ap_s}{\pi}\int_{\theta_4}^{2\pi}\left[\left(\frac{X_0+X}{X_0-X\sin\omega t}\right)^{\kappa}-1\right]\cos\omega t\,\mathrm{d}(\omega t)$$

$$b_1(X, X_0) = \frac{1}{\pi}\int_0^{2\pi} F_g(t)\sin\omega t\,\mathrm{d}(\omega t)$$

$$= \frac{Ap_s}{\pi}\int_0^{\theta_1}\left[\left(\frac{X_0+X}{X_0-X\sin\omega t}\right)^{\kappa}-1\right]\sin\omega t\,\mathrm{d}(\omega t) + \frac{A}{\pi}\int_{\theta_1}^{\frac{\pi}{2}}(p_d-p_s)\sin\omega t\,\mathrm{d}(\omega t) +$$

$$\frac{A}{\pi}\int_{\frac{\pi}{2}}^{\theta_2}\left[\left(\frac{X_0-X}{X_0-X\sin\omega t}\right)^{\kappa}p_d-\left(\frac{X_0+X}{X_0+X\sin\omega t}\right)^{\kappa}p_s\right]\sin\omega t\,\mathrm{d}(\omega t) +$$

$$\frac{Ap_s}{\pi}\int_{\theta_2}^{\theta_3}\left[1-\left(\frac{X_0+X}{X_0+X\sin\omega t}\right)^{\kappa}\right]\sin\omega t\,\mathrm{d}(\omega t) + \frac{A}{\pi}\int_{\theta_3}^{\frac{3\pi}{2}}(p_s-p_d)\sin\omega t\,\mathrm{d}(\omega t) + \tag{2-28}$$

$$\frac{A}{\pi}\int_{\frac{3\pi}{2}}^{\theta_4}\left[\left(\frac{X_0+X}{X_0-X\sin\omega t}\right)^{\kappa}p_s-\left(\frac{X_0-X}{X_0+X\sin\omega t}\right)^{\kappa}p_d\right]\sin\omega t\,\mathrm{d}(\omega t) +$$

$$\frac{Ap_s}{\pi}\int_{\theta_4}^{2\pi}\left[\left(\frac{X_0+X}{X_0-X\sin\omega t}\right)^{\kappa}-1\right]\sin\omega t\,\mathrm{d}(\omega t)$$

$$\frac{1}{2}a_0 = f_{g0}(X, X_0) = \frac{1}{2\pi}\int_0^{2\pi} F_g(t)\,\mathrm{d}(\omega t)$$

$$= \frac{Ap_s}{2\pi}\int_0^{\theta_1}\left[\left(\frac{X_0+X}{X_0-X\sin\omega t}\right)^{\kappa}-1\right]\mathrm{d}(\omega t) + \frac{A}{2\pi}\int_{\theta_1}^{\frac{\pi}{2}}(p_d-p_s)\,\mathrm{d}(\omega t) +$$

$$\frac{A}{2\pi}\int_{\frac{\pi}{2}}^{\theta_2}\left[\left(\frac{X_0-X}{X_0-X\sin\omega t}\right)^{\kappa}p_d-\left(\frac{X_0+X}{X_0+X\sin\omega t}\right)^{\kappa}p_s\right]\mathrm{d}(\omega t) +$$

$$\frac{Ap_s}{2\pi}\int_{\theta_2}^{\theta_3}\left[1-\left(\frac{X_0+X}{X_0+X\sin\omega t}\right)^{\kappa}\right]\mathrm{d}(\omega t) + \frac{A}{2\pi}\int_{\theta_3}^{\frac{3\pi}{2}}(p_s-p_d)\,\mathrm{d}(\omega t) + \tag{2-29}$$

$$\frac{A}{2\pi}\int_{\frac{3\pi}{2}}^{\theta_4}\left[\left(\frac{X_0+X}{X_0-X\sin\omega t}\right)^{\kappa}p_s-\left(\frac{X_0-X}{X_0+X\sin\omega t}\right)^{\kappa}p_d\right]\mathrm{d}(\omega t) +$$

$$\frac{Ap_s}{\pi}\int_{\theta_4}^{2\pi}\left[\left(\frac{X_0+X}{X_0-X\sin\omega t}\right)^{\kappa}-1\right]\mathrm{d}(\omega t)$$

令 $r_u = \dfrac{X}{X_0}$, $r_{uc} = \dfrac{p_d^{1/\kappa}-p_s^{1/\kappa}}{p_d^{1/\kappa}+p_s^{1/\kappa}}$,

当 $r_u \leqslant r_{uc}$ 时, $\theta_1 = \dfrac{\pi}{2}$, $\theta_2 = \pi$, $\theta_3 = \dfrac{3\pi}{2}$, $\theta_4 = 2\pi$。

当 $r_u > r_{uc}$ 时, $\theta_1 = \arcsin\left\{\dfrac{X_0}{X}\left[\left(\dfrac{p_s}{p_d}\right)^{1/\kappa}\left(1+\dfrac{X}{X_0}\right)-1\right]\right\}$, $\theta_3 = \pi+\theta_1$,

$\theta_2 = \pi-\arcsin\left\{\dfrac{X_0}{X}\left[\left(\dfrac{p_d}{p_s}\right)^{1/\kappa}\left(1-\dfrac{X}{X_0}\right)-1\right]\right\}$, $\theta_4 = \pi+\theta_2$。

气体在气缸中被压缩时，表现出一定非线性的弹性气垫作用，气体等效刚度：

$$k_g = -\frac{a_1(X, X_0)}{X} \tag{2-30}$$

考虑等效黏滞阻力功耗与实际非黏滞阻尼功耗相等，得到气体等效阻尼系数：

$$c_g = \frac{b_1(X, X_0)}{\omega X} \tag{2-31}$$

气体负载引起的运动部件中心偏移量：

$$\Delta X = X_0 - X_s = \frac{f_{g0}}{k_s} \tag{2-32}$$

因此，通过对气体力 F_g 进行傅里叶级数转化为

$$F_g(t) = c_g\frac{\mathrm{d}x}{\mathrm{d}t} + k_g x + f_{g0} \tag{2-33}$$

对于气体负载的等效刚度系数，也有采用基于胡克定律的平均值计算法，活塞两侧压差与活塞位移变化的关系系数，即：

$$k_g = \frac{(p_s - p_d)\pi d^2}{8X} \tag{2-34}$$

式中，p_s 为吸气压力；p_d 为排气压力；X 为活塞半行程；d 为气缸直径。

因此，直线压缩机动力学模型为

$$m\frac{\mathrm{d}^2 x}{\mathrm{d}t^2} + (c_f + c_g)\frac{\mathrm{d}x}{\mathrm{d}t} + (k_s + k_g)x = F_e \tag{2-35}$$

当给定系统的初始条件 $x(0) = x_0$，$v(0) = v_0$，可以解得

$$x(t) = \mathrm{e}^{-\zeta\omega_n t}(a_1\cos\omega_d t + a_2\sin\omega_d t) + B_d\sin(\omega t + \mathit{\Psi}_d) \tag{2-36}$$

其中，阻尼比　$\zeta = \dfrac{c_f + c_g}{2m} \bigg/ \sqrt{\dfrac{k_s + k_g}{m}} = \dfrac{c_f + c_g}{2m\omega_n}$，

固有频率　$\omega_n = \sqrt{\dfrac{k_s + k_g}{m}}$，

系统振动频率（自然频率）　$\omega_d = \omega_n\sqrt{1 - \zeta^2}$，

稳态振动振幅　$B_d = \dfrac{F_e}{\sqrt{(k_s + k_g - m\omega^2)^2 + [(c_f + c_g)\omega]^2}}$，

$$\mathit{\Psi}_d = \arctan\frac{(c_f + c_g)\omega}{k_s + k_g - m\omega^2},$$

$$a_1 = x_0 + \frac{2\zeta\omega_n^3\omega B_0}{(\omega_n^2 - \omega^2)^2 + (2\zeta\omega_n\omega)^2},$$

$$a_2 = \frac{\dot{x}_0 + \zeta\omega_n x_0}{\omega_s} - \frac{\omega\omega_n^2 B_0[(\omega_n^2 - \omega^2)^2 - 2\zeta^2\omega_n^2]}{\omega_s[(\omega_n^2 - \omega^2)^2 + (2\zeta\omega_n\omega)^2]},$$

$B_0 = f_0/(k_s + k_g)$。

2.1.4　二自由度模型

在直线压缩机的工作过程中，机身通常以减振弹簧或其他减振方式与压缩机壳体的固定面连接，以实现减振与降噪，此时的直线压缩机通常考虑为二自由度振动系统模型，如图 2-7 所示，m_1 表示运动部件质量；m_2 表示运动部件质量。同样，弹簧弹性力 F_s 由弹性系数 k_s 表示；摩擦力 f

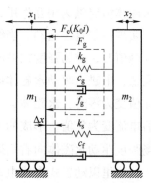

图 2-7　二自由度振动系统模型

由阻尼系数 c_f 表示；气体力为 F_g；电磁力为 F_e，同时假设运动部件 m_1 和机身 m_2 的相对于地面位移量分别为 x_1 和 x_2，Δx 表示的是振动位移 x 运动中心的偏移量。

考虑到弹簧作为压缩机机身的支撑部件，支撑阻尼可忽略不计，根据牛顿第二定律，由以上模型可得

$$\begin{cases} m_1\dfrac{\mathrm{d}^2 x_1}{\mathrm{d}t^2} + (c_f + c_g)\dfrac{\mathrm{d}(x_1 - x_2)}{\mathrm{d}t} + (k_s + k_g)(x_1 - x_2) = F_e \\ m_2\dfrac{\mathrm{d}^2 x_2}{\mathrm{d}t^2} + (c_f + c_g)\dfrac{\mathrm{d}(x_2 - x_1)}{\mathrm{d}t} + (k_s + k_g)(x_2 - x_2) = 0 \end{cases} \tag{2-37}$$

令 $x = x_2 - x_1$，则式（2-37）合并为

$$\frac{m_1 m_2}{m_1 + m_2}\frac{\mathrm{d}^2 x}{\mathrm{d}t^2} + (c_f + c_g)\frac{\mathrm{d}x}{\mathrm{d}t} + (k_s + k_g)x = F_e \tag{2-38}$$

这样，可以设当量质量 $m = \dfrac{m_1 m_2}{m_1 + m_2}$，使动力方程的形式和单自由度一致。

2.2 电磁耦合模型

2.2.1 电路模型

动磁式直线电动机具有电推力大效率高的特点，是直线压缩机用直线振动电动机的主要形式。图 2-8 所示为一种 Redlich 型动磁式直线电动机结构，其工作原理如图 2-9 所示。电动机励磁线圈中通入交流电后，在电动机轭铁中产生交变磁场并与永磁体恒定磁场相互作用，推动电动机动子实现往复直线运动。当线圈电流达到正向峰值时，磁场强度在逆时针方向达到最高值，电磁力驱动永磁体向左运动，当电流值变为零时，永磁体运动到最左侧，然后电流变为负值，形成的顺时针方向的磁场强度驱动永磁体向右侧运动，当电流再次变为零时，永磁体运动到右侧。

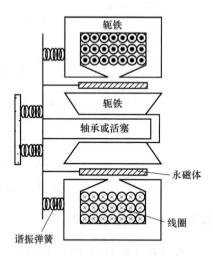

图 2-8　一种 Redlich 型动磁式直线振荡电动机结构

这里以动磁式直线电动机为例，介绍其电路模型。当接通电源时，直线振荡电动机的永磁体产生的恒定磁场与励磁线圈产生的交变磁场相互作用，产生

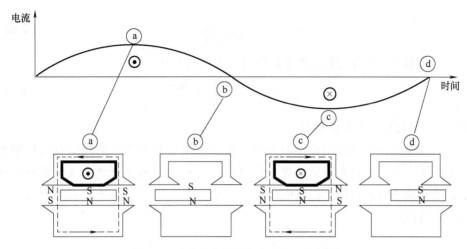

图 2-9　动磁式直线振荡电动机工作原理

电磁驱动力，电系统的电路模型如图 2-10 所示。在电动机工作过程中，磁通量随时间变化，铁心的磁滞损耗和涡流损耗会引起铁心发热消耗电能，R_w 为线圈直流电阻，R_s 为铁损等效电阻（包括磁滞损耗和涡流损耗），L_w 为线圈电感。

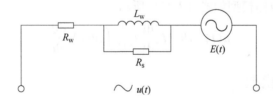

图 2-10　考虑铁心损耗的电路

进一步，将电动机简化为一个等效电阻与各等效电感元件连接到电源电路，直线压缩机的等效电路如图 2-11 所示。图 2-11 中 R_e 为电动机等效电阻；L_e 为电动机等效电感，如式（2-41）和式（2-42）所示。

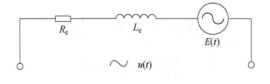

图 2-11　等效电路

$$R_e = R_w + \frac{\omega^2 L_w^2 R_s}{R_s^2 + \omega^2 L_w^2} \tag{2-39}$$

$$L_e = \frac{L_w R_s^2}{R_s^2 + \omega^2 L^2} \tag{2-40}$$

由基尔霍夫定律得到电路系统控制方程式（2-41）。

$$u(t) = iR_e + L_e \frac{\mathrm{d}i}{\mathrm{d}t} + N \frac{\mathrm{d}\boldsymbol{\Phi}}{\mathrm{d}t} \tag{2-41}$$

式中，i 为电流；$\boldsymbol{\Phi}$ 为磁通量。

当直线振荡电动机的电感较大时，会影响电压利用率，为降低直线压缩机供电电压需求，通过在等效电路中串联匹配合适的电容来抵消直线电动机的感抗，从而减小输入电压，提高电压的利用率。图 2-12 所示为有电容时直线电动机的等效电路。

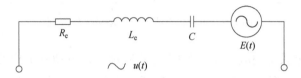

图 2-12　有电容时直线电动机的等效电路

带电容时的电路模型如式（2-42）所示：

$$u(t) = iR_e + L_e \frac{\mathrm{d}i}{\mathrm{d}t} + \frac{1}{C} \int i \mathrm{d}t + N \frac{\mathrm{d}\boldsymbol{\Phi}}{\mathrm{d}t} \tag{2-42}$$

2.2.2　电磁场模型

直线压缩机的电磁场模型是指针对永磁体、铁心及内外轭铁间气隙组成的电磁系统，基于电磁场理论建立的数学模型。电磁场理论通常是通过对麦克斯韦方程组的求解与试验验证来分析和研究电磁场，麦克斯韦方程组由四个定律组成，分别为安培环路定律、法拉第电磁感应定律、高斯电通定律和高斯磁通定律：

$$\begin{cases} \oint_{\Gamma} \boldsymbol{H} \mathrm{d}l = \iint_{\Omega} \left(\boldsymbol{J} + \frac{\partial \boldsymbol{D}}{\partial t} \right) \mathrm{d}S \\ \oint_{\Gamma} \boldsymbol{E} \mathrm{d}l = -\iint_{\Omega} \left(\boldsymbol{J} + \frac{\partial \boldsymbol{B}}{\partial t} \right) \mathrm{d}S \\ \oiint_{S} \boldsymbol{D} \mathrm{d}S = \iiint_{V} \rho \mathrm{d}V \\ \oiint_{S} \boldsymbol{B} \mathrm{d}S = 0 \end{cases} \tag{2-43}$$

式中，Γ 为曲面 Ω 的边界；$\boldsymbol{H}$ 为磁场强度（A/m）；$\boldsymbol{J}$ 为传导电流密度矢量（A/m^2）；$\boldsymbol{D}$ 为电通密度（C/m^2）；$\boldsymbol{E}$ 为电场强度（V/m）；$\boldsymbol{B}$ 为磁感应强度

（T）；ρ 为电荷体密度（C/m^3）；l 为磁场中任意一条闭合路径；S 为闭合路径 l 所围成的闭合曲面；V 为闭合曲面 S 所围成的体积区域。

在媒质中，麦克斯韦方程组的微分形式为

$$\begin{cases} \nabla \times H = J + \dfrac{\partial D}{\partial t} \\[2mm] \nabla \times E = \dfrac{\partial B}{\partial t} \\[2mm] \nabla \cdot D = \rho \\[1mm] \nabla \cdot B = 0 \end{cases} \tag{2-44}$$

为表征在电磁场作用下媒质的宏观电磁特性，给出媒质的本构方程：

$$\begin{cases} D = \varepsilon E \\ B = \mu H \\ J = \sigma E \end{cases} \tag{2-45}$$

式中，ε 为介电常数；μ 为磁导率；σ 为电导率。

电动机的电磁场分析方法主要有等效磁路法、等效磁网络法、电磁场解析分析法和电磁场数值计算法。

等效磁路法将永磁体处理成磁势源或磁通源，其余按照一般的电动机的磁路计算来进行，其优点是形象、直观，计算量小。对于方案的估算、初始方案设计和类似方案比较时更为实用，通过试验比较，完善各种修正系数后，计算精度也可以满足工程设计的需要。但由于永磁电动机磁场分布复杂，仅依靠少量集中参数构成的等效磁路模型难以描述磁场的真实情况，使一些关键系数如极弧系数、漏磁系数等，只能借助于经验数据或曲线，而此类数据或曲线大都是针对特定结构尺寸和特定永磁材料的，通用性较差。

等效磁网络法根据电动机的几何结构和预测的磁通走向，把磁场区域划分为若干串联或并联的支路，每条支路由磁导或者磁势源等单元组成，单元之间通过节点相连，构成磁网络。该方法是一种介于等效磁路法和有限元法之间的分析方法，原理简单，方便实现，计算精度高于等效磁路法，所需计算机内存容量及时间比有限元法要少。但是在建立磁网络时，电动机结构要做一定的简化，而且等效磁网络模型是建立在磁场预测结果的基础之上的，难免会带来一定的误差，尤其是对永磁电动机复杂的电动机结构误差更大。

电磁场解析分析法具有很长的历史，在早期就有很多文献用电磁场解析分析法来分析永磁电动机的磁场参数及性能。Gu 等发表了采用解析方法计算永磁电动机电磁场的文章，对永磁电动机气隙磁场、永磁体边缘效应及开槽效应进行了研究，为永磁电动机磁场解析分析法奠定了基础。Zhu 等发表了一系列文章，采用解析分析法对永磁无刷直流电动机的空载磁场、电枢磁场、开槽效应及负载磁场进行了全面的研究，是运用解析分析法研究永磁电动机最具有代表性的研究成果，对解析分析法向工程应用迈进做出了巨大的贡献。但是由于解析分析法不能处理复杂的电动机结构，对磁场饱和不能够有效处理，需要同电磁场数值法一起计算来实现精确性能分析。

电磁场数值计算法包括有限差分法、有限元法和积分方程法和边界元法等四种基本类型，以及近年来发展产生的有限元法和边界元法相结合的混合法。其中有限元法适应了当今工程电磁问题分析的需要，获得了广泛的应用。有限元法最主要的特点是根据该方法编制的软件系统对于各种各样的电磁计算问题具有较强的适应性，通过前处理过程能有效地形成方程并求解。它能方便地处理非线性介质特性，如铁磁饱和特性等。它所形成的代数方程具有系数矩阵对称、正定、稀疏等特点，所以求解容易，收敛性好，占用计算机内存量也较少。这些正是有限元法能成为电气设备计算机辅助设计核心模块的优势所在。工程设计和科学研究对电磁计算精确度要求的不断提高，促进了有限元法的发展及其在电气工程方面的广泛应用。而计算机资源的不断开发又为有限元法电磁计算的发展创造了必不可少的条件。

上述几种性能分析方法各有特点，也有着各自的应用场合。等效磁路法可以帮助我们理解电动机各参数之间的内在联系。为了简化分析计算，目前动圈式或动磁式直线电动机的磁路设计通常采用"场化路"的方法，将空间实际存在的不均匀分布的磁场等效成多段磁路，并近似认为在每段磁路中磁通沿截面和长度均匀分布，将磁场的计算转化为磁路的计算，然后用各种系数来进行修正，使各段磁路的磁位差等于磁场中对应点之间的磁位差，这样可以大大减少计算时间。在方案估算，初始方案设计和类似结构的方案比较时更为实用。这里进行简要介绍。

1. 动磁式直线电动机的磁路模型

经电磁系统简化后，动磁式直线电动机的等效磁路如图 2-13 所示。

图中 R_1、R_2、R_3 和 R_4 分别对应各段气隙磁阻，永磁体在运行过程中被分为上、下两段，其产生的磁阻分别对应图中的 R_{m1} 和 R_{m2}，且两段永磁体产生的磁动势分别为 G_{m1} 和 G_{m2}，R_{g1}、R_{g2} 为内外铁心之间，永磁体以上及以下的两段气隙磁阻，R_{s1}、R_{s2} 为外铁心磁阻，R_{s3} 为内铁心磁阻，G_L 为线圈电流产生的磁动势。

线圈的匝数为 N；流过线圈的电流为 i；则线圈的电励磁磁动势：$G_L = Ni$。

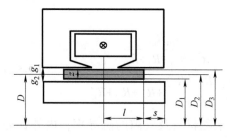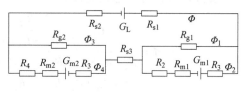

图 2-13　动磁式直线电动机的等效磁路

永磁体的矫顽力为 H_c；磁导率为 μ_{r2}；充磁方向厚度为 z；长度为 $2l$，则永磁体等效磁动势：$G_{m1} = G_{m2} = H_c z$。

永磁体上部的气隙宽度为 g_1；永磁体下部的气隙宽度为 g_2，真空磁导率为 μ_0；永磁体位移为 x。

内外铁心硅钢片磁导率为 μ_{r1}，外铁心沿磁力线方向长度为 $2l_1$，外铁心横截面面积为 S_1，内铁心沿磁力线方向长度为 l_2，铁心横截面面积为 S_2。

各段气隙磁阻为

$$R_{g1} = \frac{g_1 + g_2 + z}{\mu_0 \pi D_3 (s-x)}, R_{g2} = \frac{g_1 + g_2 + z}{\mu_0 \pi D_3 (s+x)} \tag{2-46}$$

$$R_1 = \frac{g_1}{\mu_0 \pi D_1 (l+x)}, R_2 = \frac{g_2}{\mu_0 \pi D_2 (l+x)} \tag{2-47}$$

$$R_3 = \frac{g_2}{\mu_0 \pi D_2 (l-x)}, R_4 = \frac{g_1}{\mu_0 \pi D_1 (l-x)} \tag{2-48}$$

永磁体磁阻为

$$R_{m1} = \frac{z}{\mu_{r2} \pi D_3 (l+x)}, R_{m2} = \frac{z}{\mu_{r2} \pi D_3 (l-x)} \tag{2-49}$$

内外铁心磁阻为

$$R_{s1} = R_{s2} = \frac{l_1}{\mu_{r1} \pi S_1}, R_{s3} = \frac{l_2}{\mu_{r1} \pi S_2} \tag{2-50}$$

设干路磁通为 Φ，各支路磁通分别为 Φ_1、Φ_2、Φ_3、Φ_4，由基尔霍夫电压定律及基尔霍夫电流定律可得方程组：

$$
\begin{aligned}
&\Phi = \Phi_1 + \Phi_2 \\
&\Phi = \Phi_3 + \Phi_4 \\
&\Phi_1 R_{g1} = \Phi_2 (R_1 + R_{m1} + R_2) + G_{m1} \\
&\Phi_3 R_{g2} = \Phi_4 (R_3 + R_{m2} + R_4) - G_{m2} \\
&\Phi_3 R_{g2} + \Phi_1 R_{g1} + \Phi (R_{s1} + R_{s2} + R_{s3}) = G_L
\end{aligned}
\tag{2-51}
$$

解方程组，得到总磁通计算公式

$$\Phi = \frac{G_{\mathrm{L}} + \dfrac{G_{\mathrm{m2}}R_{\mathrm{g2}}}{R_3+R_{\mathrm{m2}}+R_4+R_{\mathrm{g2}}} - \dfrac{G_{\mathrm{m1}}R_{\mathrm{g1}}}{R_1+R_{\mathrm{m1}}+R_2+R_{\mathrm{g1}}}}{\dfrac{R_{\mathrm{g1}}(R_1+R_{\mathrm{m1}}+R_2)}{R_1+R_{\mathrm{m1}}+R_2+R_{\mathrm{g1}}} + \dfrac{R_{\mathrm{g2}}(R_3+R_{\mathrm{m2}}+R_4)}{R_3+R_{\mathrm{m2}}+R_4+R_{\mathrm{g2}}} + R_{\mathrm{s1}}+R_{\mathrm{s2}}+R_{\mathrm{s3}}} \tag{2-52}$$

由于内外铁心硅钢片的磁导率远高于永磁材料及气隙的磁导率，内外铁心的磁阻可以忽略不计，将相应的参数代入后得到

$$\begin{aligned}
\Phi &= G_{\mathrm{L}}\frac{(Qs+Pl)^2-(P-Q)^2x^2}{2PQ(Qs+Pl)} - G_{\mathrm{m}}\frac{(l+s)x}{Qs+Pl} \\
&= Ni\frac{(Qs+Pl)^2-(P-Q)^2x^2}{2PQ(Qs+Pl)} - zH_{\mathrm{c}}\frac{(l+s)x}{Qs+Pl}
\end{aligned} \tag{2-53}$$

其中，$P=\dfrac{g_1+g_2+z}{\mu_0\pi D_3}$，$Q=\dfrac{g_1}{\mu_0\pi D_1}+\dfrac{g_2}{\mu_0\pi D_2}+\dfrac{z}{\mu_{r2}\pi D_3}$

由 $\Phi_1 R_{\mathrm{g1}}=\Phi_2(R_1+R_{\mathrm{m1}}+R_2)+G_{\mathrm{m1}}$，得到

$$\begin{aligned}
\Phi_2 &= \frac{\Phi R_{\mathrm{g1}}-G_{\mathrm{m1}}}{R_1+R_{\mathrm{m1}}+R_2+R_{\mathrm{g1}}} = G_{\mathrm{L}}\frac{[(Qs+Pl)^2-(P-Q)^2x^2](x+l)}{2PQ(Qs+Pl)[Q(s-x)+P(l+x)]} - \\
&\quad G_{\mathrm{m}}\frac{(x+l)[P(l+s)x-(s-x)(Qs+Pl)]}{(Qs+Pl)[Q(s-x)+P(l+x)]}
\end{aligned} \tag{2-54}$$

系统总能为

$$W_{\mathrm{c}} = \frac{1}{2}(G_{\mathrm{L}}\Phi+G_{\mathrm{m}}\Phi_2-G_{\mathrm{m}}\Phi_4) = N^2i^2\frac{(Qs+Pl)}{4PQ} + NizH_{\mathrm{c}}\frac{(l+s)x}{Qs+Pl} + z^2H_{\mathrm{c}}^2\frac{(l+s)x^2}{2(Qs+Pl)^3} \tag{2-55}$$

其中第一项 $N^2i^2\dfrac{(Qs+Pl)}{4PQ}$ 为电定位能，第二项 $NizH_{\mathrm{c}}\dfrac{(l+s)x}{Qs+Pl}$ 为磁共能，第三项 $z^2H_{\mathrm{c}}^2\dfrac{(l+s)x^2}{2(Qs+Pl)^3}$ 为磁定位能。

电磁力计算采用虚位移法，假定永磁体在某个电流值 i 所形成的磁场力作用下出现位移 $\mathrm{d}x$，此时系统磁通量变化为 $\mathrm{d}\Phi$，根据磁共能理论，电磁力等于绕组电流保持恒定情况下，磁共能对位移的偏导，$\mathrm{d}W_{\mathrm{em}}=F_{\mathrm{c}}\mathrm{d}x$，得到电磁力 F_{e} 的表达式为

$$F_{\mathrm{e}} = NizH_{\mathrm{c}}\frac{l+s}{Qs+Pl} = NzH_{\mathrm{c}}\frac{l+s}{\left(\dfrac{g_1}{\mu_0\pi D_1}+\dfrac{g_2}{\mu_0\pi D_2}+\dfrac{z}{\mu_{r2}\pi D_3}\right)s + \dfrac{g_1+g_2+z}{\mu_0\pi D_3}l}i \tag{2-56}$$

与旋转电动机类似，直线电动机也采用磁力系数来表征单位电流的电磁力大小，表达为 K_0

$$K_0 = N z H_c \frac{l+s}{\left(\dfrac{g_1}{\mu_0 \pi D_1} + \dfrac{g_2}{\mu_0 \pi D_2} + \dfrac{z}{\mu_{t2} \pi D_3}\right)s + \dfrac{g_1 + g_2 + z}{\mu_0 \pi D_3}l} \tag{2-57}$$

同样，由式（2-55）第一项电定位能等于 $\dfrac{1}{2}L_e i^2$ 得到

$$L_e = N^2 \frac{(Qs + Pl)}{2PQ} \tag{2-58}$$

由式（2-55）第三项磁定位能等于 $\dfrac{1}{2}k_m x^2$ 得到

$$k_m = z^2 H_c^2 \frac{(s+l)}{(Qs + Pl)^3} \tag{2-59}$$

在工程应用中，考虑到气隙半径 D_1、D_2、D_3 相差较小，为简化计算将这三个参数统一为 D，则 $Q = P$，上式一步简化为

$$K_0 = N z H_c \frac{\mu_0 \pi D}{g_1 + g_2 + z} \tag{2-60}$$

$$L_e = N^2 \frac{\mu_0 \pi D (s+l)}{2l(g_1 + g_2 + z)} \tag{2-61}$$

$$k_m = z^2 H_c^2 \frac{\mu_0 \pi D}{(g_1 + g_2 + z)(s+l)^2} \tag{2-62}$$

式（2-62）定义了一个等效磁场弹簧刚度 k_m，通过量纲分析，对于 Redlich 型电动机，等效磁场弹簧刚度相对直线压缩机中安装的谐振弹簧刚度及压缩气体的等效弹簧而言，可以忽略。

综合以上直线电动机电磁耦合模型表示为

$$u = iR_e + L_e \frac{\mathrm{d}i}{\mathrm{d}t} + K_0 \frac{\mathrm{d}x}{\mathrm{d}t} \tag{2-63}$$

2. 动圈式直线电动机的磁路模型

动圈式直线压缩机的动子部分由运动线圈、线圈支架和活塞构成，并通过谐振弹簧支撑定位；定子部分由内外铁心、气隙和永磁体构成，电动机励磁由永磁体和通电线圈共同提供，动子线圈插入由铁心和永磁体一同构成的环形气隙中。其等效磁路如图 2-14 所示，电动机定子磁路中有永磁体产生的磁通和电流流过的动子线圈绕组产生的磁通组成。设电动机运行时动子线圈绕组接交流电源，线圈中交变电流方向与定子磁路气隙中的磁力线相正交，绕组受到安培力的作用而在磁场中运动，从而产生动生电动势与自感电动势。

永磁动圈式直线电动机在运行过程中，同样采用场化路法，把永磁体等效

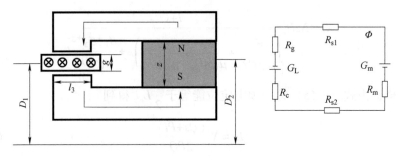

图 2-14　动圈式直线电动机等效磁路

成一个恒磁源，永磁体向外路提供磁动势与铁心、气隙、线圈等形成磁通路，永磁体产生的磁动势为 G_m，其产生的磁阻对应图 2-14 中的 R_m，矫顽力为 H_c，磁导率为 μ_{r2}，充磁方向厚度为 z，长度为 l，永磁体等效磁动势 $G_m = H_c i$。

线圈的有效匝数为 N，流过线圈的电流为 i，磁通范围内有效长度为 l_c，线圈位移为 x，G_L 为线圈电流产生的磁动势，线圈的电励磁磁动势：$G_L = Ni$。气隙总宽度为 g，长度为 l_3，真空磁导率为 μ_0，R_c 为线圈气隙磁阻，R_g 为气隙磁阻。

内外铁心硅钢片磁导率为 μ_{r1}，外磁力线方向长度为 l_1，外铁心横截面面积为 s_1，内铁心沿磁力线方向长度为 l_2，内铁心横截面面积为 s_2，R_{s1}、R_{s2} 为铁心磁阻。

永磁体磁阻为

$$R_m = \frac{z}{\mu_{r2} \pi D_2 l} \tag{2-64}$$

内外铁心磁阻为

$$R_{s1} = \frac{l_1}{\mu_{r1} \pi s_1}, R_{s2} = \frac{l_2}{\mu_{r1} \pi s_2} \tag{2-65}$$

线圈与气隙磁阻为

$$R_g + R_c = \frac{g}{\mu_0 \pi D_1 l_3} \tag{2-66}$$

当不计漏磁时，磁通是动子有效绕组所包围的永磁体产生的磁通与通电的动子绕组自身产生的被有效绕组所包围的磁通之和。有效绕组包围的永磁体产生的磁通，与电流无关；动子绕组自身产生的被有效绕组所包围的磁通，是位移和电流的函数，但当位移振幅不太大时，位移的影响比电流的影响小得多，可忽略位移的影响。

磁通量　　　$$\Phi = \frac{G_m - G_L}{R_g + R_c + R_m + R_{s1} + R_{s2}} = \frac{H_c z - Ni}{R_g + R_c + R_m + R_{s1} + R_{s2}} \tag{2-67}$$

磁感应强度 $\qquad B = \dfrac{\Phi}{A} = \dfrac{\Phi}{\pi D l_3}$ （2-68）

电磁力 $\qquad F_e = B l_e i = B \pi D_1 N i$ （2-69）

2.3　能量模型

直线压缩机吸排气压力变化表征了压缩机流体-吸排气阀-机身-动子热流固耦合的相互作用，因此可以从能量角度建立直线压缩机动力学模型。图 2-15 所示为压缩机中能量传输的流程，压缩机的电气和机械系统中储存的能量 W 通过选取电气和机械系统中某时刻的电气参量 q 和 $\dot{q}$ 及机械参量 x 和 v 表示，统一采用机械符号 x 和 v 表示可写成

$$W = W(x, v) \tag{2-70}$$

对于具有耗损元件的机电系统，拉格朗日运动方程式可以表示为

$$\frac{\mathrm{d}}{\mathrm{d}t} \frac{\partial L}{\partial v_j} - \frac{\partial L}{\partial x_j} + \frac{\partial D}{\partial v_j} = f_j(t) \tag{2-71}$$

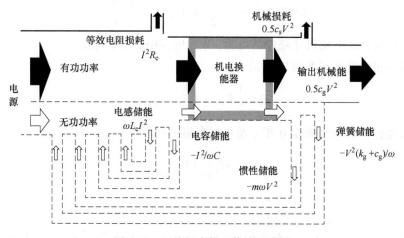

图 2-15　压缩机中能量传输的流程

图 2-16 所示为压缩机单个压缩周期内压缩腔压力变化图，即单个压缩周期内压缩机压缩腔内气体压力随活塞位移的变化，P_r-x 图的面积表征为压缩机一个压缩周期内消耗的功，可将压缩机气体压缩工作过程等效为气体阻尼及气体弹簧元件工作过程。

$$W_{gas} = \Phi(P_r, x, A, \omega) = P_r A x = \frac{1}{2} c_g v^2 + \frac{1}{2} k_g x^2 \tag{2-72}$$

式中，W_{gas} 为压缩气体存储能量；P_r 为气缸内的气体压力；x 为活塞位移；A 为活塞面积；ω 为运行频率；c_g 为气体等效阻尼系数；k_g 为气体等效刚度；v 为活塞速度。

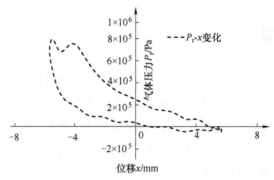

图 2-16　压缩机单个压缩周期内压缩腔压力变化图

因此，对于 Redlich 型直线振荡电动机驱动的压缩机，电动机中拉格朗日能量方程可以表示为

$$L = W_e + \frac{1}{2}mv^2 - \frac{1}{2}(k_s + k_g)x^2 - \frac{1}{2}\frac{1}{C}q^2 \tag{2-73}$$

式中，C 为直线电动机环路中的电容；q 为电容中储存的电荷。

压缩机中耗散函数可以表示为

$$D = \frac{1}{2}R_e i^2 + \frac{1}{2}(c_f + c_g)v^2 \tag{2-74}$$

对坐标参数电气参量 q 和 $\dot{q}$ 及机械参量 x 和 v 求导后，可得

$$\begin{cases} u = iR_e + L_e\dfrac{\mathrm{d}i}{\mathrm{d}t} + K_{0v} + \dfrac{1}{C}\displaystyle\int i\,\mathrm{d}t \\[2mm] m\dfrac{\mathrm{d}v}{\mathrm{d}t} + (c_f + c_g)v - K_{0i} + (k_s + k_g)x = 0 \end{cases} \tag{2-75}$$

式（2-75）描绘了一个类似阻尼耦合的二自由度振动系统，电动机动子移动，导致磁链和气隙磁能变化。磁链变化产生了感应电势（K_{0v}），从而从电源吸收电能，然后通过磁链变化产生的电磁力（K_{0i}），将电能转化为机械能输出。

2.3.1　能量传递简化类比

比较直线压缩机动力学方程和电压平衡方程，可以看到电气系统和机械系统的相似性（见表 2-2）。直线振荡电动机机电系统电回路模拟如图 2-17 所示。

表 2-2　直线振荡电动机的机电模拟电量和机械量对应关系

电气系统	机械系统
电压源 $u(t)$	力 $F(t)$
电荷 $q(t)$	位移 $x(t)$
电流 $i(t)$	速度 $v(t)$
电感 L	质量 m
电阻 R	黏性摩擦系数 c
电容 C	弹性刚度 $1/k$

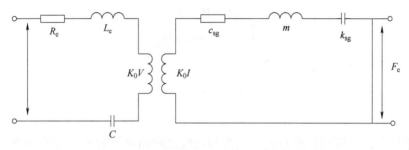

图 2-17　直线振荡电动机机电系统电回路模拟

假设电动机上施加的电压满足 $u = U_m \cos\omega t$，则直线振荡电动机中电流和速度可以分别表示为

$$i = I_m \cos(\omega t + \theta_{ui}) \tag{2-76}$$

$$v = V_m \cos(\omega t + \theta_{iv}) \tag{2-77}$$

则直线振荡电动机有功功率、无功功率及输出功率可以分别表示为

$$P_{in} = \frac{1}{2} U_m I_m \cos\theta_{ui} \tag{2-78}$$

$$Q_{in} = \frac{1}{2} U_m I_m \sin\theta_{ui} \tag{2-79}$$

$$P_{out} = \frac{1}{2} V_m I_m \cos\theta_{iv} \tag{2-80}$$

其中，采用下标 m 表示电压 u 和电流 i 的幅值；下标 ui 表示电压 u 和电流 i 之间的相位；下标 iv 表示电流 i 与速度 v 之间的相位。

2.3.2　效率

往复式压缩机的性能可以通过压缩机参数集来描述。容积效率、等熵效率、压缩效率、电动机效率和机械效率定义了压缩机的所有热和流体动力特性。COP促进了压缩机与其余制冷设备之间的相互作用。

当采用直线振荡电动机作为家电用冰箱、空调的直线压缩机驱动装置时，需要满足电网对电气产品功率因数的要求。根据直线振荡电动机中能量转换过程，结合图 2-17 所示的机电系统的电路模型，当在直线振荡电动机上施加的电压满足正弦规律时，由于电路中电感、电容，机械系统类比电路中质量元件及弹簧元件均为储能元件，本身并不消耗能量，则电动机工作过程中电源提供的有功功率 P 及无功功率 Q 存在以下关系。

对于图 2-17 中的初级电路：

$$\begin{cases} P_U = P_{R_e} + P_{K_0} \\ Q_U = Q_{L_e} + Q_C + Q_{K_0} \end{cases} \tag{2-81}$$

对于图 2-17 中的次级电路：

$$\begin{cases} P_{K_0} = P_{c_{sg}} \\ Q_{K_0} = Q_m + Q_{k_{sg}} \end{cases} \tag{2-82}$$

电压电流之间相位差为 θ_{ui}，电流与速度之间相位差为 θ_{iv}，由交流电路性质则式（2-81）和式（2-82）可分别表示为

$$\begin{cases} UI\cos\theta_{ui} = I^2 R_e + K_0 IV\cos\theta_{iv} \\ K_0 IV\cos\theta_{iv} = c_f V^2 \end{cases} \tag{2-83}$$

$$\begin{cases} UI\sin\theta_{ui} = \omega L_e I^2 - \dfrac{1}{\omega C}I^2 + K_0 IV\sin\theta_{iv} \\ K_0 IV\sin\theta_{iv} = -\omega m V^2 + \dfrac{k_s}{\omega}V^2 \end{cases} \tag{2-84}$$

式中，U，I，V 分别为正弦电压 $u(t)$，电流 $i(t)$ 及速度 $v(t)$ 的有效值，在电路系统中，电感元件的无功功率为正值，电容元件的无功功率为负值，而在机械系统中，质量元件的无功功率为负值，弹簧元件的无功功率为正值。

相应地，输入功率可表示为

$$P_{in} = 0.5c_f V^2 + 0.5c_g V^2 + 0.5R_e I^2 \tag{2-85}$$

1. 电动机效率

直线压缩机的机械功率可以表示为

$$P_{mech} = P_{in} - 0.5R_e I^2 = 0.5c_f V^2 + 0.5c_g V^2 \tag{2-86}$$

通过对电路中电容的合理选择，总可以使电动机的无功功率接近零，即可以实现直线振荡电动机的功率因数为 1。为简化模型，这里不包括电动机供电电

路中的外接电容，电动机效率可以表示为机械功率与输入功率之比。

$$\eta_{\text{motor}} = \frac{P_{\text{mech}}}{P_{\text{in}}} = \frac{0.5c_{\text{f}}V^2 + 0.5c_{\text{g}}V^2}{0.5c_{\text{f}}V^2 + 0.5c_{\text{g}}V^2 + 0.5R_{\text{e}}I^2} \tag{2-87}$$

从式（2-87）可以看出影响直线振荡电动机效率的因素包括电动机等效电阻、摩擦阻尼系数和气体等效阻尼系数。

2. 机械效率

机械效率是指机械在稳定运转时，机械输出功率与输入功率的百分比。

$$\eta_{\text{mech}} = \frac{0.5c_{\text{g}}V^2}{0.5c_{\text{f}}V^2 + 0.5c_{\text{g}}V^2} \tag{2-88}$$

3. 容积效率

密闭往复式压缩机整体性能的最重要参数之一是容积效率，其定义为实际平均质量流量与理想质量流量之间的关系。

直线压缩机变容量运行时，压缩机行程幅值 X 大于相应吸排气压力时的临界排气行程，即压缩机处于入排气但未过上止点，此过程如图 2-18 所示。

当压缩机活塞横截面面积 A 一定时，余隙容积与压缩机行程幅值 X 及压缩机上止点到运动中心距离 X_0 存在以下关系：

$$V_{\text{c}} = (X_0 - X)A \tag{2-89}$$

则压缩机的吸入容积 V_{s} 可以表示为

$$V_{\text{s}} = V_1 - V_4 = A[X_0 + X - (X_0 - X)(p_{\text{d}}/p_{\text{s}})^{(1/\kappa)}] \tag{2-90}$$

由气体力对压缩机活塞运动中心偏移特性可知，当压缩机吸排气压差一定时，压缩机上止点到运动中心距离 X_0 为定值。

压缩机实际运行时的工作循环示意图如图 2-19 所示。在实际过程中，压缩机在点 1′ 处关闭吸气阀之后，活塞压缩压缩腔内的气体，直到点 2 处排气阀开始打开。气体从点 2 排放到点 3′，排气阀关闭。活塞在点 3 到达上止点后，排气阀关闭。然后，留在气缸内的气体膨胀，直到压力低到足以在点 4 打开吸气阀为止。最后，低压制冷剂从点 4 至 1′ 过程中进入压缩腔。阀门的开闭取决于

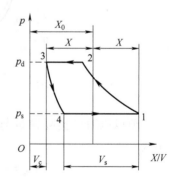

图 2-18　压缩机变容量运行时
工作循环示意图

多个因素，例如：压缩腔内的气体条件，吸气和排气管中的压力，阀的压降等。所以压缩机的实际排出容积折算到进口状态的气体容积小于吸入容积。

因此压缩机的容积效率除了需要考虑运行余隙容积的气体膨胀导致的效率

降低之外，还需要考虑由于摩擦、传热和泄漏等引起的不可逆损失，由于吸气阀和排气阀的关闭延迟导致的容积效率降低也要考虑在内。因此容积效率可以表示为

$$\eta_v = \eta_{id}\eta_{irr}\eta_{suc}\eta_{dis}$$

$$\eta_{id} = \frac{V_s}{V_{ideal}}, \eta_{suc} = 1 + \frac{m_{11'}}{m_{13}}, \eta_{dis} = 1 - \frac{m_{33'}}{m_{13}}$$

式中，η_{id} 为与余隙容积有关的容积系数；η_{irr} 为与摩擦、传热、泄漏有关的容积系数；η_{suc} 为与吸气阀延迟关闭有关的容积系数；η_{dis} 为与排气阀延迟关闭有关的容积系数；V_{ideal} 为理想气体体积；m_{ij} 为图 2-19 压缩过程中点 i 到点 j 的质量流量。

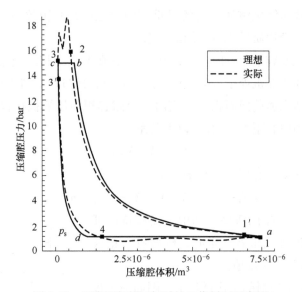

图 2-19　压缩机实际运行时的工作循环示意图

所以压缩机实际排量与压缩机行程关系，以及压缩机有效输出功为可表示为

$$V_{dis} = \lambda_v A \left[X_0 + X - (X_0 - X)(p_d/p_s)^{(1/\kappa)} \right] \tag{2-91}$$

$$P_{out} = 0.5\lambda_v c_g V^2 \tag{2-92}$$

式中，λ_v 为泄漏等因素导致的实际排量折算到进口状态的容积占吸入容积 V_s 的比。

4. 等熵效率

压缩机等熵效率是压缩机等熵功率与实际压缩工质所需功率之比，等熵效率 η_{iso} 可以表示为

$$\eta_{iso} = \frac{W_{iso}}{W_{cp}} = \frac{W_{ab} + W_{bc} + W_{cd} + W_{da}}{W_{1'2} + W_{23'} + W_{3'4} + W_{41'}} \tag{2-93}$$

式中，W_{iso} 为压缩机等熵功率；W_{cp} 为压缩机实际功率；W_{ij} 为压缩过程点 i 到点 j 过程的功率。

5. 压缩效率

对于直线压缩机，其压缩效率可以表示为电动机效率、机械效率及等熵效率三者的乘积：

$$\eta_{com} = \eta_{motor} \eta_{mech} \eta_{i} = \frac{P_{out}}{P_{in}} = \frac{0.5 \lambda_{v} c_{g} V^2}{0.5 c_{f} V^2 + 0.5 c_{g} V^2 + 0.5 R_{e} I^2} \tag{2-94}$$

第 **3** 章

直线压缩机特征参数

本章从直线压缩机的物理模型出发，阐述表征直线压缩机机电耦合性能的相关特征参数的物理意义与测量方法，并从特征参数的非线性特性角度，分析特征参数对直线压缩机运行稳定性的影响，从而揭示不稳定线性发生的机理。

3.1 电磁力系数

3.1.1 电磁力系数测量

电磁力系数 K_0 是直线压缩机系统中最重要的一个参数。在对直线压缩机建模的过程中可以发现，它既是力学平衡方程中由磁场变化产生轴向推力的效率指标，又是电路平衡方程中由运动产生反电动势的系数，是连接两个方程的关键点，因此又被称为机电耦合系数。该系数在设计中可以根据电磁学理论进行计算，也可以采用有限元分析软件对磁路区域进行模拟计算，从而得到验证后的数值。但在实际生产过程中，理论计算和有限元分析得出的结果都会不可避免地出现一些偏差，这些由于材料和装配精度造成的偏差可能会对电动机特性产生较大的影响，因此需要通过试验方法进行测试验证。

由有限元分析可知，直线电动机气隙结构对称，内磁场均匀分布，因此在有效行程范围内可将电磁力系数视为常数。根据等效电路模型，可得到永磁体生成的反电动势 $E(t)$ 表达式为

$$E(t) = K_0 \frac{\mathrm{d}x}{\mathrm{d}t} \tag{3-1}$$

因此可进一步转化为

$$K_0 = \frac{\int E(t)\,\mathrm{d}t}{x_2 - x_1} \tag{3-2}$$

式中，x_1 和 x_2 分别为活塞动子的起始和最终位置。此即为电磁力系数 K_0 试验测定的原理公式。

1. 试验方法和装置

在实践中，电磁力系数 K_0 的测量方法通常有两种：一种是双电动机法，另一种是单向定程法。

双电动机法测电磁力系数试验装置示意图如图 3-1 所示。在试验中为测定反电动势的精确值，可令待测电动机（见图 3-1 右侧）电路中的外加电压为零；而由另一台直线式驱动电动机（见图 3-1 左侧）与待测电动机的轴相连接，给驱动电动机施加以电压 $u(t)$，则可令待测电动机的轴移动有限位移。这期间在待测电动机的电路中将产生瞬时的反电动势，利用电压互感器和示波器从其中将反电动势波形截存，同时利用位移传感器测量出待测电动机的振动位移时变值，从而由式（3-1）和式（3-2）得到平均的电磁力系数。

单向定程法则不需要额外的辅助电动机，如图 3-2 所示，在连接好位移传感器、电压互感器和示波器后，直接用轴向的小冲量 F_t 推动装配完毕的电动机动子即可。这样可令待测电动机产生有限位移 x_2-x_1，以及相应的反电动势，同样用示波器和位移传感器分别记录反电动势波形及位移值，可得到平均的电磁力系数。

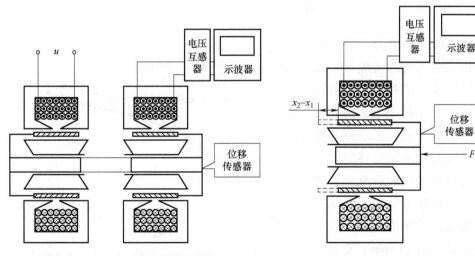

图 3-1　双电动机法测电磁力系数　　　　图 3-2　单向定程法测电磁力系数
　　　试验装置示意图　　　　　　　　　　　　试验装置示意图

虽然以上两种方法的实际原理完全相同，但操作上各有优劣。单向定程法准备简单，操作方便，但待测电动机的动子位移不易控制，如过大则有可能是动子进入非线性区，影响最终的试验结果。而双电动机法准备工作较复杂，需要另一台可以在轴线方向上与待测电动机连接的直线电动机，但由于驱动电压 $u(t)$ 可调，因此动子位移可控，便于使待测电动机动子产生易于观察而不进入非线性区的波动，所以测量结果相对更为准确。

2. 试验结果

对某直线电动机采用前述方法进行电磁力系数测试，双电动机法反电动势波形如图 3-3 所示。对该正弦波形进行积分计算时，只取两个过零点之间，即一个半周期时间内的数据点进行计算。

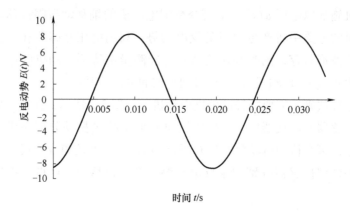

图 3-3　双电动机法反电动势波形

试验中在 50Hz 条件下，令待测电动机的永磁体中心位置与外定子两轭之间的中心线在静止状态下对齐，开启驱动电动机，记录待测电动机线圈在不同位移时产生的反电动势；之后改变永磁体中心位置与外定子两轭中心线之间的中心距，令其分别等于 2mm 和 4mm，重复试验并记录结果，最终结果如

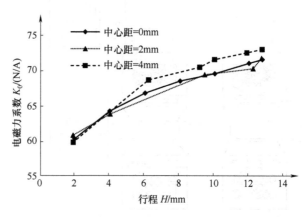

图 3-4　双电动机法测定不同行程下电磁力系数图

图 3-4 所示。图 3-4 中不同中心距条件下测得的电磁力系数基本相同；而在中心距相同时，电磁力系数随行程增加而逐渐缓慢增加，在全行程范围内平均值约为 70N/A。

　　单向定程法反电动势波形如图 3-5 所示。由于施加在活塞动子上的冲量很难精确控制，较小行程下产生的反电动势波形很难采集，因此只针对 8～12mm 行程下的反电动势波形进行试验。试验结果如图 3-6 所示，可见其同样在 70N/A 上下浮动，与双电动机法所测结果基本一致。

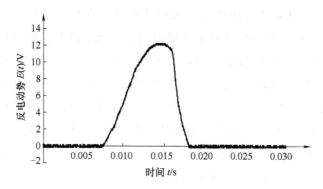

图 3-5　单向定程法反电动势波形图

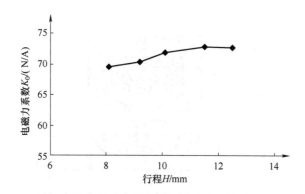

图 3-6　单向定程法测定不同行程下电磁力系数图

3.1.2　电磁力系数的非线性特性

　　电磁力系数是表征单位电流作用下电动机电磁力大小的参数，与电动机的结构尺寸、永磁体的材料性能、线圈匝数等密切相关。本节主要介绍动子永磁件的长度及其在气隙中的位置对电磁力系数非线性特性的影响。采用直线电动机驱动被研究的直线电动机，通过试验研究动子永磁件动子长度（11mm、13mm、18mm）及其在气隙中不同初始静止位置对感应电动势的影响，从而分析电磁力系数的特性，如图 3-7、图 3-8 所示。

　　图 3-7a 所示为采用 11mm 长永磁片（也称永磁体）制作的动子永磁件在静

止时刻，动子永磁件中的永磁片中心与电动机轭铁中心的相对位置，此时永磁片轴向中心与轭铁轴向中心线对齐，并假定此时对应时刻为 t_0。当在 t_i 某个时刻在驱动电动机上施加一定电压后，通过位移和电压传感器变化可以分别记录下被测电动机动子永磁件的位移与感应电动势的波形。图 3-7b ~ d 左图分别显示了在 t_1、t_2、t_3 时刻施加不同电压后，永磁片在气隙中最大位移处相对轭铁的状态，而相应地其右图则分别显示了在该时刻动子永磁件的位移和被测电动机感应电动势的波形。试验结果显示当被测试电动机动子行程小时，被测电动机感应电动势跟位移波形都具有很好的正弦特性，如图 3-7b 所示。随着电动机动子永磁件行程的增大，如图 3-7c、d 所示，虽然被测电动机动子永磁件位移曲线依然符合正弦特性，但是被测电动机的感应电动势则偏离了理想正弦波。电力系统中通常将这种现象称为谐波畸变。将被测电动机感应电动势刚出现谐波畸变时对应的行程称为临界行程。通过比较图 3-7c、d 中感应电动势可以发现，随着被测电动机动子永磁件行程的增加感应电动势的谐波畸变程度也越来越严重。

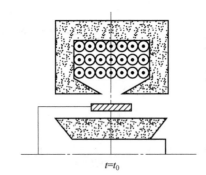

a) 静止时永磁片在气隙中与电动机轭铁的相对位置图

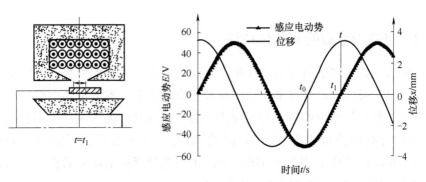

b) 行程为6.86mm时感应电动势位移变化

图 3-7　感应电动势随位移变化曲线（11mm）

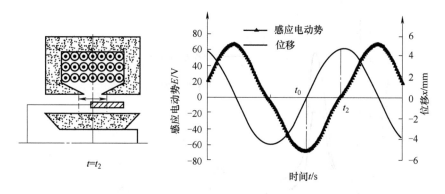

c) 行程为9.21mm时感应电动势位移变化

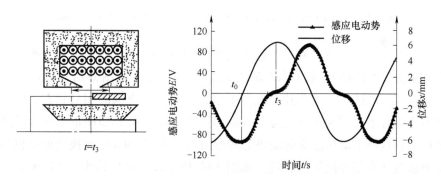

d) 行程为12.72mm时感应电动势位移变化

图 3-7 感应电动势随位移变化曲线（11mm）（续）

图 3-8 所示行程分别为 6.86mm 和 12.72mm 时感应电动势的频谱分析图。从频谱分析图中可以明显地看到行程为 12.72mm 时感应电动势含有高次谐波分量，从其幅频特性曲线可以看到此时感应电动势的含有 50Hz 电动势的幅值为 52.57V，150Hz 电动势的幅值为 11.94V，250Hz 电动势的幅值为 4.87V，相应地行程为 6.86mm 时感应电动势高次谐波分量幅值很小，150Hz 和 250Hz 时电动势的幅值分别为 0.63V 和 0.27V，几乎可以忽略。

对于采用 13mm（$2l = 13$mm）长永磁片制作的动子永磁件，且静止时刻永磁片轴向中心与轭铁轴向中心线对齐的情形，试验中被测电动机感应电动势观察到行程为 10.78mm 时动子永磁件与图 3-8 中行程为 12.72mm 时的现象类似。

图 3-9a 所示为采用长为 18mm（$2l = 18$mm）永磁片制作的动子永磁件静止时刻在气隙中与电动机轭铁中心的相对位置，与之前试验不同的是此时永磁片轴向中心与轭铁轴向中心线相距 1.7mm。假定此时刻为 t_0。当 t_i 时刻在驱动电

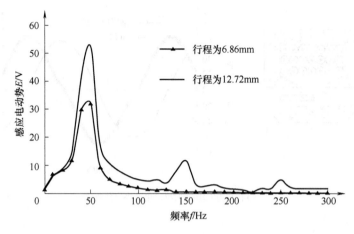

图 3-8　6.86mm 和 12.72mm 行程下感应电动势幅值频谱图 （11mm）

动机上施加一定电压后，通过位移和电压传感器变化可以分别记录下被测电动机动子永磁件的位移与感应电动势的波形。图 3-9b、d 左图分别为在 t_1、t_2、t_3 时刻施加不同电压后，永磁片在气隙中最大位移处与轭铁的相对状态，而相应地其右边部分则分别为在行程为 11.88mm、12.84mm 和 15.51mm 时刻动子永磁件的位移和被测电动机感应电动势的波形曲线。在 12.36mm 前被测电动机感应电动势曲线具有很好地正弦特性，如图 3-9b 所示；而当位移大于 12.36mm 时，感应电动势同样出现了谐波畸变。从图 3-9c、d 中同样地可以观察到当电动机行程超过临界行程后，行程越大时感应电动势的谐波畸变越严重。与图 3-8 中观察到的感应电动势谐波畸变不一样，此时电动机一个行程周期内感应电动势只在半个周期内出现了谐波畸变。

采用长为 18mm （$2l = 18$mm）永磁片制作的动子永磁件静止时刻在气隙中与轭铁轴向中心线相距 3.8mm 时感应电动势观察到的情形与图 3-7 类似，只是感应电动势出现谐波畸变的临界位移为 8.20mm。通过比较图 3-7c 和图 3-9b，可以观察到随着永磁片长度的增加感应电动势出现谐波畸变时的临界位移也在增加，但是在同样长度的永磁片情形下，永磁片轴向中心线与轭铁轴向中心线的间距越大，对应的临界行程就越小。

图 3-10 所示为被测电动机的电磁力系数随行程的变化。试验中动子永磁件采用的永磁片长度分别为 11mm、13mm 和 18mm，静止在电动机气隙中 3 个不同位置进行了测试。从图 3-10 中可以看出电动机电磁力系数可以分为两个区间——常数区间和非线性变化区间。对于长度 11mm 永磁片制作的动子永磁件，电磁力系数在电动机行程超过 8.81mm 前可以视为常数，而当电动机行程超过 8.81mm 后，

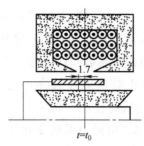

a) 静止时永磁片在气隙中与电动机轭铁的相对位置图

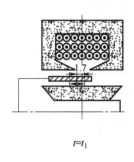 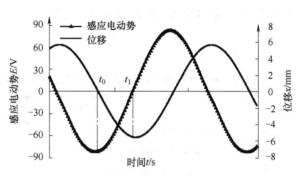

b) 行程为11.88mm时感应电动势位移变化

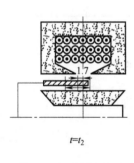 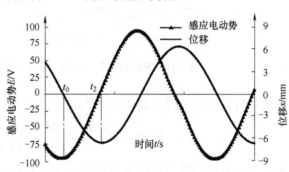

c) 行程为12.84mm时感应电动势位移变化

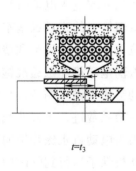 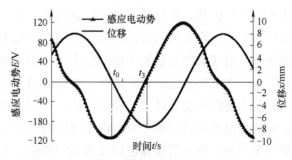

d) 行程为15.51mm时感应电动势位移变化

图 3-9　感应电动势随位移变化曲线（18mm）

电磁力系数出现了显著下降。对于长度 13mm 永磁片制作的动子永磁件，电磁力系数在电动机行程在 10.78mm 前，电磁力系数从 49.9N/A 下降到 49.2N/A，而当电动机行程超过此行程后，电磁力系数同样出现了显著下降。对于长度 18mm 永磁片制作的动子永磁件且静止时永磁片轴向中心与电动机轭铁轴向中心偏移 1.7mm 情形下，观察到电动机行程从 6.08mm 增加到 12.36mm 时，电磁力系数从 50.0N/A 下降到 49.2N/A，电磁力系数变化较少，对于长度 18mm 永磁片但轴向中心偏移 3.8mm 的情形，在行程从 6mm 增加到 8.20mm 时，电磁力系数从 49.8N/A 下降到 49.1N/A，但此后电磁力系数出现了显著下降。

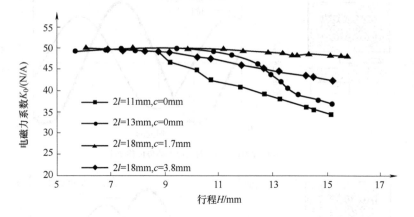

图 3-10　被测电动机的电磁力系数随行程的变化

在电动机轭铁未出现磁饱和前提下感应电动势可以理论表示为

$$E(t) = -N\frac{\mathrm{d}\Phi}{\mathrm{d}t} = N\frac{zH_c\mu_0\pi D}{g_1+g_2+z}\frac{\mathrm{d}x}{\mathrm{d}t} \tag{3-3}$$

由此可以看出当电动机位移曲线符合正弦特性时，电动机感应电动势也将按正弦规律变化，随着电动机动子行程的增加，永磁片的末端进入电动机轭铁两极中间的空气区域，使得即便动子位移变化，电动机轭铁中的磁通也基本恒定。我们将这种直线电动机轭铁磁通因动磁在气隙中位置及非轭铁磁饱和造成的磁通不变化的现象称为磁通准饱和状态。由于直线振荡电动机中磁通准饱和状态的存在，在电动机电磁力测试中会观察到感应电动势出现谐波畸变，且电动机行程越大感应电动势谐波畸变越厉害，从而使电磁力系数进入衰减非线性区间。而感应电动势只在半个周期内出现谐波畸变是因为电动机永磁片轴向中心与轭铁轴向中心位置的偏移使得在临界行程后，电动机动子运行到气隙中一侧最大位移时，永磁片末端此时在该行程下已经进入到轭铁两极中间的空气区域，从而使电动机轭铁在磁通准饱和状态，而当电动机行程运行到与之反向最大位移时，永磁片末端尚未进入轭铁两极之间的空气区域，感应电动势仍然随位移符合正弦规律变化，感应电动势跟随电动机永磁片位移规律变化时，电磁力系数为常数，因此电磁力系数常数区间的长度等于感应电动势的临界行程。因而临界行程 X_{cd}，永磁片长度 l，轭铁两极间距 e 及永磁片与轭铁轴向中心间距 c 之间存在以下关系：

$$X_{cd} = l-e-c \qquad (3-4)$$

电磁力系数保持常数能降低直线压缩机的控制难度，如果电磁力系数降低，电动机提供相同大小电磁力时需要电流更大，从而降低了电动机的效率，因此通常需要直线振荡电动机电磁力系数在其工作行程中保持为常数。当压缩机的额定行程 X_r 确定后，为保证电动机工作在电磁力常数区间，则存在一个最小的永磁片长度 l_m 和最小的轭铁长度 d_m，可分别表示成如下表达式：

$$l_m = 2(e+c+X_r) \qquad (3-5)$$
$$d_m = l_m + 2(X_r + \max(e,c)) \qquad (3-6)$$

图 3-11 所示为 12mm 额定行程下不同轭铁两极间距 e 和轭铁和永磁片中心间距 c 的情形下电磁力系数为常数时的最小永磁片长度和最小轭铁长度。$c=1.7$mm，$e=1.1$mm 时最小的永磁片长度和轭铁长度分别为 17.6mm 和 33.0mm，如图 3-11a、b 中的点所示。

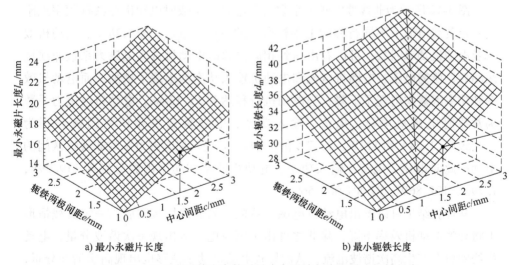

a) 最小永磁片长度   b) 最小轭铁长度

图 3-11   电磁力系数为常数时最小永磁片长度和最小轭铁长度

试验显示采用 11mm 长度的永磁片组装电动机在电动机行程超过 8.81mm 后会出现电磁力系数的下降，由于电动机效率最大值出现在电动机固有频率附近，因此对电动机固有频率时电动机电磁力系数的非线性特性对电动机性能的影响进行了数值计算。对比了采用11mm长度的永磁片实测电磁力系数与电磁力系数为常数时电动机在共振频率点附近一定负载情形下（计算频率 $f = 50\mathrm{Hz}$，$c_\mathrm{s} = 35\mathrm{N} \cdot \mathrm{s/m}$）不同行程时电动机所需的电压、电流、输入功率、电动机效率及电动机功率因数。当已知电动机位移时，假设电动机位移初相位为0，则电动机速度矢量可表示为

$$V = j\omega X \tag{3-7}$$

根据直线振荡电动机的数学模型式，可以计算得到电动机的施加电压及电流，可以分别表示为

$$\begin{cases} I = \dfrac{Z_\mathrm{m} V}{K_0} \\ U = Z_\mathrm{e} I + K_0 V \end{cases} \tag{3-8}$$

$$P_\mathrm{in} = 0.5 U_\mathrm{m} I_\mathrm{m} \cos\theta_\mathrm{ui} \tag{3-9}$$

$$Q_\mathrm{in} = 0.5 U_\mathrm{m} I_\mathrm{m} \sin\theta_\mathrm{ui} \tag{3-10}$$

$$P_\mathrm{out} = 0.5 V_\mathrm{m} I_\mathrm{m} \cos\theta_\mathrm{iv} \tag{3-11}$$

电压和电流的幅值及相位角可由 U 及 I 计算得到。直线振荡电动机输入有功功率、无功功率及输出功率可以分别由式（3-9）、式（3-10）和式（3-11）计算得到，相应地，电动机的效率及功率因数也可以计算得到。

图3-12所示为非线性电磁力系数与常电磁力系数时电动机在共振频率点附近一定负载情形下不同行程时电动机所需的电压、电流、输入功率、电动机效率及电动机功率因数。可以看出达到相同位移时电动机进入电磁力系数非线性区间后，所需电压、电动机电流和电动机输入功率均出现了增加，而电动机效率和功率因数均出现了下降；当电动机行程达到15.13mm，电动机电磁力系数为常数时电动机电压、电流、输入功率、电动机效率和功率因数分别为114.59V，1.24A和114W，93.7%和0.804，而进入到电磁力系数非线性区间的电动机此时电压、电流、输入功率、电动机效率和功率因数分别为119.99V，1.79A，121.86W，87.8%和0.569。

从计算结果可以看出电动机电磁力系数进入非线性区间后，一定负载情形下将导致电动机效率下降，除此之外由于感应电动势出现高次谐波分量，电动机线圈也会产生高次谐波电流，从而导致电动机动子位移也出现高次谐波分量，从而有可能导致电动机出现不稳定运行，因此在电动机设计时，为提高电动机效率并减少电动机出现不稳定运行工况出发应保证电动机工作在电磁力系数的常数区间，相应地电动机所需的最小永磁片长度和最小硅钢片长度可分别由公式计算得到。

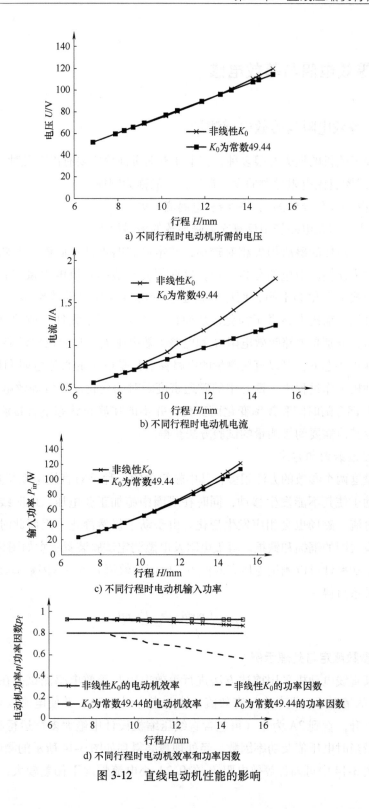

a) 不同行程时电动机所需的电压

b) 不同行程时电动机电流

c) 不同行程时电动机输入功率

d) 不同行程时电动机效率和功率因数

图 3-12 直线电动机性能的影响

3.2 等效电阻与等效电感

3.2.1 等效电阻与等效电感测量

直线压缩机的损失有很多种，其中在电动机部分主要有以下几种：

1）线圈直流电阻导致的发热损失，一般称为铜损。

2）磁场变化导致的铁心磁滞和电涡流损失。

3）永磁体在电磁场中反复充退磁导致的磁滞损失。

其中永磁体的磁滞损失相对较小，基本可忽略不计；而铁心的两种损失通常合并称为铁损。由电路分析可得，这些损耗与线圈直流电阻量纲相同，均可在计算公式中简化为电阻，而电感值也会受温度和反电动势影响而发生变化。因此将直线压缩机电路做了简化，从而得到了仅有三个元件组成的直线压缩机等效电路，分别是电路等效电阻 R_e 和电路等效电感 L_e，以及反电动势 $E(t)$。

在静止状态下，可以直接测量的电路参数只是电路的直流电阻和稳态电感，而在电动机工作过程中，铁心中的磁通密度随时间变化，导致等效电阻 R_e 和等效电感 L_e 都会随时间和频率变化而变化，并不能在静止状态下直接测量得到其结果，故其值需要间接测量的试验方法获得。

1. 试验装置和方法

测量这两个参数的方法很多，其中较简单的一种是对直线电动机进行堵转，即限制动子使其不能发生移动，同时在线圈中施加正弦电压，此时线圈中会通过一定电流，磁场也会相应发生变化。由于动子仍然静止，因而此时的消耗功率即对应线圈的铜损和铁损。等效电阻及电感测定试验装置示意如图 3-13 所示。

数字功率计可以测量电压有效值 U、电流有效值 I 和功率因数 $\cos\theta$。故由基本电路关系可得

$$R_e = \frac{U\cos\theta}{I}, L_e = \frac{U\sin\theta}{I} \qquad (3\text{-}12)$$

2. 参数测定与处理示例

对某直线电动机采用前述方法进行等效电阻与等效电感测试，在频率固定为 50Hz 的情况下，调节电压有效值，使电流达到 0.2A，并使电流以 0.2A 为间隔逐渐上升，直到 2A 为止（可包含直线压缩机设计中绝大多数运行状态），并分别记录当时电压值及功率因数，经处理最终得到如图 3-14 所示的测试结果。

从图 3-14 中可知，等效电阻 R_e 在 0.2A 小电流情况下偏差较大，因为此时

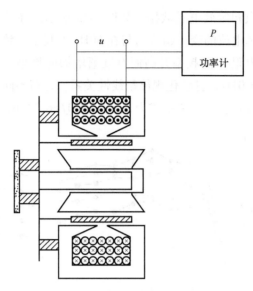

图 3-13　等效电阻及电感测定试验装置示意

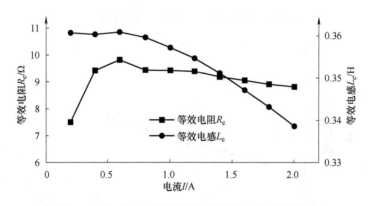

图 3-14　在 50Hz 下等效电阻和等效电感测定数据图

功率极小故测量误差较大。因此排除在 0.2A 电流下的数据，在其他电流情况下最大偏差只有 1Ω，而相对标准偏差仅为 3.3%。等效电感 L_e 则随电流上升而有所下降，最大偏差值有 0.02H，相对标准偏差为 5.6%。因此在 0.2~2A 电流范围内，等效电阻 R_e 可被视为常数进行计算，以该组数据的平均值为准。而等效电感 L_e 则随电流升高而降低，可按线性拟合公式 $L_e = -0.0126I + 0.3672$ 计算。

3.2.2　等效电阻与等效电感的非线性特性

为进一步分析等效电阻与等效电感的变化特性，改变驱动频率分析频率的影响特性，试验将频率分别设置为 45Hz、55Hz、60Hz、65Hz、70Hz 得到几组不同频率下的等效电阻和等效电感数据，如图 3-15 所示。在某一频率范围内，等效电阻和等效电感随电流的变化趋势均与在 50Hz 下基本一致。而在不同频率之间进行比较，等效电阻 R_e 随频率升高而有逐渐增加的趋势，其均值的变化范围从 8.86Ω 增加到 10.01Ω，且变化规律呈线性关系。针对不同频率下等效电感平均值与频率按照线性拟合，其关系式为 $R_e = 0.0471f + 6.7176$，如图 3-16 所示。

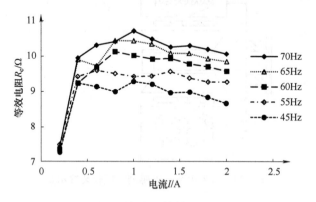

图 3-15　在不同频率下等效电阻测定数据图

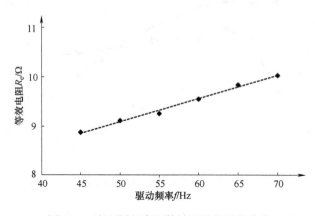

图 3-16　在不同频率下等效电阻的平均值图

　　而等效电感 L_e 随频率的变化如图 3-17 所示，在一个很小的范围内随频率升高而逐渐微降，其最大偏差仅有 0.005H，因此频率可认为对等效电感无影响。

　　总的来说，在驱动频率 45～70Hz，线圈电流 0.2～2A 范围内，在频率不变的情况下，等效电阻视为常数，而等效电感 L_e 则随电流升高而降低，可按线性拟合公式 $L_e = -0.0126I + 0.3672$ 计算；在频率改变的情况下，等效电阻 R_e 在 8.86～10.01Ω 内线性变化，可根据频率值按线性拟合公式 $R_e = 0.0471f + 6.7176$ 计算。测试结果说明，所测试的直线电动机采用的硅钢片材料的损害会随着频

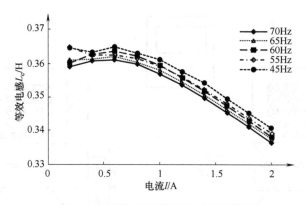

图 3-17　不同频率下等效电感测定结果

率增加而增加，为提高电动机效率需要结合硅钢片材料的频率特性进行选择。

3.3　摩擦阻尼系数

3.3.1　摩擦阻尼测量

由于直线压缩机取消了旋转运动转直线运动的传动环节，因此在整机中的阻尼将大大降低，剩余的阻尼主要来源于活塞与气缸壁之间的摩擦力及永磁体和导磁电枢之间的相互作用产生的阻力。这两部分均不方便直接测量，因此同样需要搭建试验装置，对阻尼系数进行试验测试。

1. 试验方法和装置

阻尼系数的测定方法也有两种，一种是电动机空载法，另一种是振动波形衰减法。其中电动机空载法的试验装置如图 3-18a 所示，其原理是将直线压缩机的排气阀拆除后，给线圈施加正弦电压，使活塞动子在没有气体载荷的情况下往复运动，并用位移传感器和功率计分别记录当时的位移和功率。由于没有气体载荷，则实时记录的功率即为摩擦耗功及电动机耗功之和，则有 $P_i = i^2 R_e + 0.5c_f(\omega X)^2$。其中输入功率 P_i、等效电阻 R_e、电流 i、频率 f 及位移 X 均已知，可求得阻尼系数 c_f。

振动波形衰减法如图 3-18b 所示，其原理是在试验中向直线电动机通以正弦电压，以高精度的位移传感器即时记录动子位移，并同步输入至示波器中显示。待其动子运动稳定后，突然断电，由于有较小的阻尼的存在，而导致系统呈欠阻尼状态，因而动子将位移将呈现衰减振荡波形并迅速归为零。在断电瞬间，将示波器中显示的振荡衰减波形完整记录。针对该衰减波形，可由动子力平衡

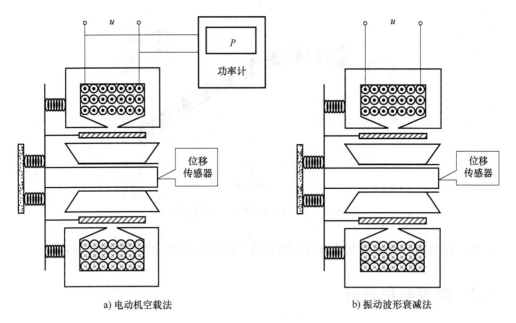

a) 电动机空载法　　　　　　　　　　　b) 振动波形衰减法

图 3-18　阻尼系数测定试验装置示意图

方程得

$$
\begin{cases}
m\dfrac{\mathrm{d}^2 x}{\mathrm{d}t^2} + c_{\mathrm f}\dfrac{\mathrm{d}x}{\mathrm{d}t} + k_{\mathrm s}x = 0 \\[2mm]
x(0) = x_0,\ \dfrac{\mathrm{d}x}{\mathrm{d}t}(0) = \dot{x}_0
\end{cases}
\tag{3-13}
$$

式中，m 为动子质量；$c_{\mathrm f}$ 为阻尼系数；$k_{\mathrm s}$ 为弹簧弹性刚度；x_0 和 $\dot{x}_0$ 分别为开始衰减时刻动子的位移和速度。事实上此时电路内有剩余反电动势形成的反向电流，但因其效果最终表现为对动子的阻尼作用，因此可理解为已在阻尼系数 $c_{\mathrm f}$ 体现出其效果，故不在方程中出现。

由振动学可知，该欠阻尼系统的自由振动振幅将按指数规律衰减，而且其相邻两次沿同一方向经过平衡位置的时间间隔均相等。设衰减振荡波形相邻两次幅值分别为 A_1 和 A_2，则可得到：

$$
\delta = \ln\frac{A_1}{A_2} = \frac{2\pi\zeta}{\sqrt{1-\zeta^2}}
\tag{3-14}
$$

式中，δ 为振幅对数衰减率，为经过一个自然周期相邻两个振幅之比的自然对数；ζ 为系统的阻尼比，其定义为

$$
\zeta = \frac{c_{\mathrm f}}{2\sqrt{mk_{\mathrm s}}}
\tag{3-15}
$$

在动子质量 m，弹簧弹性系数 k_s 已知的情况下，即可解得阻尼系数 c_f。从而有：

$$\delta = \ln \frac{A_1}{A_2} = \frac{2\pi \frac{c_f}{2\sqrt{mk_s}}}{\sqrt{1-\left(\frac{c_f^2}{4mk_s}\right)}} = \frac{\frac{\pi c_f}{\sqrt{mk_s}}}{\sqrt{\frac{4mk_s-c_f^2}{4mk_s}}} = \frac{2\pi c_f}{\sqrt{4mk_s-c_f^2}}$$

$$\delta = \ln \frac{A_1}{A_2} = \frac{2\pi\zeta}{\sqrt{1-\zeta^2}} \tag{3-16}$$

$$c_f = 2\delta \frac{\sqrt{mk_s}}{\sqrt{4\pi^2+\delta^2}} \tag{3-17}$$

2. 参数测定与处理示例

对某直线电动机采用前述方法进行摩擦阻尼系数测试，在 50Hz 情况下，采用电动机空载法的试验结果见表 3-1。由前几列的已知项，可计算出相应的阻尼系数，列于表 3-1 的最后一列。

表 3-1　电动机空载法的试验结果

频率/Hz	功率/W	电流有效值/A	等效电阻/Ω	位移幅值/m	阻尼系数/(N·s/m)
50	1.7	0.140	9.10	0.002	7.72
50	3.2	0.212	9.10	0.003	6.29
50	4.5	0.291	9.10	0.004	4.73
50	6.2	0.355	9.10	0.005	4.10
50	8.3	0.444	9.10	0.006	3.67

从表 3-1 所示结果可以看出，不同位移下电动机空载法所得到的阻尼系数值随位移变化而变化，说明在位移变化较小的情况下，设定位移内的结果可按平均值作为常数处理，而位移变化较大时，阻尼系数需随位移增大而调整。虽然在电动机空载运行时，活塞与气缸壁之间有润滑油存在，但总的来说仍是干摩擦阻尼模式的相对运动。库仑干摩擦振荡运动的等效阻尼系数计算公式如下

$$c_e = \frac{4\mu N}{\pi a \omega} \tag{3-18}$$

式中，c_e 为干摩擦等效阻尼系数；μ 为滑动摩擦系数；N 为接触面间的正压力；ω 为角速度；a 为振幅。由式（3-18）可知，在干摩擦模式下，等效阻尼系数与

振幅将成反比关系。而在低黏度液体中的振荡过程，阻尼系数又将随振幅增大而增加。从而将造成阻尼系数总体随位移上升而下降，但下降速度逐渐降低的趋势，这与表 3-1 中的结果吻合。

按此种方法，对 45～70Hz 区间内不同频率下的阻尼系数进行测定，如图 3-19 所示。

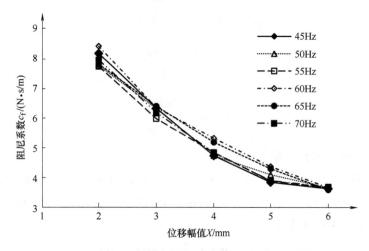

图 3-19　以电动机空载法计算在不同频率下阻尼系数数据图

图 3-19 中结果显示，在 45～70Hz 直线压缩机的频率范围内，阻尼系数变化均随位移增大而有减小的趋势，且减小速度逐渐降低。这一点与 50Hz 时相同，符合直线压缩机活塞运动时的运动规律。而不同频率下的结果之间区别并不明显，所以在频率改变的情况下，可以对各频率下同位移时的阻尼系数值取平均值，并进行二次拟合

$$c_\mathrm{f} = 0.0533x^2 - 1.3906x + 12.642 \tag{3-19}$$

而以振动波形衰减法测定阻尼系数时，则可获得如图 3-20 所示的位移波形。停机后在阻尼的单一作用下位移会逐渐减小至零，则在此过程中的衰减比可根据式（3-19）计算出阻尼系数。以同样为 6mm 行程条件为例（即位移幅值为 3mm），不同驱动频率下的计算结果如图 3-21 所示。在不同频率下阻尼系数变化很小，且与电动机空载法所测结果非常接近，两种方法测量的误差可控制在 10% 左右。

总的来说，在驱动频率 45～70Hz，位移幅值在 2～6mm（即总行程在 4mm 到 12mm）范围内，阻尼系数随位移增加而逐渐减小，数值从 7.92N·s/m 到 3.63N·s/m 不等，可按上述变化规律以各行程处不同频率下结果的平均值为基础进行二次拟合取点计算。

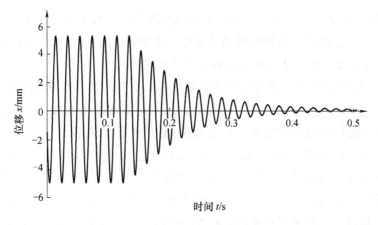

图 3-20　停机后较短时间内位移波形衰减示意图

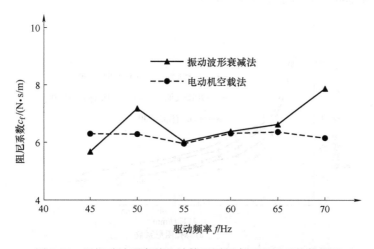

图 3-21　以振动波形衰减法计算不同频率下阻尼系数数据图

3.3.2　摩擦阻尼的非线性特性

直线压缩机气缸与活塞之间的摩擦阻尼受干摩擦和低黏度流体摩擦双重影响，具有一定的非线性特性。通过改变直线压缩机行程，测试不同润滑油条件下的摩擦性能，对摩擦阻尼的非线性特性进行分析，阐述直线压缩机摩擦阻尼的变化特性。

图 3-22a 所示为摩擦阻尼系数随行程变化的曲线。摩擦阻尼系数随行程的增加呈非线性减小，行程越大，摩擦阻尼系数衰减率越小，行程幅值大于 5mm 时摩擦阻尼系数变化率接近于常数。行程幅值小于 1mm 时，摩擦阻尼系数随频率变化较小，行程幅值大于 1mm 时频率越高，摩擦阻尼系数越小。当行程幅值大

于 1mm 时，油泵开始供油，有油润滑后的摩擦阻尼系数大大低于无油状态，且润滑油的 CTS 值越低，摩擦阻尼系数越小，在 50Hz 条件下，采用 CTS10 的润滑油摩擦阻尼系数相对于无油状态时减小了 50%～60%。

图 3-22b 所示摩擦力随行程变化的曲线。无油工况下摩擦力随行程变化先增加后减小，呈非线性变化，存在最高值，且最高值随频率增加而减小；有油工况下摩擦力随行程增加而增加，变化关系近似线性正比关系。

图 3-22c 所示为摩擦耗功随行程变化的曲线。摩擦耗功随行程增加而增加。行程较小时（1mm 以下）不同频率下摩擦耗功相差不大，随着行程的增加，摩擦耗功受频率影响较大，在同样的行程条件下，频率越高摩擦耗功越高；润滑油的 CTS 值越低，摩擦耗功越小，在 50Hz 条件下，采用 CTS10 的润滑油摩擦耗功相对于无油状态时减小了 30%～40%。

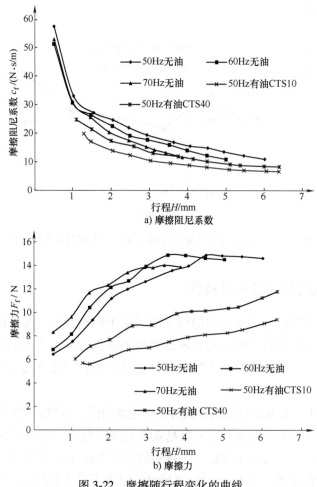

a) 摩擦阻尼系数

b) 摩擦力

图 3-22　摩擦随行程变化的曲线

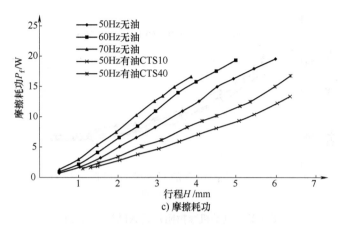

c) 摩擦耗功

图 3-22　摩擦随行程变化的曲线（续）

在未采用润滑油时，直线压缩机气缸活塞之间主要存在着两个接触表面相对运动而产生的滑动摩擦，由于干摩擦会造成严重的部件磨损现象，因而常常通过润滑油，使活塞在由润滑油低黏度流体内运动，从而降低了接触面的干摩擦。在采用润滑油时，机械滑动面圆周内受机械表面的加工精度、重力等因素的影响，润滑膜分布及润滑状况会不一样，仍有部分接触面处于直接接触的实际状态，这时，夹在两金属表面之间的润滑油油膜就会变薄，并在压力很高的地方发生油膜破裂的现象，从流体润滑状态变为弹性流体润滑状态，再转变为混合润滑状态，最终进一步转向边界润滑。由于气缸与活塞之间的摩擦具有干摩擦和低黏度流体摩擦双重特性，因而导致气缸与活塞之间的摩擦阻尼呈明显的非线性特性。在实际应用中，可以将试验测得的摩擦阻尼系数与行程的变化关系拟合为对数函数：

$$c_f = A\ln H + B \tag{3-20}$$

在空载运行时，活塞与气缸壁之间有润滑油存在，但总的来说仍是干摩擦阻尼模式的相对运动；在干摩擦模式下，等效阻尼系数与振幅成反比关系。而在低黏度液体的振荡过程中，阻尼系数又将随振幅增大而增加，从而将造成阻尼系数总体随位移上升而下降，但下降速度逐渐降低的趋势。如图 3-23 所示，随着频率的增加，相同行程时，随频率的增加阻尼系数有一定下降，但相差不大，如 12mm 行程时，电动机 50Hz 摩擦阻尼系数为 8.45N·s/m，60Hz 时为 8.68N·s/m，因此不同频率下相同位移时的阻尼系数值可取平均值。

当电源驱动频率等于振荡电动机固有频率 f_n 时，电动机功率因数并不一定能够达到最大值，图 3-24 所示为电动机（参数见表 3-2）在不同阻尼系数时功率

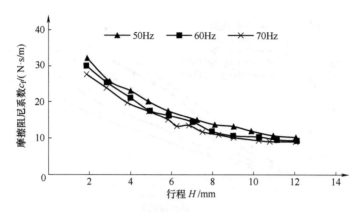

图 3-23　电动机摩擦阻尼系数随行程的变化

因数及效率随电动机驱动频率的变化关系，从图中可以看出，电动机效率最大值出现在电动机固有频率点，且随着阻尼系数的增加，效率曲线由瘦高型向矮胖型变化，即效率最大值在降低，在电动机效率最大值附近随频率变化率减少；功率因数在电动机阻尼系数较小时存在两个最大值即驼峰型曲线，随着电动机阻尼系数的增加，电动机功率因数随频率变化曲线变为单峰曲线，且电动机功率因数出现最大值时对应的频率点与电动机效率出现最大值时对应的频率点存在一定偏差。阻尼系数较小时电动机功率因数为驼峰型曲线的原因是机械系统共振及机械系统及电磁系统耦合共振导致两个峰值出现。随着电动机阻尼系数的增加，电动机功率因数由驼峰型曲线变为单峰曲线，此时功率因数最大值与电动机效率最大值对应的频率点出现偏移，因此电动机功率因数不能作为判断电动机处于最高效率点运行的依据。

表 3-2　电动机参数

项目	符号	数值
动子质量/kg	m	0.655
摩擦阻尼系数/(N·s/m)	c_f	5
电磁力系数/(N/A)	K_0	45.5
等效电阻/Ω	R_e	4.67
等效电感/H	L_e	0.17

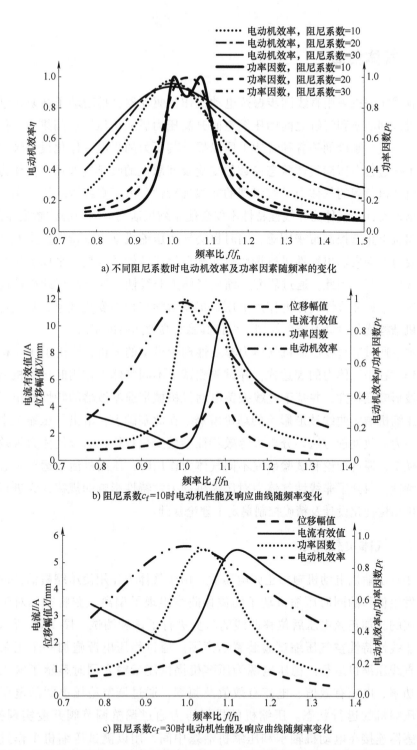

a) 不同阻尼系数时电动机效率及功率因素随频率的变化

b) 阻尼系数 c_f=10 时电动机性能及响应曲线随频率变化

c) 阻尼系数 c_f=30 时电动机性能及响应曲线随频率变化

图 3-24　电动机在不同阻尼系数时功率因数及电动机效率随电动机驱动频率的变化关系

3.4 气体负载

直线压缩机采用直线同步振荡电动机作为驱动器，推动动子往复运动，工质被吸入到活塞和气缸之间的压缩空间升高压力后从该压缩空间排出；作为用来压缩空气、制冷剂等各种气体工质以提升其压力的机电一体化设备装置，因而其工作过程中压缩气体状态参数的变化及间歇性的吸排气作用，使作为直线振荡电动机负载的气体力具有强烈的非线性特性。由于直线压缩机采用自由活塞式结构设计，气体力非线性特性不仅会使压缩机活塞运动中心位置发生改变，给压缩机上止点控制带来困难，同时也会导致压缩机动力学特性发生改变，从而需要对电动机输出特性进行调整以匹配压缩机特性的改变，来保证压缩机可靠高效地运行。因此，通过研究压缩机气体力非线性特性及对压缩机性能造成的影响，掌握非线性气体力作用下压缩机动力学特性的变化规律，是进行直线压缩机结构优化设计及精确控制，保证其稳定高效运行的基础。

本节通过对直线压缩机气体力非线性理论模型的分析，给出了压缩机运行全工作过程中气体力的表达式，并试验测试了不同气体力作用时压缩机响应曲线的波形畸变特性，并基于直线振荡电动机机械带通滤波器的特性给出了气体力对压缩机响应曲线波形影响的理论解释。在此基础上，给出了压缩机中非线性气体力等效处理方法，分析了等效特征参数变化规律；结合气体力等效处理后的模型，通过理论和试验研究不同气体力作用时，压缩机活塞运动中心位置偏移特性，得到了非线性气体力对压缩机动力学特性影响的规律，为进行直线压缩机结构优化设计及精确控制奠定了理论基础。

3.4.1 气体负载测量

在对压缩机电动机施加正弦电压后，由于气体力作用使压缩机活塞的平衡位置发生偏移的同时压缩机动子的位移曲线出现了偏离正弦特征。对于气体力造成的施加正弦电压后位移曲线的畸变进行了试验测试，图 3-25 所示为气体力非线性特性空气压缩试验装置示意图。通过稳压电源施加一个正弦电压驱动直线压缩机运行。稳压电源为压缩机提供能量输入同时显示了输入压缩机的功率、电压有效值、电流有效值及频率，通过调节稳压电源的电压可以改变压缩机的运行状态。压缩机的排气压力通过调整调节阀开度实现控制。力传感器连接在电动机轴承和压缩机活塞中间，用以测试压缩机工作过程中的气体力。

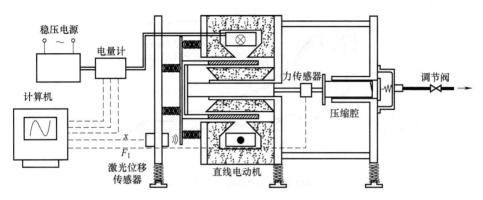

图 3-25　气体力非线性特性空气压缩试验装置示意图

图 3-26a 所示为相同行程时 0.5MPa、0.6MPa 及 0.7MPa 排气压力时压缩机工作过程中气体力随位移变化的测试曲线。在压缩气体的一个周期中,气体力随行程变化呈非线性变化。在压缩机运行过程中,测试气体力与理想气体力模型的区别在于吸排气过程中阀片开闭的阻尼损失,使吸排气过程中气体力有较大的波动,且存在明显的高次谐波;排气压力越高,排气时对应的气体力越大,压缩机气体的指示功越高。图 3-26b 所示为 0.6MPa 排气压力下不同行程时测试气体力随位移变化的曲线。图中可以看出吸排气压力相同时,吸气过程和压缩过程中气体力不随行程变化而变化,排气过程中行程越大气体力越大;在膨胀过程中行程越大,气体力下降越快,即随着行程的增加测试气体力膨胀过程逐渐变小,压缩机吸气过程所占时间逐渐增加。故在相同排气压力下,行程越大,压缩气体指示功越高。

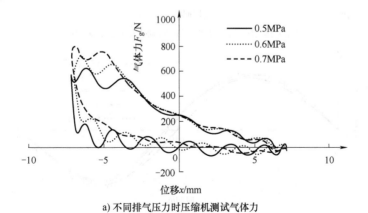

a) 不同排气压力时压缩机测试气体力

图 3-26　气体力变化曲线

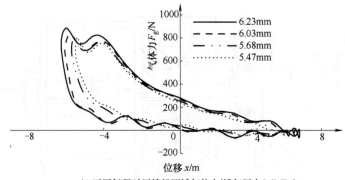

b) 不同行程时压缩机测试气体力(排气压力0.6MPa)

图 3-26　气体力变化曲线（续）

　　图 3-27a 所示为不同排气压力下压缩机位移响应曲线一个周期内与正弦曲线的对比。图 3-27b 所示为 0.6MPa 排气压力不同行程时压缩机位移响应曲线与正弦曲线对比。根据图 3-27 可以看出由于气体力的非线性特性的存在，直线压缩机在压缩气体做功的过程中，位移随时间变化曲线发生了畸变，与正弦曲线相比，从波峰到波谷变化时间减小，从波谷到波峰的时间增加。

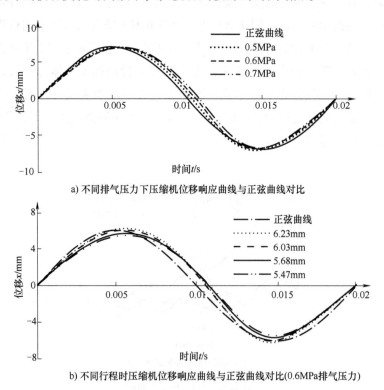

a) 不同排气压力下压缩机位移响应曲线与正弦曲线对比

b) 不同行程时压缩机位移响应曲线与正弦曲线对比(0.6MPa排气压力)

图 3-27　位移响应曲线

3.4.2　气体负载的非线性特性

电气工程学科中通过总谐波畸变率来表征波形相对正弦波畸变程度，缩写为 THD（Total Harmonics Distortion）。其定义为全部谐波含量均方根值与基波均方根值之比，用百分数表示。为定量比较不同气体力作用下的电动机位移响应曲线相对正弦波形的畸变程度，引入了电气工程学科中总谐波畸变率 THD 概念，以电压谐波畸变率 THD_u 为例定义表达式为

$$\text{THD}_\text{u} = \frac{U_\text{H}}{U_1} = \frac{\sqrt{\sum_{h=2}^{\infty}(U_\text{h})^2}}{U_1} \tag{3-21}$$

式中，U_1 为电压基波的有效值（方均根值）；U_H 为谐波电压含量；U_h 为第 h 次谐波电压的有效值（方均根值），谐波是周期性电气量的正弦波分量，其频率为基波频率的整数倍。

通过将实测电动机上施加的电压信号及在一定压缩气体负载下得到的电流和位移响应曲线进行离散傅里叶分解（DFT），进而可以分别计算得到电压、电流和位移曲线的总谐波畸变率，同时对相应时刻的气体力进行离散傅里叶分解（DFT）也可计算得到其相应行程下的总谐波畸变率。

图 3-28 所示为不同行程时 0.5MPa、0.6MPa 和 0.7MPa 排气压力时试验测得的总谐波畸变率。从图中可以发现电压、电流及位移的总谐波畸变率在相同排气压力下基本保持稳定，不随行程的增加发生变化，气体力的总谐波畸变率随着行程的增加而增加然后略有下降。从图 3-28 中可以发现电动机输入电压的总谐波畸变率均保持在 0.5% 左右，气体力的总谐波畸变率均达到了 40% 以上，0.5MPa、0.6MPa 和 0.7MPa 排气压力时压缩机测得的位移总谐波畸变率平均值分别为 3.88%，4.56% 和 5.33%；电流总谐波畸变率平均值分别为 3.66%，3.87% 和 4.16%。从不同排气压力时位移和电流总谐波畸变率随行程变化中可以看到，随着压缩机吸排气压差的增加，位移和电流的总谐波畸变率有所增加。

图 3-29 所示为 0.5MPa、0.6MPa 和 0.7MPa 排气压力下电压、电流及位移曲线采用傅里叶分解后得到的基波幅值与实测波形曲线幅值的比值随行程的变化。可以看出不同排气压力时傅里叶分解基波幅值与实测波形曲线幅值比随行程增加基本恒定，0.5MPa、0.6MPa 和 0.7MPa 排气压力下电压幅值比的平均值分别为 0.974、0.973 和 0.974，电流幅值比的平均值分别为 0.972、0.973 和 0.972，位移幅值比平均值分别为 0.969、0.967 和 0.967。这也从另一个侧面反

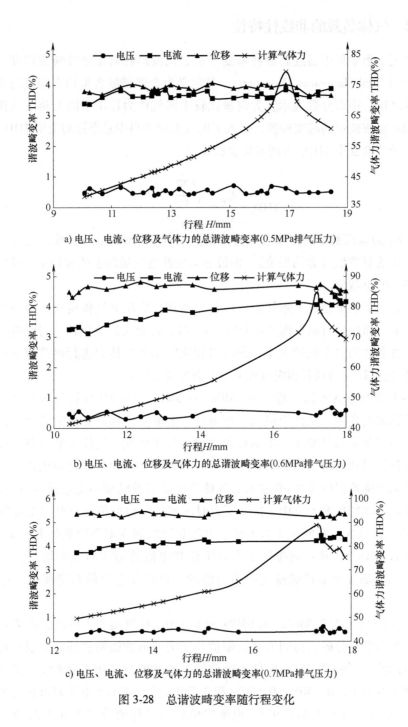

a) 电压、电流、位移及气体力的总谐波畸变率(0.5MPa排气压力)

b) 电压、电流、位移及气体力的总谐波畸变率(0.6MPa排气压力)

c) 电压、电流、位移及气体力的总谐波畸变率(0.7MPa排气压力)

图 3-28　总谐波畸变率随行程变化

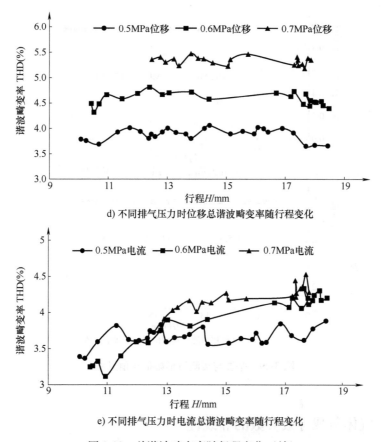

d) 不同排气压力时位移总谐波畸变率随行程变化

e) 不同排气压力时电流总谐波畸变率随行程变化

图 3-28　总谐波畸变率随行程变化（续）

映出如果将气体力作用后的压缩机位移和电流响应曲线采用正弦规律的函数来表示时，函数的相对误差较小且基本恒定。

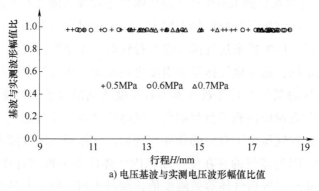

a) 电压基波与实测电压波形幅值比值

图 3-29　基波与实测波形幅值比值

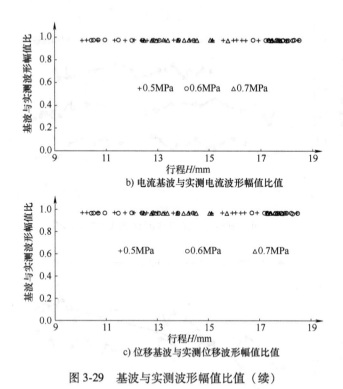

b) 电流基波与实测电流波形幅值比值

c) 位移基波与实测位移波形幅值比值

图 3-29　基波与实测波形幅值比值（续）

3.4.3　气体负载等效参数的非线性

为进一步分析气体负载采用傅里叶线性化处理后，气体负载等效参数随行程变化的非线性特性，将空气作为压缩介质，计算 0.5MPa、0.6MPa 和 0.7MPa 排气压力下，气体力等效弹簧刚度和气体等效阻尼系数的结果，如图 3-30 和图 3-31 所示。可以观察到压缩机排气前压缩机等效弹簧刚度在不同排气压力下变化很小且随着压缩机行程的增加而增加，因为这时气缸和活塞压缩腔内工质可视为气体弹簧，压缩机未达到排气临界行程时，压缩腔内气体工质压力随着行程的增加而增加，相应地气体等效刚度也在增加。在压缩机行程到达排气阀打开并开始排气的泵气点时等效气体等效刚度达到最大值，且排气压力越大，压缩机开始排气点对应的临界行程越大，气体的等效刚度也越大；当压缩机行程大于某个确定排气压力下对应的临界行程后，气体等效刚度随着压缩机行程的增加而减少，因为排气的存在使压缩机内气体压力不再随行程增加而增加，到达压缩机上止点位置后气体等效刚度值达到最小值，而随着压缩机位移的继续增加，气体等效刚度又出现增加，因为压缩机过上止点后，压缩机活塞仍然

受到排气压力 p_d 的作用，与接近上止点但未过上止点时相比，活塞被排气压力 p_d 的作用时间更长，此时相当于用一个等压排气过程替代了气缸内气体绝热膨胀过程，因而在压缩机过上止点后压缩机气体等效刚度增加。在压缩机实际运行过程中，在压缩机活塞行程过上止点后，除了气体压力 p_d 的作用，还有菌状排气阀弹簧对压缩机活塞的作用，同样会使压缩机在过上止点后系统总刚度增加。气体等效阻尼在压缩机泵气前为零，开始泵气后，气体等效阻尼系数随着压缩机行程的增加而增加，到达上止点位置后，气体等效阻尼系数达到最大值，在压缩机活塞行程超过上止点后，等效气体阻尼系数随着行程的增加而降低。压缩机系统总弹簧刚度和系统总阻尼系数随吸排气压差及行程变化而变化，从而使压缩机频率特性发生改变。

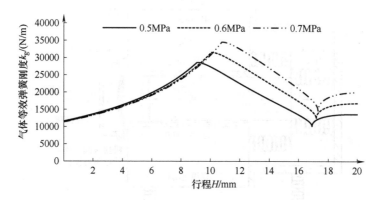

图 3-30　气体等效弹簧刚度随行程变化曲线

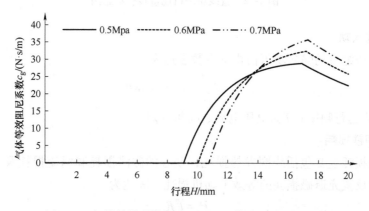

图 3-31　气体等效弹簧刚度和阻尼系数随行程变化曲线

3.5 能耗特性

3.5.1 能耗组成

图 3-32 所示为直线压缩机能量转换示意图，当电源输入功 P_i 后，经过直线电动机的铜铁损耗 P_c 后转化为机械功 P_m，机械功经过摩擦损耗 P_f 后为压缩指示功 P_{zs}，压缩指示功包括吸排气阀片及流道阻力损耗 P_v 和气体工质压缩功 P_g，压缩气体经过一部分泄漏损耗 P_l 后，输出功 P_o。因而有

$$P_i = P_c + P_f + P_v + P_l + P_o \tag{3-22}$$

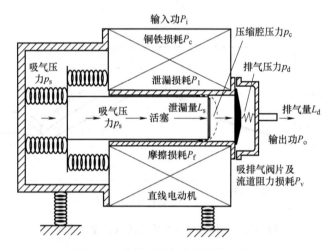

图 3-32 直线压缩机能量转换示意图

1. 输入功

直线压缩机的输入功可由供电参数表达为

$$P_i = f \int_0^T iu\mathrm{d}t = UI\cos\theta \tag{3-23}$$

式中，f 为运行频率；θ 为电压电流之间相位差。

2. 铜铁损耗

铜铁损耗主要包括线圈发热损耗，铁心的磁滞损耗和涡流损耗及永磁体在电磁场中反复充退磁损耗的等效电动机损耗，表达为

$$P_c = I^2 R_e \tag{3-24}$$

3. 摩擦损耗

直线压缩机气缸与活塞之间的摩擦损耗在通过试验测定摩擦阻尼系数 c_f 与

频率和行程幅值 X 的关系后，表达为

$$P_f = \frac{1}{2}c_f(\omega X)^2 \tag{3-25}$$

4. 压缩指示功

压缩指示功包括由于气体工质压缩功和考虑吸排气阀影响而增加的功：

$$P_{zs} = \frac{\omega X}{2\pi}\int_0^{2\pi} F_{g(p_{cs},p_{cd})}\sin\theta\mathrm{d}\theta \tag{3-26}$$

式中，$F_{g(p_{cs},p_{cd})}$ 为考虑吸排气阀影响的气体力。

5. 吸排气阀片及流道阻力损耗

由吸排气阀引起的损耗可以看作吸排气阀开启而增加的气体力能耗：

$$P_v = \frac{\omega X}{2\pi}\left(\int_0^{2\pi} F_{g(p_{cs},p_{cd})}\sin\theta\mathrm{d}\theta - \int_0^{2\pi} F_{g(p_s,p_d)}\sin\theta\mathrm{d}\theta\right) \tag{3-27}$$

6. 气体工质压缩功

$$P_g = \frac{\omega X}{2\pi}\int_0^{2\pi} F_{g(p_s,p_d)}\sin\theta\mathrm{d}\theta \tag{3-28}$$

式中，$F_{g(p_s,p_d)}$ 为不考虑吸排气阀影响的气体力。

7. 泄漏损耗

由于气缸与活塞之间存在气隙，在压缩过程中，势必会有一定的气体泄漏，这里采用泄漏率来表征压缩过程中的泄漏情况。气缸活塞间的泄漏可以通过试验测定，通过给气缸内充入一定的气压 p_1 后，经过 t_m 时间后，测量气缸内的压降 $\mathrm{d}p$，然后泄漏率就可以表示为 $r_1 = \mathrm{d}p/(2p_1 t_m)$，

压缩机理论排气量为

$$Q_{di} = f\frac{\pi A^2}{2}X \tag{3-29}$$

泄漏损耗为

$$P_1 = r_1\frac{\omega X}{2\pi}\int_0^{2\pi} F_{g(p_s,p_d)}\sin\theta\mathrm{d}\theta \tag{3-30}$$

8. 输出功

实际排气量为

$$Q_d = (1-r_1)f\frac{\pi A^2}{2}X \tag{3-31}$$

实际输出功为

$$P_o = Q_d/\rho(h_d-h_s) = (1-r_1)\frac{\omega X}{2\pi}\int_0^{2\pi} F_{g(p_s,p_d)}\sin\theta\mathrm{d}\theta \tag{3-32}$$

式中，ρ 为压缩机吸气状态的点密度；h_s 为吸气状态的点焓值；h_d 为排气状态的点焓值。

3.5.2 能耗分析

1. 电动机损耗

电动机损耗主要包括线圈的铜损耗，交流铁心的磁滞损耗和涡流损耗。电动机损耗的大小主要与电流大小有关。图 3-33 所示为不同频率与不同排气压力条件下，电动机损耗随行程幅值变化的关系。

当供电频率为 54Hz 时，压缩机在泵气之前电动机损耗占比随着行程幅值的增加而增加，排气压力越高，电动机损耗占比越低；在泵气点到上止点之间，电动机损耗占比随着行程幅值的增加而减小，排气压力越高，电动机能耗占比越高；到上止点以后电动机损耗占比随着行程幅值增加而继续增加，排气压力越高，电动机损耗占比越高。

当供电频率为 57Hz 时，直线压缩机的电动机损耗占比在行程幅值增加的过程中发生多次反复变化，在泵气之前电动机损耗占比随着行程幅值的增加先增加再减小然后又增加；在泵气点到上止点之间，0.4~0.7MPa 的电动机损耗占比随着行程幅值的增加而减小，排气压力越高，电动机能耗占比越高，0.3MPa 的电动机损耗占比随着行程幅值的增加而增加；到上止点以后电动机损耗占比随着行程幅值变化规律不明显。

当供电频率为 60Hz 时，压缩机在泵气之前电动机损耗占比随着行程幅值的增加而先增加再减小，排气压力越高，电动机损耗占比越高；在泵气点到上止点之间，电动机损耗占比随着行程幅值的增加而增加，排气压力越高，电动机

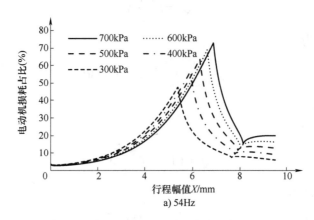

图 3-33　电动机损耗随行程幅值变化的关系

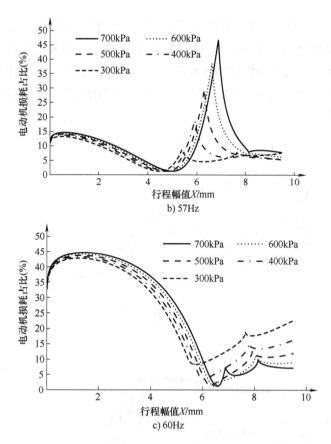

图 3-33　电动机损耗随行程幅值变化的关系（续）

能耗占比越低；到上止点以后电动机损耗占比随着行程幅值增加先降低再增加，排气压力越高，电动机损耗占比越小。

影响电动机损耗的主要因素为供电频率与固有频率之间的关系，当二者之比接近于 1 时，电动机处于速度共振状态，电动机效率最高。

2. 摩擦损耗

摩擦损耗主要为气缸活塞之间摩擦而引起的损耗。图 3-34 所示为不同频率与不同排气压力条件下，摩擦损耗随行程幅值变化的关系。

当供电频率为 54Hz 时，压缩机在泵气之前摩擦损耗占比随着行程幅值的增加而减少，排气压力越高，摩擦损耗占比越高；在泵气点到上止点之间，电动机损耗占比随着行程幅值的增加而减小，排气压力越高，摩擦能耗占比越高；到上止点以后电动机损耗占比随着行程幅值增加而增加，排气压力越高，摩擦损耗占比越小。

当供电频率为 57Hz 时，直线压缩机在泵气之前摩擦损耗占比随着行程幅值的增加先增加再减小，排气压力的差异对其影响很小；在泵气点到上止点之间，摩擦损耗占比随着行程幅值的增加而减小，排气压力越高，摩擦能耗占比越高；到上止点以后电动机损耗占比随着行程幅值增加而增加，排气压力越高，摩擦损耗占比越小。

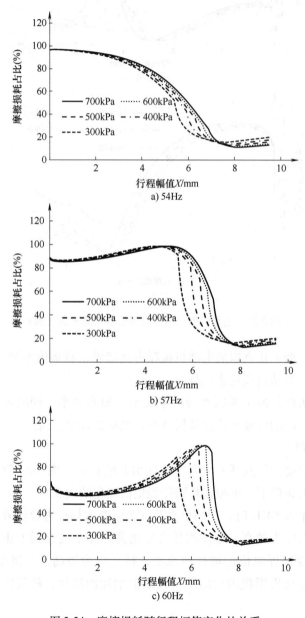

图 3-34　摩擦损耗随行程幅值变化的关系

当供电频率为 60Hz 时，直线压缩机在泵气之前摩擦损耗占比随着行程幅值的增加而先减小再增加，排气压力越高，摩擦损耗占比越小；在泵气点到上止点之间，摩擦损耗占比随着行程幅值的增加而急剧下降；到上止点以后摩擦损耗占比随着行程幅值增加而略有增加，排气压力的差异对其影响很小。总体来说，频率对摩擦损耗的影响较大，供电频率越高，从泵气点到上止点之间的摩擦损耗越大。

3. 泄漏损耗

泄漏损耗主要为气缸活塞之间的缝隙及吸气阀与活塞头之间的气密性而引起的损耗。图 3-35 所示为不同频率与不同排气压力条件下，泄漏损耗随行程幅值变化的关系。

在不同频率下，泄漏损耗占比随行程幅值变化特性一致，泵气以后，随着行程幅值的增加，泄漏占比先增加再减小，到达上止点后，泄漏损耗占比继续增加，排气压力越高，泄漏损耗占比越小。

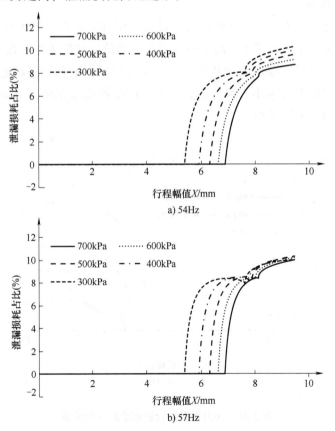

a) 54Hz

b) 57Hz

图 3-35　泄漏损耗随行程幅值变化的关系

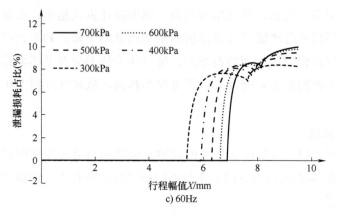

c) 60Hz

图 3-35　泄漏损耗随行程幅值变化的关系（续）

4. 阀阻损耗

阀阻损耗主要为吸、排气阀在开关过程中引起的损耗。图 3-36 所示为不同频率与不同排气压力条件下，阀阻损耗随行程幅值变化的关系。在不同频率下，阀阻损耗占比随行程幅值变化特性一致，泵气以后，随着行程幅值的增加，阀阻损耗占比先增加再减小，到达上止点后，阀阻损耗占比略有下降，排气压力越高，阀阻损耗占比越小。

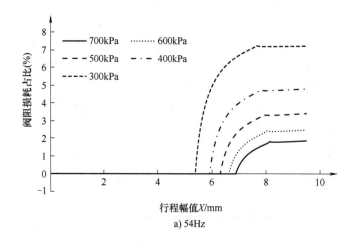

a) 54Hz

图 3-36　阀阻损耗随行程幅值的变化关系

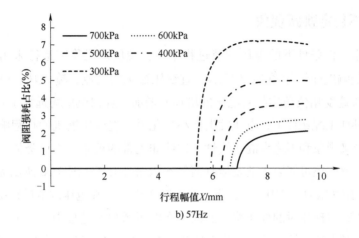

b) 57Hz

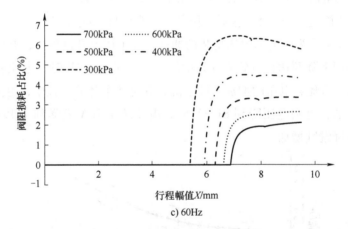

c) 60Hz

图 3-36　阀阻损耗随行程幅值的变化关系（续）

3.6　运行稳定性

　　由于直线压缩机采用独特的自由活塞结构，具有可通过调节行程实现变容量输出的特点，但由于气体力的非线性特性，自由活塞易于出现行程跳跃或不稳定振荡现象。当通过调节供电参数改变活塞行程实现容量调节（变容量）或者工况改变（变工况）导致活塞行程变化时，活塞行程的改变会影响制冷工质的流动特性、压力等热力学参数，热力学参数的变化会改变机械振动系统的刚度、阻尼、固有频率等动力学参数，而动力学参数的变化又将进一步影响活塞行程响应与压缩机的运行状态。

3.6.1 不稳定跳跃现象

在正常工作条件下的电压调节过程中，直线压缩机稳定运行未出现跳跃现象时的性能响应曲线如图 3-37 所示。直线压缩机的电流、输入功、电流电压相位角及电流速度相位角均随着电压的增加而增加，且相位角均远大于 0。

但在某些工况条件下，电压发生微小变化时，直线压缩机的行程响应会出现行程跳跃分叉现象和不稳定混沌线性。这些非正常的现象，不仅降低了直线压缩机的运行效率，还可能因为活塞撞缸而导致压缩机损坏。图 3-38 所示为吸气压力 0.06MPa，排气压力 0.4MPa 工况下，供电频率 60Hz，在电压调节过程中，直线压缩机运行不稳定现象时的性能响应曲线。在电压增加的过程中，某个电压条件下直线压缩机的电流、输入功、电流电压相位角及电流速度相位角发生了跳跃性增加，在电压下降过程中发生了跳跃性降低，上升点与下降点之间存在一个滞环。

图 3-38a 所示为电流随电压变化的曲线，在电压上升过程中，开始时电流随着电压增加而下降到达拐点处后开始增加，电压在 100.2V 时，电流从 1.12A 突增到 1.45A，后随着电压的增加继续下降；在电压下降的过程中，电流随着电压的降低而增加，直到电压降到 81.8V 时，电流从 1.78A 突降到 1.19A，然后随着电压的下降继续增加。

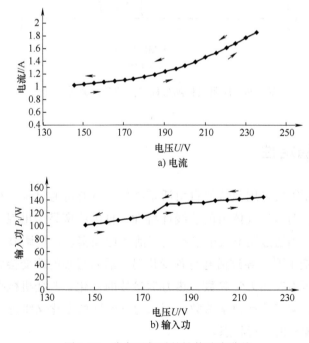

a) 电流

b) 输入功

图 3-37　稳定运行时的性能响应曲线

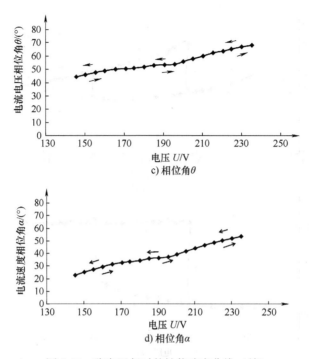

图 3-37　稳定运行时的性能响应曲线（续）

图 3-38b 所示为输入功随电压变化的曲线，在电压上升过程中，输入功随着电压增加而增加，直到电压在 100.2V 时，输入功从 111.9W 突增到 142.3W，然后随着电压的增加基本保持不变；在电压下降的过程中，开始时输入功随着电压的降低基本不变，直到电压降到 81.8V 时，输入功从 140.0W 突降到 98.2W，然后随着电压的下降而下降。

图 3-38c 所示为电流电压相位角随电压变化的曲线，在电压上升过程中，开始时电流电压相位角在 4°~7°之间波动，直到电压在 100.2V 时，电流电压相位从 4°增加到 9.5°，然后随着电压的增加变化很小；在电压下降的过程中，开始时电流电压相位角随着电压的降低变化很小，当电压降到 81.8V 以下时，电流电压相位角才发生较大的波动。

图 3-38d 所示为电流速度相位角随电压变化的曲线，在电压上升过程中，电流速度相位角随电压的增加而下降，直到电压在 100.2V 时，电流速度相位角从 32.3°增加到 37.4°，然后随着电压的增加而继续下降；在电压下降的过程中，开始时电流速度相位角随着电压的下降而增加，当电压降到 81.8V 以下时，电流速度相位角从 51.3°突降到 36.1°，然后继续随着电压的下降而增加。值得注意的是，不稳定跳跃发生时，电流电压相位角接近于 0°。

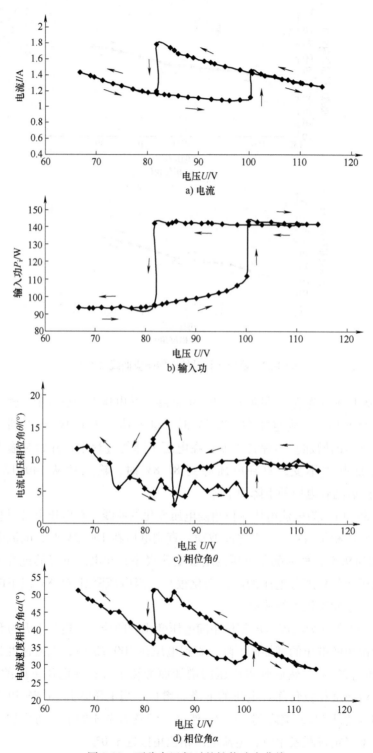

图 3-38　不稳定运行时的性能响应曲线

根据以上结果可知，直线压缩机非线性不稳定现象可以描述为：在某个特定工况下，当在通过调节供电电压来调节行程条件时，在某个电压值下行程会发生跳跃现象，即非线性动力学理论中的分叉现象，随后随着电压的继续升高，直线压缩机从稳定状态进入不稳定振荡状态，即非线性动力学理论中的混沌现象；当降低电压时，不稳定振荡状态会持续，直到行程突然缩小后，运行恢复到稳定状态时，此时对应的电压值要低于开始发生行程跳跃现象的电压值，即存在一个不稳定停滞区。在不同的排气压力条件下，发生行程跳跃现象的行程不同，排气压力越高，行程越大。

3.6.2　不稳定跳跃现象发生条件

图 3-39 所示为在 60Hz 时，不同排气压力下，不稳定现象发生的电压点和行程。排气压力越高，发生突跳和突降的电压值越高，同一工况下突跳时的电压值高于突降时的电压值。排气压力越高，发生突跳时的行程也越大。

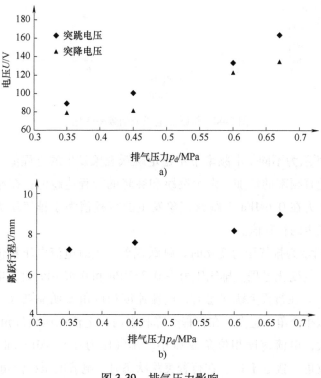

图 3-39　排气压力影响

图 3-40 所示为不同供电频率下不稳定跳跃现象发生的电压点。排气压力在 0.45MPa 时，跳跃现象发生的频率区间在 58Hz 以上，随着频率的增加，发生突

跳和突降的电压值越低；压缩机排气压力在 0.6MPa 时，跳跃现象发生的频率区间在 60Hz 以上。

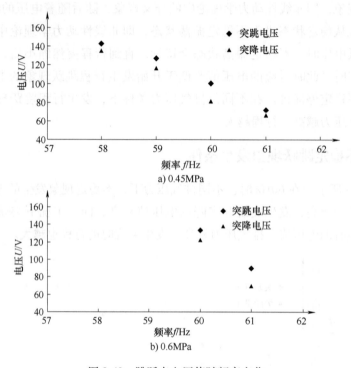

a) 0.45MPa

b) 0.6MPa

图 3-40　跳跃点电压值随频率变化

　　图 3-41 所示为不同供电频率下不稳定跳跃现象发生的行程值。在同样的排气压力下，随着频率的增加，发生突跳和突降的行程值越低；在相同的频率条件下，排气压力在 0.6MPa 下跳跃现象发生的行程值大于排气压力在 0.45MPa 下跳跃现象发生的行程值。

　　图 3-42 所示为排气压力变化时，跳跃现象发生时电流电压相位角 θ 及电流速度相位角 α 的变化过程。排气压力在 0.35MPa 和 0.45MPa 时，电流电压相位角 θ 接近于 0°。在行程突跳状态时，电流速度相位角 α 明显增大，排气压力越大，电流电压相位角 θ 越大；在行程突降状态时，电流电压相位角 θ 明显增大，排气压力越大，电流速度相位角 α 越小。排气压力在 0.6MPa 和 0.67MPa 时，电流速度相位角 α 接近于 0°。在行程突跳状态时，电流电压相位角 θ 明显减小，排气压力越大，电流电压相位角 θ 越大；在行程突降状态时，电流电压相位角 θ 明显增大，排气压力越大，电流电压相位角 θ 越大。

　　图 3-43 所示为在频率变化下，跳跃现象发生时电流电压相位角 θ 及电流速

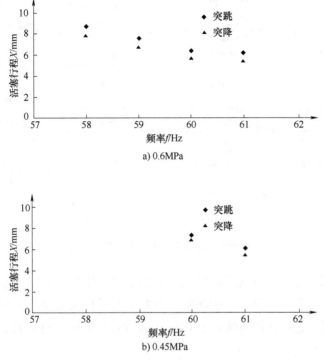

a) 0.6MPa

b) 0.45MPa

图 3-41　跳跃点行程值随频率变化

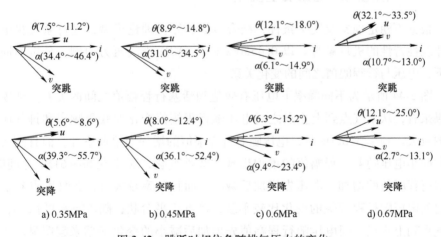

a) 0.35MPa　　b) 0.45MPa　　c) 0.6MPa　　d) 0.67MPa

图 3-42　跳跃时相位角随排气压力的变化

度相位角 α 的变化过程。频率在 58Hz、59Hz、60Hz 和 61Hz 时，电流电压相位角 θ 接近于 0°，在行程突跳状态时，电流电压相位角 θ 明显增大，电流速度相位角 α 随着频率增加而增大；在行程突降状态时，电流速度相位角 α 明显减小，频率越大，电流速度相位角 α 越大。

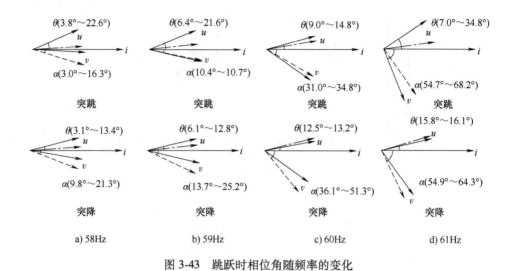

图 3-43　跳跃时相位角随频率的变化

　　通过上面的分析，可以看出排气压力的变化或供电频率的改变均可以引起直线压缩机运行发生不稳定跳跃现象，当电流电压相位角接近于 0°时，电路系统共振，当电流速度相位角接近于 0°时，运行系统共振，这两种情况均会导致不稳定现象的发生。

3.6.3　不稳定跳跃现象发生机理

　　根据不稳定现象及发生条件，结合直线压缩机理论模型，进行系统机电耦合非线性特性的机理解释。以 0.45MPa 和 0.6MPa 排气压力为例，分析不同频率下，电压与行程幅值之间的变化关系。

　　图 3-44 所示为不同频率下电压有效值和活塞行程幅值之间的关系。从模拟结果来看，从泵气点到上止点之间电压随行程幅值变化曲线受频率和排气压力影响较大。频率在 62Hz 时，电压随着行程幅值的增加而单调增加，而且随着频率的减小电压随着行程幅值的增加出现非线性变化，频率在 58~61Hz 之间时，随着行程幅值的增加，电压先增加后减小，而且频率较大时，在泵气点到上止点之间电压随行程幅值的变化比较平缓，接近于平台状；随着频率的减小，在泵气点到上止点之间电压随行程幅值先增加后减小的变化率越来越明显。当排气压力为 0.45MPa 时，频率在 58~61Hz 之间，泵气点到上止点之间的电压变化比较平缓，在 62Hz 时，电压呈单调增加。排气压力为 0.6MPa 时，频率在 58~59Hz 之间泵气点到上止点之间的电压变化率较大，频率在 60~61Hz 之间泵气点到上止点之间的电压变化比较平缓，在 62Hz 时，电压呈单调增加。

　　从电压随行程幅值的变化特点可以解释直线压缩机不稳定跳跃现象的发生

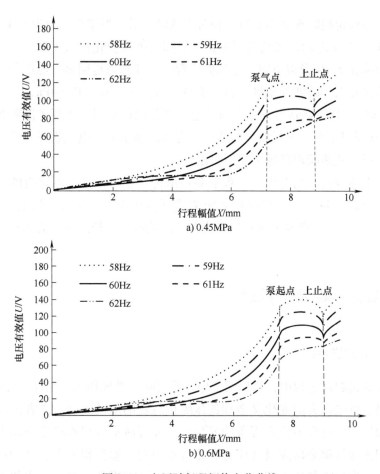

图 3-44　电压随行程幅值变化曲线

机理：当电压随行程单调增加时，即随着电压的调节，直线压缩机的行程响应只有一个对应值，因而不会出现非线性不稳定现象；随着频率的降低，电压随行程的变化比较平缓，接近于平台状，拐点不明显，这意味着在这种情况下，在一个电压值附近，对应了多个行程响应值，也就是此时，当电压发生小小波动时，直线压缩机的行程响应会在泵气点与上止点之间的一个位置跳跃到另一个位置，此即为跳跃现象；随着频率不断下降，电压随行程变化的曲线的凸度越明显，存在明显的拐点，这意味着在电压调节过程中，当直线压缩机行程超过泵气点以后，行程一开始随着电压的增大而增大，当电压达到这个拐点时，行程不再随着电压的增大而继续增大，而是会越过上止点到达上止点后的等电压点，频率越低，电压拐点对应的行程值越大，虽然有行程越过上止点的跳跃现象，但跳跃前后的行程，电流和功率变化较小，不稳定跳跃现象形成的滞环也很小，不稳定跳跃现象不明显。相对于试验结果，当排气压力为 0.45MPa 时，频率在 58~61Hz 之间，泵气点到上止点之间的电压变化比较平缓，出现了跳跃现象，频率在 57Hz 及以下时，电压曲线弯曲程度越来越明显，电压拐点对应的行程值越来越低，跳跃现象越来越不明显。而排气压力为 0.6MPa，频率在 60~61Hz 之间时，泵气点到上止点之间的电压变化比较平缓，出现了跳跃现象，频率在 59Hz 及以下时，电压曲线的弯曲程度越来越明显，电压拐点对应的行程值也越来越低，故跳跃现象越来越不明显。

根据上述分析，当电压与行程的关系出现拐点时，直线压缩机的运行会出现不稳定跳跃现象，电压与行程之间关系可描述为：在泵气点到上止点之间，存在 $dU/dX = 0$ 点，此时电压与行程为非单调关系，运行过程中会出现不稳定跳跃现象。

3.7 系统不稳定性扰动

3.7.1 压力影响

在压缩机起动过程中，行程调节导致系统吸、排气压力产生了一定的波动，而系统吸、排气压力的变化又会导致压缩机行程响应的波动，二者之间相互影响，导致压缩机行程不稳定现象的发生。为分析活塞行程不稳定波动产生的机理，采用参数解耦来研究吸气压力和排气压力对活塞行程动态特性的影响。首先将输入程序的吸气压力调整为恒定参数，即波动周期中吸气压力的平均值为 86kPa，而输入的排气压力同试验结果一致，进行模拟计算，如图 3-45b 所示。可知在排气压力波动的作用下，行程波动约为 0.05mm，这说明排气压力的波动对行程波动的影响较小。在模拟计算中，将试验测试的吸气压力输入程序，并进一步将输入程序的排气压力调整为波动周期的平均值 596kPa，如图 3-45c 所示。可以看出，在吸气压力波动作用下，行程波动较大约为 0.9mm，与试验结果相差较小，说明吸气压力的波动是行程波动的主要因素。

3.7.2 充注量影响

当制冷系统中制冷剂充注量变化时，压缩机的运行状态也会随之改变。环境温度为 25℃条件下，对比 40g 和 80g 两种制冷剂充注量下的直线压缩机起动稳定性，如图 3-46 所示。

在 40g 制冷剂充注量条件下，起动初期存在一定的不稳定性，通过制冷系统

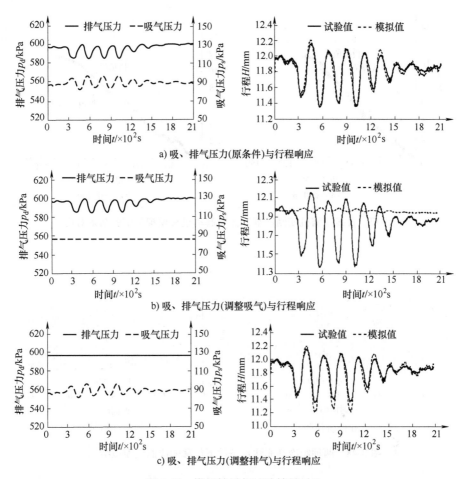

a) 吸、排气压力(原条件)与行程响应

b) 吸、排气压力(调整吸气)与行程响应

c) 吸、排气压力(调整排气)与行程响应

图 3-45 模拟结果与试验结果对比

模型对两种充注量条件下的系统特性进行仿真（见图 3-47），并对行程波动现象进行机理分析。

图 3-48 所示为两种制冷剂充注量条件下位移响应曲线模拟结果。在低充注量条件下，起动初期存在明显的不稳定现象，在 40g 充注条件下，电压为 51.6V，吸气压力为 116.6kPa，排气压力为 348.4kPa，由仿真结果可以看出，此时压缩机处于具有变振幅的"拍"振动不稳定状态，位移幅值包络线如图 3-48a 中的虚线所示。

将 40g 充注条件下的位移曲线进行拟

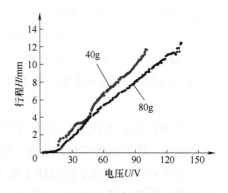

图 3-46 不同充注量条件下的起动特性

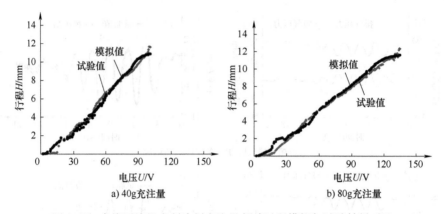

图 3-47 直线压缩机变制冷剂充注量起动过程模拟与试验结果对比

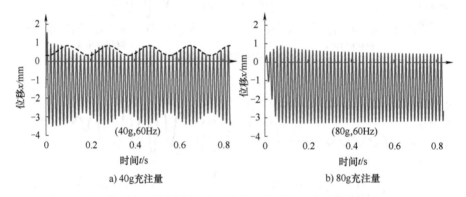

图 3-48 两种制冷剂充注量条件下位移响应曲线模拟结果

合得到：

$$x = 0.265\cos(2\pi \times 5.5t)\sin(2\pi \times 60t) + 1.855\sin(2\pi \times 60t) - 1.28 \quad (3\text{-}33)$$

可以看出该状态下的振动包括三个频率，分别为 f_1、f_2、f_3，其中频率 f_3 为供电频率，"拍"振的包络线为

$$A = 0.265\cos(2\pi \times 5.5t) - 0.575 \quad (3\text{-}34)$$

因此，式（3-34）转化为式（3-35），

$$x = 0.1325\sin(2\pi \times 65.5t) + 0.1325\sin(2\pi \times 54.5t) + 1.855\sin(2\pi \times 60t) - 1.28$$
$$(3\text{-}35)$$

在 80g 充注条件下，电压为 51.8V，吸气压力为 172.1kPa，排气压力为 389.6kPa，压缩机处于稳定状态，如图 3-48b 所示。

图 3-49 所示为在上述同样工况下，改变供电频率和充注量条件下起动及运行过程的仿真结果，在 40g 充注量时，当供电频率增加到 60.5Hz 时，直线压缩

机位移在该状态点有较小幅度的不稳定振荡，当频率增加到 61Hz 时，压缩机在该状态点处于稳定运行状态。供电频率为 60.5Hz 时包络线频率为 4.5Hz，频率 f_1、f_2 分别为 62.75Hz、58.25Hz，两频率偏离减小，不稳定振荡减小。因而当供电频率增加到 61Hz 时，两频率无偏离，此时直线压缩机稳定运行。在 80g 充注量时，当供电频率降低到 59.5Hz 时，直线压缩机在该状态点有较小幅度的不稳定振荡，根据包络线得到频率 f_1、f_2 分别为 62Hz、57Hz，两频率偏离 5Hz，产生了不稳定现象；当供电频率降低到 59Hz 时，根据包络线得到频率 f_1、f_2 分别为 61.8Hz、56.2Hz，两频率偏离 5.6Hz，压缩机在该状态点产生了较大的不稳定振荡。仿真结果说明，系统充注量的大小主要影响了压缩机的频率特性，而频率特性是直线压缩机运行稳定的关键影响因素，当运行频率与压缩机频率出现偏差时，压缩机在起动初期会出现不稳定现象，位移的波动可分解为三个不同频率的振动，这三个频率之间的差越大，不稳定现象越明显。分析表明，随着直线压缩机的长时间运行，系统泄漏损失影响了压缩机的频率特性，因此，为保证其处于稳定运行，需经常对压缩机系统状态进行校核，以保证系统的充注量，且在起动运行过程中，直线压缩机的供电频率需实时调节。

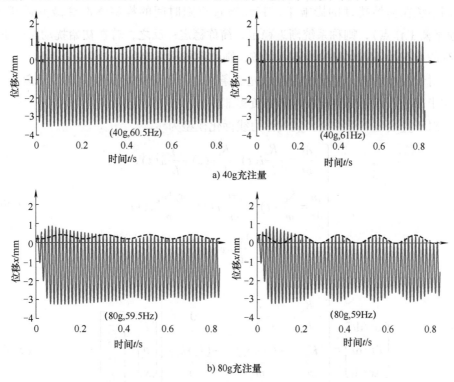

图 3-49　不同频率下的位移响应曲线

3.8 稳定性判别

在分析系统的稳定性时，我们所关心的是系统的运动稳定性，即系统方程在不受任何外界输入作用下，系统方程的解在时间 t 趋于无穷时的渐近行为。毫无疑问，这个解就是系统齐次微分方程的解，而"解"通常称为系统方程的一个"运动"，因而谓之运动稳定性。严格地说，平衡状态稳定性与运动稳定性并不是一回事，但是对于线性系统而言，运动稳定性与平衡状态稳定性是等价的。

李雅普诺夫分析的稳定性：首先假设系统具有一个平衡工作点，在该平衡工作点上，当输入信号为零时，系统的输出信号亦为零，一旦扰动信号作用于系统，系统的输出量将偏离原平衡工作点。若取扰动信号的消失瞬间作为计时起点，则 $t=0$ 时刻系统输出量的增量及其各阶导数便是 $t \geq 0$ 时系统输出量增量的初始偏差。于是，$t \geq 0$ 时的系统输出量增量的变化过程，可以认为是控制系统在初始扰动影响下的动态过程。

根据李雅普诺夫稳定性理论，线性控制系统的稳定性可叙述如下：若线性控制系统在初始扰动的影响下，其动态过程随时间的推移逐渐衰减并趋于零（原平衡工作点），则称系统渐近稳定，简称稳定；反之，若在初始扰动影响下，系统的动态过程随时间的推移而发散，则称系统不稳定。

对于线性系统，其系统稳定的充要条件为：系统的特征根全部位于复平面的左半部分，即所有特征根均具有负实部。

对于直线压缩机系统，其气体力线性化模型为

$$\begin{cases} \dfrac{\mathrm{d}i}{\mathrm{d}t} = -\dfrac{R_e}{L_e}i(t) - \dfrac{K_0}{L_e}v(t) + \dfrac{1}{L_e}u(t) \\[2mm] \dfrac{\mathrm{d}v}{\mathrm{d}t} = \dfrac{K_0}{m}i(t) - \dfrac{c_f+c_g}{m}v(t) - \dfrac{k_s+k_g}{m}x(t) \\[2mm] \dfrac{\mathrm{d}x}{\mathrm{d}t} = v(t) \end{cases} \tag{3-36}$$

其矩阵表达形式为

$$\begin{bmatrix} \mathrm{d}i/\mathrm{d}t \\ \mathrm{d}v/\mathrm{d}t \\ \mathrm{d}x/\mathrm{d}t \end{bmatrix} = \begin{bmatrix} -\dfrac{R_e}{L_e} & -\dfrac{K_0}{L_e} & 0 \\[2mm] \dfrac{K_0}{m} & \dfrac{-(c_f+c_g)}{m} & \dfrac{-(k_f+k_g)}{m} \\[2mm] 0 & 1 & 0 \end{bmatrix} \begin{bmatrix} i \\ v \\ x \end{bmatrix} + \begin{bmatrix} \dfrac{1}{L_e} \\[2mm] 0 \\ 0 \end{bmatrix} u(t) \tag{3-37}$$

令 $X = \begin{bmatrix} i \\ v \\ x \end{bmatrix}$, $A = \begin{bmatrix} -\dfrac{R_e}{L_e} & -\dfrac{K_0}{L_e} & 0 \\ \dfrac{K_0}{m} & -\dfrac{(c_f+c_g)}{m} & -\dfrac{(k_f+k_g)}{m} \\ 0 & 1 & 0 \end{bmatrix}$, $B = \begin{bmatrix} \dfrac{1}{L_e} \\ 0 \\ 0 \end{bmatrix}$, $C = \begin{bmatrix} 0 & 1 & 0 \end{bmatrix}$,

$Y=v$，$U=u(t)$，其中，Y、U 为速度与电压的离散点矩阵，可得活塞响应速度与电压之间的传递函数如式（3-38）所示。

$$\begin{cases} \mathrm{d}X/\mathrm{d}t = AX+BU \\ \qquad Y = CX \end{cases} \tag{3-38}$$

对上式进行拉普拉斯变换，可推导出在频域空间内的速度与电压之间的传递函数。

$$Y(s) = G(s)U(s) \tag{3-39}$$

其中，s 表示拉普拉斯变换后的复变量，由拉氏变换公式 $F(s) = \displaystyle\int_0^{+\infty} f(t)\mathrm{e}^{-st}\,\mathrm{d}t$ 计算后得到；I 表示单位矩阵。

$$\begin{aligned} G(s) &= C(sI-A)^{-1}B \\ &= \frac{K_0 s}{L_e s^3 + (c_f+c_g+mR_e)s^2 + [(c_f+c_g)R_e+L_e(k_s+k_g)+K_0^2]s + R_e(k_s+k_g)} \end{aligned} \tag{3-40}$$

通过判断不同工况及变容量运行过程中该传递函数的特征根分布，可得在不同运行工况下压缩机的稳定性状态，由图 3-50 可知，在线性模型下，特征方程的各极点均位于复平面的左半侧，即该系统特征方程的所有根具有负实部，系统恒处于渐近稳定状态，表明通过该方法无法对压缩机不稳定振荡现象予以解释，从另一方面表明压缩机行程的不稳定振荡主要是由于气体力的非线性所致。

对于非线性系统，通常采用李雅普诺夫第二方法进行稳定性分析，但由于非线性系统千差万别，没有统一的描述，目前也不存在统一的动力学分析方法，因此对其进行稳定性分析是困难的。李雅普诺夫第二方法虽然可应用于非线性系统的稳定性判定，但只是一个充分条件，并没有给出建立李雅普诺夫函数的一般方法，而只能针对具体的非线性系统进行具体分析，目前切实可行的途径为针对各类非线性系统的特性，分门别类地构造适宜的李雅普诺夫函数。如：

1）通过特殊函数来构造李雅普诺夫函数的克拉索夫斯基法（或雅可比矩阵法）

2）针对特殊函数的变量梯度构造李雅普诺夫函数的变量梯度法（或舒尔茨-吉布生法）

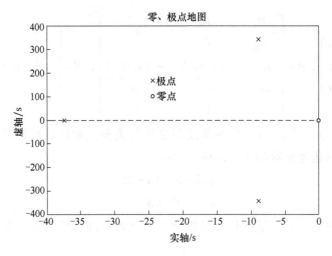

图 3-50　线性系统的零、极点分布

3）针对特殊非线性系统进行线性近似处理的阿依捷尔曼法（或线性近似法）。

由于非线性系统的李雅普诺夫稳定性具有局部的性质，因此在寻找李雅普诺夫函数时，须通过平移系统的坐标轴，将系统的所讨论的平衡态移至原点。在讨论稳定性时，通常还要确定该局部渐近稳定的平衡态范围。

根据克拉索夫斯基法，设非线性定常连续系统的状态方程为 $\mathrm{d}x/\mathrm{d}t = f(x)$，对该系统有如下假设：

1）所讨论的平衡态 $x = 0$。

2）$f(x)$ 对状态变量 x 是连续可微的，即存在雅可比矩阵 $J(x) = \dfrac{\partial f}{\partial x^{\mathrm{T}}}$。

非线性定常连续系统的平衡态 $x_{\mathrm{e}} = 0$ 为渐近稳定的充分条件为：$\hat{J}(x) = J(x) + J^{\mathrm{T}}(x)$ 为负定的矩阵函数，且 $V(x) = (\mathrm{d}x/\mathrm{d}t)^{\mathrm{T}} x^{\mathrm{T}} = f^{\mathrm{T}}(x) f(x)$ 为该系统的一个李雅普诺夫函数。

当 $\|x\| \to \infty$ 时，有 $\|f(x)\| \to \infty$，则该平衡态是大范围渐近稳定的。对于非线性直线压缩机系统，其判别矩阵如下：

$$\hat{J}(x) = J(x) + J^{\mathrm{T}}(x) = \begin{bmatrix} -\dfrac{2R_{\mathrm{e}}}{L_{\mathrm{e}}} & \dfrac{K_0}{m} - \dfrac{K_0}{L_{\mathrm{e}}} & 0 \\[2ex] \dfrac{K_0}{m} - \dfrac{K_0}{L_{\mathrm{e}}} & \dfrac{-2c_{\mathrm{f}}}{m} & 1 - \dfrac{k_{\mathrm{s}}}{m} - \dfrac{\partial F_{\mathrm{g}}}{\partial x} \\[2ex] 0 & 1 - \dfrac{k_{\mathrm{s}}}{m} - \dfrac{\partial F_{\mathrm{g}}}{\partial x} & 0 \end{bmatrix} \qquad (3-41)$$

根据塞尔维斯特准则，矩阵 $\hat{J}(x)$ 负定的充要条件是所有的奇数项的顺序主子式为负，偶数项的顺序主子式为正，对于直线压缩机系统，各阶顺序主子式如式（3-42）所示。显然，Δ_3 非负，不满足负定条件，且通过代入数值分析得 Δ_2 亦不满足恒正条件，即该直线压缩机系统无法通过克拉索夫斯基法判别其稳定性。

$$\begin{cases} \Delta_1 = -2\dfrac{R_e}{L_e} \\[2mm] \Delta_2 = 4\dfrac{R_e}{L_e}\dfrac{c_f}{m} - \left(\dfrac{K_0}{m} - \dfrac{K_0}{L_e}\right)^2 \\[2mm] \Delta_3 = \dfrac{2R_e}{L_e}\left(1 - \dfrac{k_s}{m} - \dfrac{\partial F_g}{\partial x}\right)^2 \end{cases} \tag{3-42}$$

同样地，在采用变量梯度法为直线压缩机非线性模型构建能量函数时，由于在活塞运动平衡点附近导致梯度项的正负值未定，因而无法求解出满足负定条件的能量梯度函数，导致该方法同样不适用；而用线性系统夹逼准则的阿依捷尔曼法进行判定时，在平衡位置处，由于非线性气体力对位移的商趋于无穷，即无法构建合适的传递函数对非线性系统进行逼近，因此无法判定系统的稳定性状态。

基于以上分析，直线压缩机的不稳定特性是与系统其他参数之间的相互影响而导致的，从系统控制方程上无法对其是否稳定进行直接判别，应根据观察实测结果对行程不稳定现象进行检测和控制，保证压缩机稳定、安全运行。因此，可在直线压缩机仿真模型的基础上，针对位移、电流等时变参数，构建稳定性判别准则，以判断直线压缩机运行过程中的稳定性。以位移参数为例，其判别流程如下：在一段时间 $t\sim(t+i)$ 内，对直线压缩机位移检测结果或仿真结果的时变幅值进行巡检，得到位移幅值的最大值 $H_{\max}$ 和最小值 $H_{\min}$，如图 3-51 所示。计算位移幅值最大值与最小值之间差值，如果差值大于参考值则判定直线压缩机处于不稳定状态，如图 3-52a 所示，行程幅值的波动范围为 1.6mm，大于设定稳定性判别行程波动值 1mm，因此判定此时直线压缩机处于不稳定状态；如果差值小于参考值则判定直线压缩机处于稳定状态，如图 3-52b 所示，行程幅值的振荡范围约为 0.1mm，根据判别准则，可以认为此时压缩机处于稳定状态。

本判别也可应用于直线压缩机运行在线稳定性检测，在线测得直线压缩机的电压、电流、功率因数等实时参数后，利用无位移传感技术计算获得实时的直线压缩机位移幅值，对设定时间内的幅值变化进行巡检，采用同样的方法进行稳定性判别。

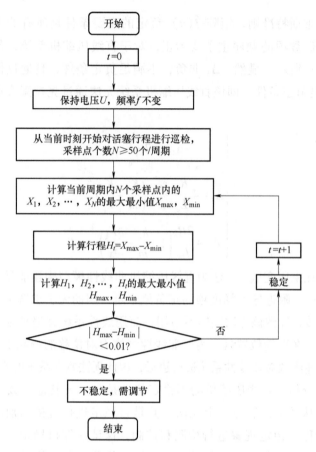

图 3-51 基于参数在线检测的稳定性判别流程

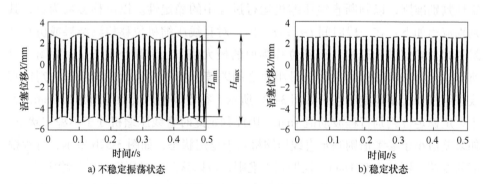

a) 不稳定振荡状态

b) 稳定状态

图 3-52 不稳定状态判别

第 4 章
直线压缩机设计方法

直线压缩机设计方法，主要从压缩机系统的主要结构与性能要求出发，在第 2 章动磁式和动圈式直线压缩机基本原理的基础上，设计其结构尺寸参数、机械性能参数、电磁性能参数和热力性能参数，从而实现压缩机高效节能。设计内容包括压缩机气缸与活塞设计、机械弹簧共振系统设计、直线振荡电动机设计等，在设计过程中需兼顾整体需求和零部件的具体要求。

根据直线压缩机工作原理的研究和分析，以及实际制造加工工艺的要求，样机设计与制造原则上应该满足以下要求：

1) 整体结构布置合理，安装方便，体积小，动力平衡性能好。

2) 按照机电一体化的结构进行设计，技术可行，电动机效率和机械效率较高，从而达到整机高效节能的目的。

3) 由于直线电动机动子在运动过程中容易偏离气隙中心轴线，导致活塞产生很大的侧向力或者动子吸附在磁钢上，从而产生很大的摩擦力，故必须设计合理的运动组件结构，以保证运动组件的轴线与气缸活塞中心轴线较好的一致性。

4) 需考虑产品加工工艺，保证样机零部件加工容易、成本低、安装与维修方便、精度高、可靠性好、寿命长。

5) 保证噪声低，振动小，使用安全、方便。

4.1 设计流程

本章针对直线压缩机设计工况及制冷量的要求，给出系统结构设计方法，根据第 2 章所述的数学模型，计算各部件需求参数及尺寸，主要设计流程如图 4-1 所示。

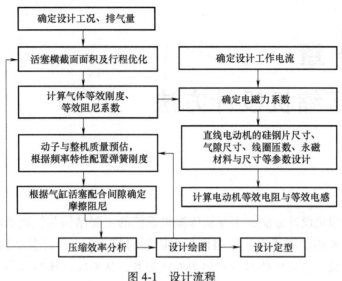

图 4-1　设计流程

4.1.1　根据设计工况确定排气量

首先需要确定直线压缩机所采用的制冷剂，如 R600a、R290、CO_2 等。再根据应用需求确定制冷工况，根据制冷循环可以确定理论循环的制冷量 q_e，压缩机指示功 P_c，理想 COP_i，吸气压力 p_s 和排气压力 p_d，通过查询制冷剂物性表，确定图 4-2 中各数字标记点的制冷剂物性，由此确定气缸的设计排量 V_h，进行压缩腔体尺寸的初步设定。

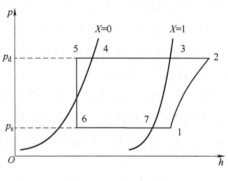

图 4-2　制冷循环压焓图

4.1.2　活塞横截面面积与行程的初选

先确定压缩机的设计排量，选定工作频率后，再确定气缸的行程容积。考虑直线压缩机设计活塞行程 $2X$，根据设计的排气量 V_h，得到相应的活塞横截面面积 A_p 和气缸直径 D：

$$A_p = \frac{V_h}{2X} \qquad (4-1)$$

$$D = 2\sqrt{\frac{A_p}{\pi}} \tag{4-2}$$

为保证良好的密封性，气缸的长度应大于活塞长度与最大行程的和。由于气缸工作容积为活塞横截面面积和行程的乘积，在同样的扫气容积下，气缸横截面面积变化后，气体的压缩功差别较小，但活塞行程越小，相应的活塞直径就越大，则气缸横截面面积越大，作用在电动机上的气体力荷载幅值越大。同样的，活塞行程越大，活塞直径就越小，气体负载幅值也较小。因此需要根据后面的效率分析进行活塞直径与行程优化选择。

4.1.3　计算气体等效刚度和等效阻尼系数

初选活塞横截面面积和活塞行程之后，气体力可以通过第 2 章的傅里叶级数简化得到，当频率 f 确定时，可以分别得到气体等效刚度 k_g 和气体等效阻尼系数 c_g，其中 a_1、b_1 参见第 2 章。

$$k_g = -\frac{a_1(X, X_0)}{X} \tag{4-3}$$

$$c_g = \frac{b_1(X, X_0)}{\omega X} \tag{4-4}$$

4.1.4　根据频率特性配置弹簧

谐振弹簧的刚度由压缩机的频率比 $\lambda = \dfrac{\omega}{\omega_n}$ 确定，而直线压缩机固有频率与运动部件的质量和压缩气体等效刚度有关。确定了气体等效刚度后，预估压缩机的动子与机芯质量，根据 $m = \dfrac{m_1 m_2}{m_1 + m_2}$ 获得当量质量，当设计频率比确定时，为获得最佳的电动机效率，通常设计使惯性力与弹性力相平衡，即 $m\dfrac{\mathrm{d}^2 x}{\mathrm{d}t} \approx (k_s + k_g)x$，从而确定谐振弹簧刚度为

$$k_s = m\left(\frac{\omega}{\lambda}\right)^2 - k_g = m\left(\frac{\omega}{\lambda}\right)^2 - \frac{a_1(X, X_0)}{X} \tag{4-5}$$

根据设计的谐振弹簧刚度 k_s，在后续进行弹簧的设计，以及直线压缩机工作时，谐振弹簧以与供电电源频率一致的运行频率做往复振动，谐振弹簧形状及规格在保证弹簧刚度的同时还要满足高强度才能保证压缩机长期可靠地运行。

4.1.5　确定摩擦阻尼系数

压缩机的活塞在气缸中往复振动时，摩擦损耗通常采用能量等效的方式将复杂的阻尼特性简化为线性黏性阻尼，假设摩擦阻尼系数为 c_f，则其在活塞一个振动周期内消耗的能量为

$$P_f = \int_0^T c_f \left(\frac{dx}{dt} \right)^2 dt = \int_0^{2\pi} c_f (\omega X \cos\omega t)^2 dt = c_f \pi \omega X^2 \qquad (4\text{-}6)$$

反之，可通过摩擦损耗推导得到摩擦阻尼系数：

$$c_f = \frac{P_f}{\pi \omega X^2} \qquad (4\text{-}7)$$

当物体以较高的速度在低黏度流体中运动时，β 为低黏度阻尼系数，阻尼力 F_f 与物体的速度平方成正比，即

$$F_f = \beta \left(\frac{dx}{dt} \right)^2 \qquad (4\text{-}8)$$

$$P_f = \int_0^{2\pi} F_f \frac{dx}{dt} dt = \int_0^{2\pi} \beta \left(\frac{dx}{dt} \right)^3 dt = \frac{8}{3} \beta \omega^2 X^3 \qquad (4\text{-}9)$$

这种情况下，将式（4-7）代入式（4-8），则低黏度流体阻尼的等效阻尼系数为

$$c_f = \frac{8\beta \omega X}{3\pi} \qquad (4\text{-}10)$$

当物体沿两个干燥表面接触并产生相对运动时，μ 为滑动摩擦系数，N 为接触面间的正压力，则接触面产生干摩擦力为

$$F_f = \mu N \qquad (4\text{-}11)$$

在一个振动周期内的摩擦损耗为

$$P_f = \int_0^{2\pi} F_f \frac{dx}{dt} dt = 4\mu N X \qquad (4\text{-}12)$$

同样，把式（4-12）代入式（4-7），则干摩擦的等效阻尼系数为

$$c_f = \frac{4\mu N}{\pi \omega X} \qquad (4\text{-}13)$$

实际中，活塞在气缸中的运动摩擦取决于二者之间的气隙间隙、润滑方式和装配精度，通常通过广泛的试验来获得等效阻尼系数，在设计中，通常可根据工程经验进行初步取值。一般情况下，直线压缩机的等效阻尼系数的取值范围为 $3 \sim 15 \mathrm{N \cdot s/m}$。

4.1.6   确定直线电动机电磁力系数

在设计的过程中，直线电动机的设计电磁力系数的确定主要通过直线压缩机动力学平衡方程的电磁力需求确定，当式（2-38）中惯性力与弹性力平衡时，有

$$(c_f+c_g)\frac{dx}{dt}=F_e=K_0 i \tag{4-14}$$

当设计阶段初步确定工作电流 I 时，电磁力系数的设计值为

$$K_0=\frac{(c_f+c_g)\omega X}{I} \tag{4-15}$$

4.1.7   直线电动机的参数设计

根据式（4-15）电磁力系数 K_0 的设计值要求，进行直线电动机相关参数的设计，参数设计可通过下面的简易公式计算，也可借助设计模拟分析软件进行。

对于动磁式直线电动机可以由式（4-16）进行直线电动机参数结构配置：

$$K_0=NzH_c\frac{\mu_0\pi D}{g_1+g_2+z} \tag{4-16}$$

式中，N 为线圈的匝数；z 为充磁方向的厚度；H_c 为永磁铁矫顽力；g_1，g_2 分别为气隙宽度。

对于动圈式直线电动机，由式 $F_e=K_0 i=Bl_c i$，根据设计电磁力和初选的工作电流，确定导线长度 l_c 与磁感应强度 B。

根据第 2 章的式（2-39）和式（2-40），初步计算得到直线电动机的等效电阻与等效电感。

4.1.8   压缩效率分析与设计定型

根据第 2 章 2.3.2 节压缩效率的计算方式，进行直线压缩机的效率分析，根据效率特性的定量分析，进行设计参数优化，最后通过图样设计完成设计定型。

4.2   主要部件

4.2.1   直线电动机

根据结构形式，直线电动机可分为矩形与圆筒形两大类，如图 4-3a 所示。

矩形结构电动机的永磁体采用扁平的矩形结构,具有易于充磁、制造成本低、加工方便等特点,但也有一定的局限性,为了避免永磁体与磁轭发生接触,必须采用附加的结构对电动机动子的对称轴旋转自由度加以约束。由于制造误差的存在,永磁体与磁轭之间的径向电磁力不可能完全相互抵消,而且由于间隙很小,导致产生了很大的吸引力。压缩机工作时,旋转自由度约束机构之间会存在很大的压力和摩擦力,对于直线振荡电动机这样的高频往复运动来说,是非常不利的。圆筒形结构的动子与定子都是轴对称的圆周分布,可以通过保证动子与定子的同轴度来实现活塞定位,不需要对动子的旋转自由度加以约束,圆筒形结构可以实现更小的动子质量和更低的机械摩擦损耗。圆筒形电动机结构难点在于对永磁体采用辐向充磁的充磁方式,如图4-4所示。

永磁体的磁化方向直接影响着磁路的走向和电动机性能。目前永磁体按磁化方向大体可以分为平行充磁永磁体和辐向充磁永磁体。平行充磁永磁体磁化方向与直线电动机运动方向一致,是目前常用的充磁形式,理论技术比较成熟,加工工艺也并不复杂。辐向充磁永磁体是沿着半径方向进行磁化,整体成型加工工艺相对困难,但其电磁驱动力要高于平行充磁永磁体,是目前大推力直线电动机的发展方向。

从辐向充磁永磁体的制造工艺来说,环形辐向磁化永磁体难以加工成型,这是因为永磁体径向充磁方向必须成辐射状径向排列,这种排列形式不仅仅使定向充磁变得困难,而且会因为内应力过大导致永磁体开裂,难以整体成型,因此通常采用小块瓦片平行充磁来取代辐向磁环。

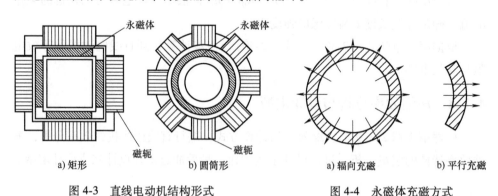

a) 矩形   b) 圆筒形   a) 辐向充磁   b) 平行充磁

图4-3 直线电动机结构形式   图4-4 永磁体充磁方式

直线电动机的性能与永磁材料的性能密切相关,永磁材料具有机械能与电磁能相互转换的功能。利用其能量转换功能和磁的各种物理效应(如磁共振效应、磁力学效应、磁化学效应、磁生物效应、磁光效应、磁阻效应和霍尔效应等)可将永磁材料做成各种形式的永磁功能器件。永磁体的选择应满足以下要求:

1）永磁体应能在指定的工作空间内产生所需要的磁场。

2）永磁体所建立的磁场应具有一定的稳定性，磁性能随工作温度和环境的变化应在允许的范围内。

3）具有良好的耐蚀性。

4）具有良好的力学特性，如韧性好、抗压强度高、可加工等。

5）价格合理，经济性好。

永磁材料主要包括马氏体永磁体、铁镍钴基永磁体、铁氧体永磁体、稀土钴永磁体、钕铁硼永磁体和黏结永磁体几类。第一代、第二代稀土永磁材料性能优异，但其中的钴与钐价格昂贵，限制了它们的应用。1983 年，日本住友特殊金属公司与美国通用汽车公司各自研制成功钕铁硼（NdFeB）第三代稀土永磁，它的问世被列为 1983 年世界十大重要科技成果之一。20 世纪 90 年代以来，随着永磁材料性能的不断提高和完善，钕铁硼稀土永磁的热稳定性与耐蚀性逐步得到改善，且价格逐步下降，以钕铁硼为主的稀土永磁电动机获得了越来越广泛的研究与应用。

钕铁硼永磁（主要成分 $Nd_2Fe_{16}B$）是目前磁性能最高、应用最广、发展速度最快的新一代永磁材料，并且向高性能、高稳定性方向发展，为现代科学技术与信息产业向集成化、小型化、超小型化、轻量化、智能化方向发展提供了一定的物质基础。钕铁硼永磁的力学性能较好，可切割加工及钻孔，但由于钕铁硼永磁含有大量的钕和铁，易锈蚀，化学稳定性欠佳，其表面通常需做电镀处理，如镀锌、镍、锡、银、金等，也可以做磷化处理或喷涂环氧树脂以减慢其氧化速度。钕铁硼磁体居里温度为 $310 \sim 410℃$，通常最高工作温度为 $150℃$，常温下的退磁曲线为直线，但高温下的退磁曲线下部会发生弯曲，若设计不当，易发生不可逆退磁。我国稀土资源丰富，工业储量约 4800 万 t，远景储量 1.2 亿万 t，占世界稀土资源的 70% ~ 80%，外加上制造工艺的完善和成熟，价格越来越低，为稀土永磁材料的发展提供了极为便利的条件。

在满足工作温度的前提下，选择矫顽力较大的型号，综合考虑其剩磁、磁能积性能和工作曲线。目前，烧结钕铁硼的综合磁力性能一般是高于黏结钕铁硼，表 4-1 所示为部分烧结钕铁硼永磁体的性能参数。

表 4-1　部分烧结钕铁硼永磁体的性能参数

规格	剩磁/T	矫顽力/（kA/m）	最大磁能积/（kJ/m³）	最高工作温度/℃
N27-H	1.02 ~ 1.10	765 ~ 835	195 ~ 220	120
N30-H	1.08 ~ 1.15	810 ~ 850	220 ~ 245	120

（续）

规格	剩磁/T	矫顽力/(kA/m)	最大磁能积/(kJ/m³)	最高工作温度/℃
N33-H	1.14~1.17	820~876	247~263	120
N35-H	1.17~1.21	860~915	263~279	120
N38-H	1.22~1.26	915~955	287~303	120
N40-H	1.26~1.29	915~955	303~318	120
N42-H	1.28~1.32	955~995	318~342	120
N45-H	1.32~1.36	955~1034	342~366	120
N30-SH	1.08~1.12	812~852	216~246	150
N40-SH	1.24~1.28	948~928	302~306	150
N30-UH	1.08~1.12	804~844	223~239	180
N33-UH	1.14~1.17	740~876	247~263	180
N25-EH	0.98~1.02	732~764	183~199	200
N28-EH	1.01~1.08	780~812	207~223	200
BDM-6	0.50~0.60	318~358	24~32	120
BDM-8	0.55~0.65	358~398	60~80	150

1. 动磁式直线电动机磁路设计

动磁式直线电动机的磁路是由外定子铁心、气隙、动子上的永久磁铁及内定子铁心组成。在商业应用中，直线电动机常用的材料包括硅钢、电工纯铁、铜、铝、不锈钢等，用以构成电动机的电路结构、磁路结构和支撑结构。直线电动机中的材料按照相对磁导率大小分类也可以分为抗磁性材料、顺磁性材料和铁磁性材料。而铁磁性材料按照矫顽力的大小，又可以分为软磁性材料（$H_c <$ 100A/m）和硬磁性材料（$H_c > 100$A/m），其中永磁体材料通常是硬磁性材料。在工程应用中，空气和真空的相对磁导率大小近似取1。表4-2所示为直线电动机常用的非永磁材料特性。

表4-2 直线电动机常用非永磁材料特性

名称	分类	相对磁导率	电阻率（25℃）
空气	顺磁性材料	1	绝缘
铜	抗磁性材料	0.99991	1.8×10^{-8}
铝	顺磁性材料	1.00002	2.91×10^{-8}
硅钢	软磁性材料	7000	45×10^{-8}
铁	软磁性材料	20000	9.78×10^{-8}

　　构成电动机磁场通路的部件一般为相对磁导率较大的软磁性材料。而铁磁性材料对磁场的损耗主要体现在两个方面：一方面，铁磁性材料要实现导磁的目的，就必须反复地经历磁化过程和退磁过程。而在每一个磁化和退磁周期中，铁磁性材料都会不可逆地把一部分磁量转化为热量而白白流失，这种现象称为磁滞损耗。另一方面，由于电磁感应，材料内部会产生涡流，使材料本身发热，称为涡流损耗。所以，在交流电磁场反复激励的情况下，铁磁性材料温度会升高，故会导致电动机效率降低。

　　由于磁滞损耗和涡流损耗的存在，对构成磁路结构的材料选择有以下几方面要求：

　　1）相对磁导率大，矫顽力小。

　　2）易于磁化和退磁。

　　3）磁滞损耗相对较小。

　　为了实现用较小的励磁电流就能获得较强的磁感应强度，需要选择磁滞回线窄而长、磁导率高的软磁铁磁材料。电动机常用的软磁性材料是硅钢，根据软磁材料的特性，在电动机等设备中，通常采用磁滞回线狭长的磁性材料来做铁心（如电工钢片）来减少磁滞损耗，通过增大铁心材料的电阻率（如在钢中增添硅元素）及用硅钢片叠成铁心，在片间涂上绝缘漆，以增加涡流路径的等效长度，并增大涡流路径上的电阻，减少涡流损耗。

　　由电动机理论，当电压为正弦量时，略去电阻压降和漏磁感应电动势，磁通量也为正弦量，当铁心出现饱和时，由于磁饱和的影响，磁化电流不是正弦量，而是一个尖顶波。在铁心横截面面积一定的情况下，电压越大，则最大磁感应强度越大，磁化电流的波形越尖。要使磁化电流接近正弦波形，需选用横截面面积较大的铁心，使铁心工作在非饱和区，但这会加大铁心的尺寸和质量，所以通常使铁心工作在接近于饱和区，即在磁化曲线的膝点附近。

　　动磁式直线电动机主要是通过内、外定子构成磁场通路，增强（或产生）磁性与规范磁路。在设计过程中可以通过设计工具软件进行磁场分析，进而确定定子的结构尺寸。永磁部件是由如图 4-5 所示的多个瓦片状磁极构成的。

　　根据式（2-57），直线电动机的电磁力与永磁体的矫顽力 H_c 成正

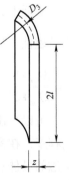

图 4-5　瓦片状磁极

比，与永磁体在圆周上的周长 πD_3 成正比，还与永磁体厚度与气隙厚度的比值 $\dfrac{z}{g_1+g_2+z}$ 成正比，因此应通过提高加工精度来尽可能地减小气隙厚度。

钕铁硼永磁材料的回复线如图 4-6 所示，在常温下退磁曲线基本为直线，回复线与退磁曲线基本重合，高温下退磁曲线的拐点以上为直线，拐点以下为曲线，为保证回复线与退磁曲线重合需要永磁体的工作点在拐点以上。在设计时，通常采取措施以保证永磁体的工作点不低于拐点，此时工作曲线为直线部分的延长线，可表示为 $B = B_r - \mu_r\mu_0 H$。

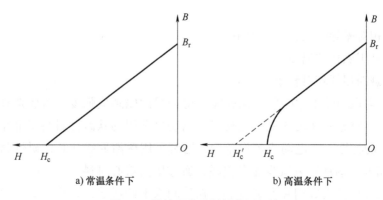

a) 常温条件下   b) 高温条件下

图 4-6 钕铁硼永磁材料的回复线

动磁式直线电动机的永磁动子对外表现是磁动势 G_m 和磁通 Φ_m，$G_m = zH$，$\Phi_m = 2\pi D_3 lB$，磁能为 $\dfrac{1}{2}G_m\Phi_m = \pi D_3 lzHB$，永磁体的体积 $2\pi D_3 lz = \dfrac{G_m\Phi_m}{HB}$，所以当永磁体工作点处于回复线上有最大磁能积的点上，需要的永磁体体积最小，通常情况下，工作点处于回复线的中点时磁能积最大，永磁体最佳工作点的标幺值为 0.5。

实际上，永磁电动机中存在漏磁通，参与机电能量转换的是气隙磁场中的有效磁能，因而永磁体的最佳工作点在有效磁能 $W_e = \dfrac{1}{2}G_e\Phi_e$ 最大点，标幺值 $b_e = \dfrac{2\lambda_\sigma + 1}{2\lambda_\sigma + 2}$，$\lambda_\sigma = \dfrac{\Lambda_\sigma}{\Lambda_b}$。其中 $\Lambda_\sigma = \dfrac{\mu_0\pi D_3 s}{g_1+g_2+z}$，$\Lambda_b = \pi D_3 l\left(\dfrac{\mu_0}{g_1} + \dfrac{\mu_0}{g_2} + \dfrac{\mu_{r2}}{z}\right)$。

可以看出 λ_σ 值的大小影响着永磁工作点的位置，即决定着永磁体磁能的利用程度，在实际应用中受其他因素的制约，有时很难满足最佳工作点的要求，永磁的最佳利用不一定是电动机的最佳设计，因而在设计中通常通过对工作点的校核，来保证永磁体的工作点不低于拐点，并结合电动机的具体要求确定。

通常情况下也可选择经验标幺值，$b_m = 0.60 \sim 0.85$。

另外，虽然电磁力计算公式显示永磁体的长度对电磁力的影响不大，但实际上永磁体的长度需根据电动机的设计行程及齿间距进行确定，要保证永磁体长度的一半大于直线电动机的设计最大行程与齿间距的和，这部分内容将在后面直线压缩机的非线性特性部分进行阐述。

2. 动圈式直线电动机磁路设计

根据动圈式直线电动机的磁路原理，由永磁体产生磁通势，它没有传导电流，H 为磁场强度，根据安培环路定律：

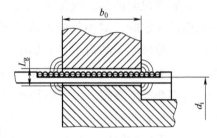

图 4-7 气隙漏磁场图

$$\oint_l \boldsymbol{H} \cdot \mathrm{d}\boldsymbol{l} = 0 \tag{4-17}$$

以线圈为动子部件的气隙漏磁场图如图 4-7 所示。

在分析计算时，通常需要考虑磁路的漏磁和磁阻损失，设 λ 和 σ 分别为磁路的磁阻系数和漏磁系数，式（4-17）可以写为

$$H_m L_m + \lambda H_g L_g = 0 \tag{4-18}$$

式中，H_m 为磁铁中的磁场强度；L_m 为磁铁的长度；H_g 为气隙中的磁场强度；L_g 为气隙厚度。结合电磁学基本原理、磁通连续性原理、漏磁系数的假设有

$$B_g = \mu_0 H_g \tag{4-19}$$

$$B_m S_m = \sigma B_g S_g \tag{4-20}$$

式中，μ_0 为真空磁导率；B_g 为气隙的磁感应强度；B_m 为永磁体的磁感应强度；S_m 为永磁体的横截面面积；S_g 为气隙截面面积。取气隙平均直径处的横截面面积，联立式（4-18）、式（4-19）和式（4-20）可得

$$B_m = -\frac{\mu_0 \sigma L_m S_g}{\lambda L_g S_m} H_m \tag{4-21}$$

相应地，也可根据已知的气隙及设计要求参数来确定永磁体：

$$L_m = \frac{\lambda L_g H_g}{H_m} \tag{4-22}$$

$$S_m = \frac{\sigma S_g H_g}{B_m} \tag{4-23}$$

气隙内磁感应强度的选择与需要的电磁驱动力大小有关。由式 $F = BIl$ 可以看出，驱动力与气隙内的磁感应强度、线圈有效长度、线圈内流过的电流大小均成正比。电流可以通过控制输入电压的大小来调节，但较大的电流会引起较

大的铜损耗和发热问题。

当驱动力和电流大小一定时，较大的磁感应强度能够减小线圈的有效长度，从而减小线圈的电阻，降低线圈的发热功耗，但磁感应强度的选择受磁路系统结构、材料本身的饱和磁感应强度的限制。电动机设计所用的钕铁硼材料在最大磁能积点的磁感应强度本身不是很高，因此气隙磁感应强度也不宜选择太高。

还需要说明的是，气隙内的磁感应强度大小与气隙厚度、磁极面积有关。当永磁体一定时，减小气隙厚度或者减小磁极面积都可以使磁感应强度增加。但减小气隙厚度受结构本身的影响，动子上缠绕的线圈及缠绕线圈的支撑结构都需要占去一定的气隙厚度，并且动子在气隙内做往复运动时，需要一定的空隙，否则会产生摩擦，一方面增加了动子在轴向的阻力，另一方面工作一定时间后会因为摩擦而使线圈表面的绝缘漆擦破，产生线圈与机壳之间的放电现象；此外，如果气隙厚度设计较小，去除必要的结构厚度后，余下的可供缠绕线圈的空间将减小，从而使动子上的电磁驱动力受到线圈有效长度的限制。

还可以通过增加线圈的有效长度来增加动子上的电磁驱动力，而线圈的有效长度除与磁极的面积、动子的公称直径、动子上所缠线圈的规格有关外，还与压缩机工作时动子与磁极的相对位置有关。

线圈有效长度是指在磁场有效作用范围内的线圈长度，磁场的有效作用范围可以用磁极面积来衡量。为了增大磁极的面积可以增加磁极的公称直径或轴向长度。当增加磁极的公称直径时，有效长度增加了，但直线压缩机的总体尺寸也会随之增大；当增加磁极的轴向长度时，磁极面积、线圈的有效长度会随之增大，但动子、压缩机的轴向尺寸亦会随之增大。

由于气隙漏磁通同样会对线圈的动子产生作用力，故有效磁场的作用宽度应大于磁极宽度，因此在计算时通常把两倍的气隙长度计算在气隙宽度上，即气隙的计算宽度可取为

$$b = b_0 + 2L_g \tag{4-24}$$

动子的直径（见图 4-7 中 d_i）与磁极的直径相联系，通常是由磁极的直径除去必要的结构尺寸及空隙厚度后确定的，动子的直径越大线圈的有效长度就越大。

对于结构确定的动子，导线也是影响有效长度的一个量，因为导线的规格决定了在动子上可绕线圈的层数及每层的匝数。如果采用小直径的导线，在磁极轴向宽度范围内可以使缠绕的线圈匝数增加，并且在可绕线圈的厚度范围内可绕层数增加，因而使用小直径的漆包线可以有效增加动子线圈的有效长度。随着导线直径的减小，最大允许电流也会减小，而驱动力还与电流大小有关，

因此还必须对导线直径进行优化。

当导线的排列方式为密排时，排列后的几何关系可得到线圈的高度 h 和布满率 d_s 分别为

$$h = \left[1 + \frac{\sqrt{3}}{2}(n-1) \right] d_n \tag{4-25}$$

$$d_s = \frac{\pi n}{4 + 2\sqrt{3}(n-1)} \tag{4-26}$$

式中，d_n 为导线（漆包线）的直径；n 为缠绕层数。

线圈的有效长度并不一定是一个定值，它与磁极和动子的相对位置有关，是一个随时间变化的量。当线圈轴向缠绕长度不足或者动子的行程过大时，磁极的一部分没有足够的线圈相对应，有效长度会因此而减小。如果在设计时，加大动子的轴向缠绕长度，便可以使活塞在整个运动过程中，在磁场的有效范围内都有足够的线圈对应，此时有效长度变为定值。这样做一方面使有效长度与活塞的运动位置无关，并且增大了驱动力，另一方面也保证了在动子运动时，减少对永磁磁路的影响。只是不可避免地会使线圈的电阻增大，并增加了损耗。

在磁路设计中还必须注意：应保证一定的铁心磁通面积，使铁心内的磁感应强度不超过其饱和磁感应强度。为保险起见，可以取一定的裕量，但是为控制整体结构不至于过大，选取的裕量也不宜过大，从而能够节约材料，控制成本。

4.2.2　压缩部件

直线压缩机的压缩部件主要包括气缸、活塞。与采用曲柄连杆的传统压缩机不同，直线压缩机采用的是自由活塞机构，其动子的行程是随着工况和载荷的变化而变化的。直线压缩机减少了机构之间的摩擦损耗，却很难像传统压缩机那样精确保持极小的气缸余隙。活塞的行程过小则余隙大，会导致排气量的减少，容积效率不高；活塞的行程过大，则会发生活塞与气缸端盖的碰撞。频繁的撞缸会对压缩机构件的质量和寿命产生不利影响。

压缩部件基本结构的尺寸参数主要有：活塞直径、活塞行程、活塞与气缸长度及其配合精度间隙、进排气阀结构与尺寸等。活塞往复运动行程越大，直线电动机的气隙长度越大，同时需要的谐振弹簧长度也越大，压缩机长度也就越大，不利于压缩机的小型化，同时这些参数的确定对于直线压缩机动力学特性具有很大的影响，因此在设计过程中有必要进行优化，这里针对气体力进行分析。

假设有两个活塞行程和气缸横截面面积分别为 X_1，A_1 和 X_2，A_2，且 $X_2 = 2X_1$，当压缩机排气容积一定时，气缸的横截面面积 $A_1 = 2A_2$，在同样的设计参数条件下，根据直线压缩机气体力的描述函数计算不同活塞行程的气体力和气体压缩功曲线，图 4-8 所示为排气容积为 $8\text{cm}^3/\text{r}$ 条件下，活塞行程分别为 11.4mm 和 5.7mm 的气缸结构，在电冰箱额定制冷工况下，气体力随时间变化的曲线。从图 4-8 中可以看出，在同样的排气容积下，气缸横截面面积越大，活塞运动的行程越小，作用在电动机上的气体力荷载幅值越大。

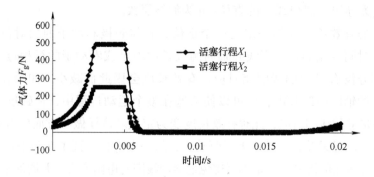

图 4-8　气体力随时间变化的曲线

当采用傅里叶级数对气体力进行线性简化时，可以得到不同活塞行程条件下的气体等效刚度和等效阻尼系数。图 4-9 所示为额定制冷工况下，$8\text{cm}^3/\text{r}$ 排气容积的气缸，气体等效刚度与等效阻尼系数随活塞行程变化的曲线，可以看出气体等效刚度与等效阻尼系数均与活塞行程成反比，活塞行程越大，气体等效刚度越小，等效阻尼系数也越小。

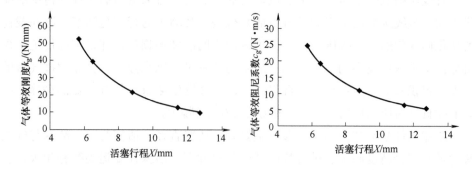

图 4-9　不同活塞行程的气体等效刚度与等效阻尼系数曲线

压缩行程的长度与直径的优选，还需要通过压缩效率进行分析，该部分参见第 2 章。

4.2.3　气阀

压缩机气阀的主要作用是控制压缩过程中气体的进出,一般分为进气阀和排气阀。由于气阀通常处于高温、高频冲击状态,且可能存在介质腐蚀,其可靠性与工作寿命是影响压缩机性能的重要因素。为实现高效可靠的工作性能,气阀的设计需要确定合理的几何形状、尺寸、升程和预压力等,以保证气阀运动规律良好,并要在有限的空间内获得最大的有效流通面积以减小阻力损失,同时材料应具有高强度、高韧性、耐磨、耐蚀等性能以满足相对比较恶劣的工作环境,还要求满足结构简单、噪声低、制造方便、成本低、易于维修等应用需求。

按照启闭元件形状,气阀通常分为环状阀、气垫阀、网状阀、碟状阀、菌状阀、舌簧阀等。环状阀有结构简单、成本低、加工方便等优点,但由于阀片是简单的环形,在工作过程中易发生转动,故各环的运动规律常常不一致。气垫阀在升程限制器上增加了气垫腔,且阀片比一般环状阀阀片厚,有环形槽导向,气垫的阻尼作用使阀片撞击升程限制器的速度很小,提高了气阀的可靠性且降低了噪声。但气垫阀也存在不少缺点,如阀片容易导致延迟开闭、气垫腔容易堵塞、经济性较差、升程限制器气流通道小、加工相对困难、成本较高等。网状阀采用无摩擦阀片及缓冲片,工作过程不需要导向,而且不存在摩擦,有较高的可靠性,阀片会组合成一个整体,有比较一致的运动规律。与相同直径的其他气阀相比,网状阀的有效通流面积更大,是大、中型压缩机气阀的主要阀型。碟状阀采用球形或者平底锥形碟片在弹簧的预压作用下工作,阀座与碟片通过圆弧面来保证密封,同时降低流阻。碟状阀一般适用于小型高压压缩机,也可以制成阀组以满足大流量的要求。菌状阀的启闭元件形状与菌类相似,菌杆部分设置预压螺旋弹簧,由于菌状阀的升程较高,菌头形成的阀隙处气流阻力小,流量系数大,当采用非金属材料时,可避免因阀片撞击产生的火花。舌簧阀由弹簧钢片制成,根据需求可制成各种形状,既是阀片又是弹簧,故又称簧片阀,由于其结构相对简单,在小型制冷压缩机中应用比较广泛。

对于自由活塞式直线压缩机来说,活塞的运行行程是动态变化的,可能会出现冲出气缸与气阀相撞的现象。当需要配置吸、排气阀来控制压缩气体流向时,为保证压缩机的可靠运行和长寿命,不仅需要通过控制系统来控制活塞行程,也需要通过合理设计气阀来降低活塞碰撞到阀端时引起的稳定性与可靠性的影响。典型直线压缩机气阀如图 4-10 所示,舌簧式吸气阀安装在活塞顶部,从中空的活塞内腔吸气,排气阀采用菌状阀安装在气缸端头,并利用锥形弹簧以使阀门快速开启，且降低了活塞撞击的损害，排气流通面积大，流动损失小，同时配合直线压缩机的行程调节可以有更高的余隙效率。

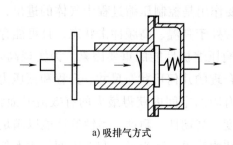

a) 吸排气方式

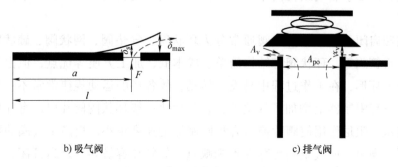

b) 吸气阀 c) 排气阀

图 4-10 典型的直线压缩机气阀

舌簧阀可以简化为一自由度弹簧-质量块-阻尼模型，盘状阀模型为一维弹簧-质量块模型，二者的运动方程可表示为

$$m_e \frac{\mathrm{d}x_v^2}{\mathrm{d}t^2} = 0.5C_D \rho_v A_v v_{gas}^2 A_v - k_v x_v + (p_U - p_D)A_v \tag{4-27}$$

$$= 0.5C_D \rho_v A_v v_{gas}^2 A_v - k_v x_v - \rho_v \left(v_{gas} - \frac{\mathrm{d}x_v}{\mathrm{d}t}\right)^2 A_{po}$$

式中，x_v 为阀片的位移（m）；m_e 为等效质量（kg）；C_D 为阻力系数；ρ_v 为阀片密度（kg/m^3）；k_v 为等效弹簧刚度（N/m）；v_{gas} 为制冷剂气体流速（m/s）；p_U 和 p_D 分别表示阀片上、下的气体压力（Pa）；A_v 为阀片升程的流通面积（m^2）；A_{po} 为进、排气通道流通面积（m^2）。其中，

等效刚度为

$$k_v = \frac{F}{\delta_s} = \frac{3EI_m}{a^3} \tag{4-28}$$

固有频率为

$$\omega_n = \frac{1.875^2}{2\pi l^2} \left(\frac{EI_m}{m_L}\right)^{0.5} \tag{4-29}$$

116

等效质量为

$$m_{\mathrm{e,reed}} = \frac{k_{\mathrm{s}}}{\omega_{\mathrm{n}}^{2}} \qquad (4\text{-}30)$$

对于排气阀，其等效质量为阀片质量与三分之一倍谐振排气弹簧质量之和：

$$m_{\mathrm{e,plate}} = m_{\mathrm{v}} + \frac{1}{3} m_{\mathrm{s}} \qquad (4\text{-}31)$$

式中，F 为施加在舌簧阀片上的力（N）；δ_{s} 为阀孔处阀片的升程（m）；E 为阀片材料的弹性模量（N/m^2）；I_{m} 为舌簧阀的惯性矩（m^4）；a 为阀片受力点与阀基的距离（m）；l 为阀片长度（m）；m_{L} 为阀片单位长度质量（kg/m）；ω_{n} 为谐振角频率（rad/s）；m_{s} 为排气弹簧质量（kg）。

4.2.4　谐振部件

谐振弹簧与直线振荡电动机的动子共同组成的谐振部件是直线压缩机的重要部件。一方面，谐振弹簧的刚度选择是压缩机整体性能的关键；另一方面，谐振弹簧的形状及规格的设计是关系到直线压缩机的工作寿命、整体尺寸及噪声的关键技术之一。

谐振弹簧可根据刚度要求、压缩行程要求和寿命要求，采用传统的机械设计方法进行设计。其中，刚度要求是谐振弹簧设计的重点。在直线压缩机的工作过程中，气缸内的压缩介质表现为一种非线性的弹性气垫作用，这种作用对整个机械振动系统的固有频率具有很大的影响。设计时应保证谐振系统的固有频率在压缩机的工作频率附近。

谐振弹簧刚度为可由式 $k_{\mathrm{s}} = m\left(\dfrac{\omega}{\lambda}\right)^{2} - k_{\mathrm{g}} = m\left(\dfrac{\omega}{\lambda}\right)^{2} - \dfrac{a_{1}(X,\ X_{0})}{X}$ 计算得到。

在设计寿命期内，要求谐振部件能够在共振状态附近一直保持良好的运行状态，而且不发生疲劳破坏，这对于弹簧的材料及结构设计提出了很高的要求。需要根据负荷类型、负荷大小、变形量、工作环境等进行设计。目前用于直线压缩机的弹簧主要有螺旋弹簧和板弹簧两种。

1. 螺旋弹簧

螺旋弹簧的优点是设计技术成熟、易于制造、价格便宜；缺点是刚度调节不方便、横向刚度小。在设计中，单个弹簧在大行程、高频运动中横向变形大，致使气缸摩擦力增加的问题，可以采用多个小刚度弹簧并联的方式加以解决，以增强动子运动的稳定性。

螺旋弹簧的截面形状具有多种形式，这里介绍圆形截面和和椭圆形截面两种形式的簧丝圈数的计算方法。

(1) 圆形截面弹簧　对于圆形截面钢丝的扭转问题，可用材料力学的方法求出其极惯性矩。

弹簧的旋绕比 $C = \dfrac{D_2}{d}$，其中 d 为弹簧的簧丝直径，D_2 为螺旋弹簧的中径。在簧丝材料及直径相同时，C 越小，弹簧越硬，曲率也越大，卷绕时越困难；C 越大，弹簧越软，卷制越容易，但易出现颤动，因此通常取 $C = 5 \sim 10$。

由切应力强度要求 $q_1 \dfrac{8F_{\max}}{\pi d^2} \leqslant [\tau]$，得到簧丝直径 $d \geqslant 1.6 \sqrt{\dfrac{F_{\max} C K_1}{[\tau]}}$，其中 $[\tau]$ 为许用切应力；q_1 为应力修正系数；$F_{\max}$ 为弹簧轴向最大荷载力。

刚度计算主要是计算弹簧的有效圈数 n，即

$$n = \frac{Gd^4}{8D_2^3 k_s} \tag{4-32}$$

式中，G 为弹簧材料的切变模量。

(2) 椭圆形截面弹簧　椭圆形弹簧通过适当选择材料截面的纵横比，可使椭圆形截面弹簧的钢丝表面切应力比圆形截面弹簧分布得更均匀，可以设计出更高许用应力的弹簧，在自由高度、总圈数、负荷等参数与圆形截面弹簧相等时具有更小的并紧高度，有利于减小空间体积，优化簧圈的应力分布，提高产品储能密度，减轻重量，实现轻量化。

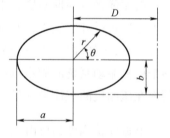

图 4-11　椭圆形截面的弹簧

椭圆形截面弹簧（见图 4-11）的钢丝在扭转时，由于截面发生翘曲，材料力学的平面假设不适用，因此需要通过弹性力学的方法才能解决。

椭圆形截面弹簧应力计算为

$$\tau_p = \sqrt{\tau_{zx} + \tau_{zy}} \tag{4-33}$$

$$\tau_{zx} = -\frac{FD_2}{\pi ab} qr\sin\theta - \frac{\mu a^2 + (1+\mu) b^2}{(1+\mu)(a^2 + 3b^2) I} Fr\sin\theta\cos\theta \tag{4-34}$$

$$\tau_{zy} = \frac{FD_2}{\pi ab} qr\cos\theta - \frac{a^2 + 2(1+\mu) b^2}{2(1+\mu)(a^2 + 3b^2) I} F\left(b^2 - r^2\sin^2\theta - \frac{(1-2\mu) b^2}{2(1+\mu) b^2 + a^2} r^2\cos^2\theta\right) \tag{4-35}$$

式中，μ 为横向变形系数（泊松比），一般取 $\mu = 0.3$。

$$q = -(q_1 + q_2)\left(\frac{a}{b} - 1\right) C^{-\frac{q_1}{q_2}}\sin^2\theta\cos^2\theta + \frac{q_1 + q_2}{2}\cos^2\theta + \frac{q_1 - q_2}{2}\cos\theta + \sin^2\theta \tag{4-36}$$

$$q_1 = \frac{4C-1}{4C-4} \tag{4-37}$$

$$q_2 = \frac{4C+1}{4C+4} \tag{4-38}$$

$$r = a\sqrt{1/\left[\cos^2\theta + \sin^2\theta/(b/a)^2\right]} \tag{4-39}$$

$$I = \frac{\pi b^3 a}{4} \tag{4-40}$$

最大应力点在弹簧圈内侧 $\theta = 0$ 处，因而：

$$\tau_{max} = \frac{K_1 F D_2}{\pi a^2 b} + \frac{a^2 + 2(1+\mu)b^2}{(1+\mu)(a^2+3b^2)} \times \frac{2F}{\pi a b^2}\left[b^2 - \frac{(1-2\mu)b^2}{2(1+\mu)b^2 + a^2}\right] \leqslant [\tau] \tag{4-41}$$

将椭圆形截面弹簧的极惯性矩 $I_p = \frac{\pi b^3 a^3}{a^2 + b^2}$ 代入弹簧刚度计算公式得到椭圆形

截面弹簧的刚度 $k_s = \frac{4Ga^3 b^3}{D_2^3(a^2+b^2)n}$，转化后得到椭圆形截面弹簧有效圈数：

$$n = \frac{4Ga^3 b^3}{D_2^3(a^2+b^2)k_s} \tag{4-42}$$

2. 板弹簧

板弹簧由薄金属片加工而成，其主要性能指标包括疲劳强度、轴向刚度、径向刚度和自然频率等。通过增减弹簧片数来调节弹簧的轴向刚度，从而满足谐振要求。板弹簧的径向刚度为动子提供支撑，可以保证活塞在小的间隙内实现与气缸的无接触运动，当运动质量增加时，板弹簧仍能保持活塞和气缸之间精确的同轴度。板弹簧通常采用疲劳极限较高的材料，如冷轧 304 不锈钢和铍铜合金等。

由于板弹簧是在金属薄板上通过切割的型线设计来实现其弹簧特性。板弹簧型线类型如图 4-12 所示，有涡旋臂式、直线臂式等形式。通常利用有限元分析对其进行力学性能分析。通过刚度分析获得具体型线设计条件下的径向刚度和轴向刚度；通过疲劳强度分析保证板弹簧在工作过程中最大应力不超过材料本身的疲劳极限，以保证其使用寿命；模态分析可以得到板弹簧的自然频率，使板弹簧的自然频率值避开压缩机的谐振频率区间从而保证运行稳定。具体的有限元分析可参考相应文献，这里不再详述。

4.2.5　润滑

1. 油润滑

压缩机气缸中的润滑油除可以降低与活塞的摩擦，还可对活塞与气缸之间

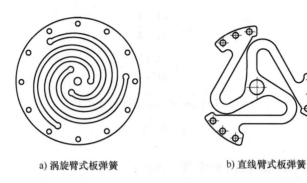

a) 涡旋臂式板弹簧   b) 直线臂式板弹簧

图 4-12 板弹簧型线类型

的空隙进行密封，从而降低气缸内的温度。传统压缩机的润滑油供油装置根据机型的不同有多种方式，如飞溅润滑装置、旋流离心泵油装置、喷油装置等。而对于直线压缩机来说，活塞的往复运动是直线电动机驱动的，没有旋转运动作为油泵动力，传统的供油方式已不再适用，需要利用直线压缩机现有的机械运动方式来实现供油。现有的直线压缩机供油的方式主要为利用压缩机活塞的往复运动来提供能量和利用压缩机机体本身的振动来提供能量两种。

图 4-13 所示为一种利用活塞运动的主动驱动供油方式，在吸油腔里设置了往复运动的活塞，活塞杆与压缩机运动部件连接，称为油活塞。图 4-13a 所示为吸油过程，油活塞向左侧运动时，吸油阀打开，供油阀关闭，润滑油从吸油孔吸入；图 4-13b 所示为供油过程，油活塞向右侧运动时，供油阀打开，吸油阀关闭，润滑油从供油孔供至压缩机气缸内摩擦面。这种结构能够保证在工作中润滑油平稳地供给压缩机。在压缩机暂停工作后一部分润滑油保留在机架中，可在压缩机重新工作时起到润滑作用，防止了在压缩机重新工作初期可能发生的零件之间的磨损和摩擦损耗，提高了直线压缩机的可靠性。

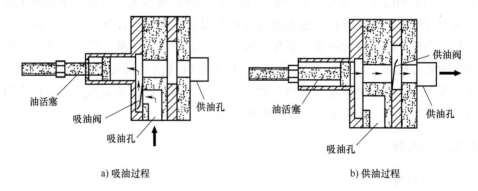

a) 吸油过程   b) 供油过程

图 4-13 供油方式示意图

图 4-14 所示为一种由压缩机机体的振动来提供能量的供油系统示意图。在
这种结构中，圆柱形腔体内装有柱塞形
油活塞，油活塞两侧分别由弹簧限位，
当压缩机工作时，活塞的振动会导致压
缩机机体在水平方向上做轻微的振动，
泵液压缸与压缩机机体一起做往复运
动，利用柱塞泵的原理，使缸内的油活
塞与液压缸产生相对运动，引起吸油空
间和排油空间压力的变化，从而使润滑
油就随着液压缸的往复运动被惯性地吸
入和排出。但是，由于油活塞在柱状油
腔里运动，油活塞和油腔内壁之间必然

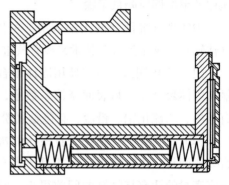

图 4-14 由压缩机机体振动来提供
能量的供油系统示意图

会存在一定的间隙，间隙的存在对供油装置的泵油能力会产生一定的不利影响，
在尽量减小间隙的同时需要对油腔内壁和油活塞外表面进行精加工，以达到一
定的光洁度来保证油活塞能够很好地随着机身振动而做往复运动。

比较两种能量提供方式，利用压缩机活塞的振动来提供的能量实际上来源
于电动机，其优点是活塞行程大，利于控制，供油量充足，不足之处是会增加
电动机的负荷，从而增加压缩机的能耗。而利用压缩机机体本身的振动来提供
能量则无此缺陷，但此种结构供油量少，且必须保证压缩机机体本身具有一定
幅度的振动。此外，在压缩机开机或重新起动时，相较于利用压缩机活塞提供
能量的机构，润滑油不能及时达到活塞和气缸之间，需要通过压缩机的运行控
制来保证起动初期的供油量。

2. 无油润滑

由于直线压缩机取消了曲柄连杆机构，在直线压缩机的活塞上几乎没有侧
向力的存在，很大程度上减小了活塞与气缸之间的摩擦力，使其具有无油润滑
的潜力，无油压缩机主要有以下优点：

1）压缩气体不含油，消除了含油气体对生产工艺带来的不良后果，不污染
环境。

2）低温下不会产生润滑油凝固的不良影响。

3）减小或消除了油污沉积在热交换器管壁上的可能，损失减少。

4）不需注油器、油分离器等设备，结构简化，降低了系统阻力，提高了工
作效率。

5）节省了润滑油投入，降低了成本。

6）被压缩介质不再是油气混合物，热力过程的分析对象为纯气体，在提高压缩效率的同时降低了噪声。

为实现气缸活塞的无油润滑，可以通过固体润滑、间隙密封、直线轴承、气体轴承、纳米涂层等技术来改善气缸与活塞之间的界面相互作用。

（1）固体润滑　一般使用固体聚合物材料组成自润滑活塞环与气缸表面接触，固体聚合物材料表面摩擦系数小，可以降低摩擦。应用较多的固体润滑剂有石墨、二硫化钼、铅盐、有色金属粉末、聚四氟乙烯等。

（2）间隙密封　应用于直线压缩机中的间隙密封技术一般为迷宫式密封与直线式密封。迷宫密封是利用活塞与气缸之间的小间隙的流阻来实现密封的。迷宫密封的活塞与气缸的间隙很小，既可以在活塞体上开有很多环形小槽，也可以在气缸壁上开槽，由于节流作用，当气体通过这些曲折的间隙时，气体压力会依次降低，这样利用小间隙的流阻来密封气体，间隙的厚度一般控制在 $20\mu m$ 以内。

气流流过迷宫密封时的原理如图 4-15 所示：当气流经过活塞与缸壁之间的间隙时，气流的流通截面变小，气体流速加快，使压力快速下降。当气流进一步从间隙流向齿间空腔时，流通面积突然扩大，气流形成旋涡且速度大幅下降，流动阻力增加从而起到减少泄漏的作用。通过设置多个齿间空隙以提高密封性能，气体从这个空隙流经下一个密封齿和轴之间的间隙，再流入下一个齿间空隙，重复上述过程，使气体流经每一个齿，最后从整个密封流出。基于该原理，学者针对间隙密封形式及间隙密封机理展开了研究，读者可以参考相关文献。

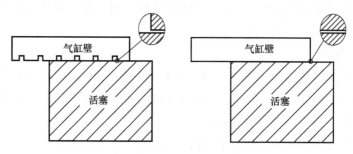

图 4-15　迷宫式间隙密封与直线式间隙密封结构示意图

（3）直线轴承　直线轴承用于直线运动的径向支撑，可以保证运动件的轴向运动的同轴度。直线轴承结构示意图如图 4-16 所示，运动轴套在轴承上，由轴承承受动子重力。运动时，轴承内的负荷滚珠循环滚动，使轴能在直线方向上做直线运动。轴承内滚珠与轴之间为滚动摩擦，摩擦系数小。

接触面材料不同，表面处理方式不同，会对接触摩擦系数产生较大影响。表 4-3 所示为部分接触面材料的静摩擦系数和动摩擦系数的比较。钢球-铝接触为滚动摩擦，动摩擦系数很小，比聚四氟乙烯制成的活塞环摩擦系数小一个数量级。因此，采用滚珠直线轴承径向支撑好，保证了轴向运动，实现了无油润滑。

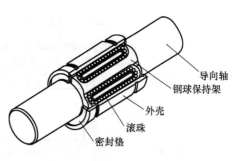

图 4-16　直线轴承结构示意图

表 4-3　部分接触面材料的静摩擦系数和动摩擦系数的比较

接触面材料	静摩擦系数	动摩擦系数
铝-钢	0.02	—
聚四氟乙烯-钢	0.1	0.05
钢球-铝	—	0.001

（4）气体轴承　气体轴承技术利用结构压差，使轴与轴承间形成气膜，起气体润滑支撑的作用。气体轴承具有摩擦小、无污染、寿命长、振动小，且具有耐高、低温及原子辐射等诸多优点。气体轴承分为动压轴承和静压轴承，在直线压缩机中，活塞只做直线往复运动，不产生旋转，故通常采用静压轴承。静压气体轴承的应用可以很好地消除电动机磁侧向力、动子重力及振动带来的径向力，可保证活塞与气缸间无磨损。

直线压缩机气体轴承设置在活塞与气缸处，贮气腔可以设置在活塞中，如图 4-17 所示，也可以设置在气缸壁，如图 4-18 所示。

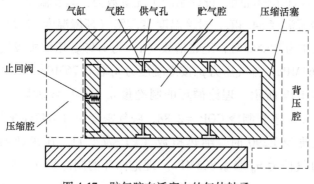

图 4-17　贮气腔在活塞中的气体轴承

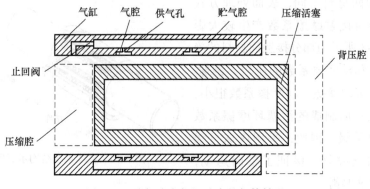

图 4-18 贮气腔在气缸壁内的气体轴承

（5）纳米涂层 纳米涂层一般用于表面修饰、包覆、改性或增添新的特性。纳米涂层可以有效降低材料表面的摩擦系数，在材料表面形成润滑涂层。将不同的纳米材料加入涂层，可获得不同用途的复合纳米涂层。在活塞压缩机活塞壁和缸壁添加纳米氟碳涂层，可以有效改善接触面的摩擦系数，保证压缩机的运行寿命。纳米氟碳表面涂层材料是指以氟树脂为主要成膜物质的涂料，由于引入的氟元素电负性大，碳氟键能强，不仅具有特别优越的各项性能，如耐候性、耐热性、耐低温性、不黏性和低摩擦性，还具有既憎水又憎油的性能。

4.3 设计示例

4.3.1 R600a 和 R290 直线压缩机

本节以 R600a 和 R290 为制冷工质，根据冰箱、冷柜压缩机的工作要求进行直线压缩机的设计示例说明，设计制冷工况参数为：蒸发温度−23.3℃，吸气温度 32.3℃，冷凝温度 54.4℃，过冷温度 32.2℃（环境温度 32.2℃）。

当制冷工质为 R600a 时，绝热指数（κ）为 1.07，压缩机吸气压力 p_s 按蒸发压力 p_e 取 0.063MPa，排气压力 p_d 按冷凝压力 p_c 取 0.76MPa。R600a 工质标准工况压焓图如图 4-19 所示。理论循环的制冷量 q_e = 334.83kJ/kg，压缩机指示功 P_c = 116.22W/kg，理想制冷 COP_i = 2.88，吸气密度 ρ = 1.443kg/m³。

当制冷工质为 R290 时，绝热指数（κ）为 1.11，压缩机吸气压力 p_s 取 0.217MPa，排气压力 p_d 取 1.883MPa。理论循环的制冷量 q_e = 356.87kJ/kg，压缩机指示功 P_c = 130.88W/kg，理想制冷 COP_i = 2.73，吸气密度 = 3.892kg/m³。

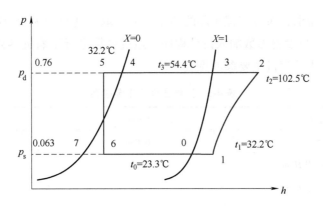

图 4-19　R600a 工质标准工况压焓图

气缸的工作容积可表示为

$$V_{\mathrm{h}} = \dfrac{1000Q_0}{\dfrac{h_1 - h_6}{v_1} \lambda_{\mathrm{v}} f} \qquad (4\text{-}43)$$

式中，V_{h} 为压缩机工作容积（cm^3）；Q_0 为制冷量（W）；h_1 为蒸发后的焓值（kJ/kg）；h_6 为节流后的焓值（kJ/kg）；v_1 为吸入气体比体积（m^3/kg）；f 为工作频率（Hz）。

取压缩机容积系数 λ_{v} 为 0.935，各点参数如图 4-19 所示，为方便与家用电源频率匹配，压缩机设计频率通常为 $50 \sim 70\mathrm{Hz}$，这里按 $70\mathrm{Hz}$ 计算，设计制冷量取 220W，则根据式（4-43）计算求得气缸工作容积 $V_{\mathrm{h}} = 9.40\mathrm{cm}^3$。

要合理选择活塞直径与行程，需综合考虑各种因素。本书参考旋转往复式压缩机工程实际生产中采取的尺寸进行选择，见表 4-4。

表 4-4　实际生产中部分活塞尺寸表

活塞行程/mm	活塞直径/mm	气缸工作容积/cm³
15.8	22.0	6.0
16.5	25.4	8.3
13.5	29.8	9.4
13.0	32.6	10.7
12.0	36.0	12.2

可以根据 4.1 节的设计流程建立直线压缩机设计程序，计算流程及算法如图 4-20 所示，需要说明的是这里采用了绝热指数 κ，在实际应用中当可以得到多变指数 n 时，采用多变指数精度更高。

　　根据设计需求，参考工程实际的活塞尺寸，取活塞直径为 36.0mm，活塞行程为 12.0mm。将设置参数输入设计程序，通过试算进行压缩机参数配置，经过反复试算，直线压缩机主要参数见表 4-5。

表 4-5　直线压缩机主要参数

制冷剂	R600a	R290
气缸直径 d/m	0.036	0.036
设计行程 H/m	0.012	0.012
设计频率 f/Hz	60	70
运动部件质量 m_1/kg	0.75	0.99
机身质量 m_2/kg	6.0	6.3
电磁力系数 K_0/(N/A)	85	85
等效电阻 R_e/Ω	6.86	6.86
等效电感 L_e/H	0.378	0.378
气体等效刚度 k_g/(N/m)	29400	87540
谐振弹簧刚度 k_s/(N/m)	58000	85700
偏移量 dx/m	0.002	0.0039
初始余隙 X_i/m	0.004	0.0021

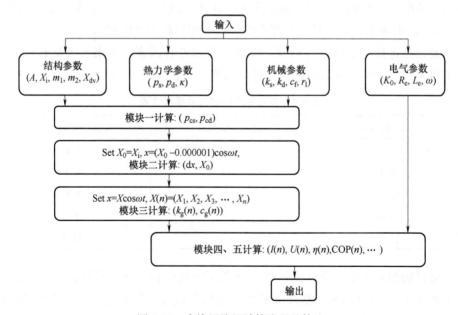

图 4-20　直线压缩机计算流程及算法

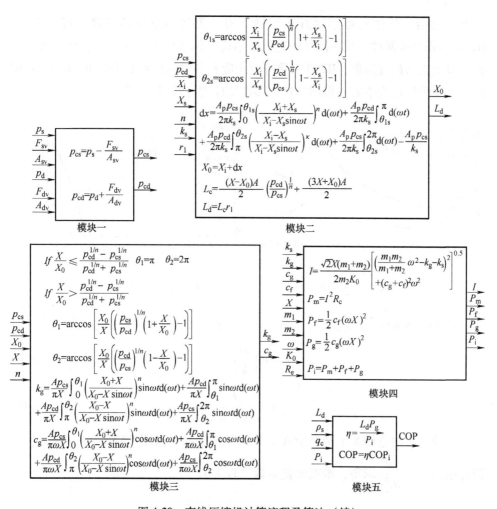

图 4-20　直线压缩机计算流程及算法（续）

在上述直线压缩机基本参数的配置基础上，针对 R290 和 R600a 这两种工质在额定工况下进行制冷性能模拟计算。图 4-21 所示为气体等效刚度与气体等效阻尼系数随活塞行程变化曲线。总行程为 12mm，气体等效刚度随着行程的增加逐步升高，R290 工质等效刚度从 40000N/m 增加到 140000N/m，R600a 工质等效刚度从 10000N/m 增加到 49000N/m。当压缩机气缸内的压力大于排气压力时排气阀打开，压缩机开始泵气，R290 工质开始泵气的行程为 9.24mm；R600a 开始泵气的行程为 10.18mm，泵气前气体等效阻尼系数均为 0N·s/m。泵气后，随着行程继续增加，气体等效刚度开始下降，气体等效阻尼系数逐步增加，直到活塞到达上止点位置，R290 工质等效刚度下降到 78000N/m，等效阻尼系数增加到 122N·s/m，R600a 工质等效刚度下降到 29000N/m，等效阻尼系数增加到 46N·s/m。当活塞行程冲过上止点后，气体等效刚度开始反转上升，等效阻尼反转下降。可以看出，R290 和 R600a 两种工质在同样的直线压缩机气体条件下，气体力特性有很大差距，以上止点位置为例，R290 工质等效刚度和等效阻尼系数约是 R600a 的 2.65 倍。因此设计过程中需要根据各自的参数特性进行频率参数配置。

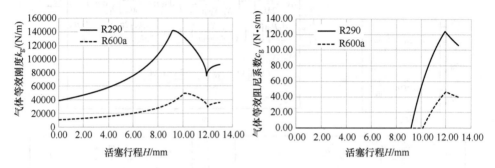

图 4-21　气体等效刚度与气体等效阻尼系数随活塞行程变化曲线

谐振弹簧刚度 k_s 根据式（4-44）可以求得：

$$k_s = m\left(\frac{\omega}{\lambda}\right)^2 - k_g \tag{4-44}$$

$$f_n = \frac{1}{2\pi}\sqrt{\frac{k_g + k_s}{m}} \tag{4-45}$$

设计中考虑选用 8 个圆柱形螺旋弹簧，弹簧材料选用 SWOSC-V，弹簧尺寸设计根据 $k_s = \dfrac{Gd^4}{8D_2^3 n}$ 求得，谐振弹簧参数见表 4-6。

表 4-6　谐振弹簧参数

制冷剂	R600a	R290
外径/mm	19.2	19.8
内径/mm	14.8	14.8
有效工作圈数 n	6.75	7.25
簧丝直径/mm	2.2	2.5
刚度/（N/mm）	7.25	10.70

图 4-22 为在表 4-6 的配置参数基础上，两种工质的供电电压变化曲线。随着活塞行程的逐步增加，供电电压 U 呈非线性上升趋势，当直线压缩机开始泵气后，电压略有上升后开始缓慢降低，R290 工质需要的电压为 614V，R600a 电

压为 210V。可以看出，R290 工质需要的电压要求太高，电压变化曲线的非线性特性会很大程度上增加活塞行程控制的难度。因此考虑在直线压缩机的供电回路中串联 15μF 的电容，图 4-22b 所示为串联电容后的计算结果，可以看出，此时直线压缩机活塞行程的电压值得到了大幅降低，R290 工质需要的电压为191V，R600a 电压为 146V，同时电压与活塞行程关系曲线的线性度也有了很大提升。

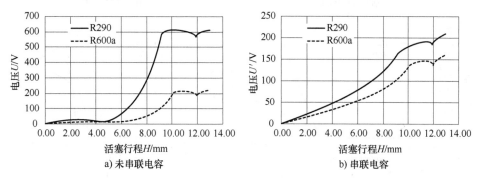

图 4-22　供电电压随活塞行程变化

　　由于两种工质气体等效刚度的差异较大，通过动子质量、弹簧刚度的分别配置，得到直线压缩机的固有频率变化曲线，如图 4-23 所示，在上止点位置，两种工质的固有频率与设计频率接近，值得注意的是在泵气的行程区间内，固有频率变化较大，控制系统需通过频率追踪来保证较高的电动机效率。图 4-23b所示为直线压缩机的电流曲线，受气体力非线性影响，电流随活塞行程变化具有显著的非线性特性，两种工质在上止点位置的电流约为 3.25A 和 1.10A。图 4-23c 和 d 为两种工质的制冷量与 COP 变化曲线，在上止点位置，R290 的制冷量约为 750W，COP 为 1.5，R600a 的制冷量约为 200W，COP 为 2.0。可以看出，在同样的气缸活塞配置条件下，由于 R290 本身的热物性，其制冷量是R600a 工质的 3.75 倍，但 COP 却比 R600a 工质小很多，造成这样的原因有两方面：一方面在同样的直线电动机条件下，R290 工质的电流更大，电动机效率相对较低；另一方面，R290 工质的活塞两侧压差更大，压缩腔向背压腔泄漏更大。因此对于 R290 工质的直线压缩机，为提高其制冷性能，不仅需要增加电磁力系数来降低运行电流，提高直线电动机的效率，还要通过气缸活塞间隙的优化设计来减少压缩气体的泄漏，以提高压缩效率。

　　直线电动机的设计主要根据电磁力系数 K_0 的设计要求进行磁路结构优化，磁路结构设计的关键点主要包括两个方面：一是为了合理地引导磁路，减少漏

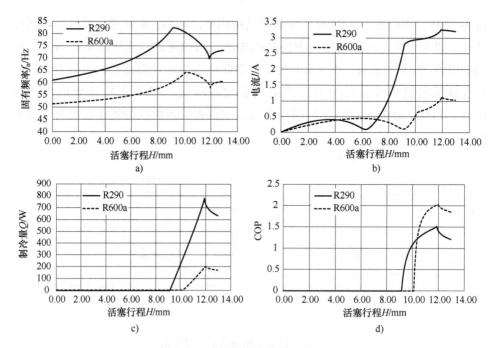

图 4-23　性能参数随活塞行程变化

磁通而需进行的结构形状设计；二是为了尽可能减少铁磁损耗而进行的尺寸设计。根据软磁铁磁材料的特性，在电动机等设备中，通常采用磁滞回线狭长的磁性材料做铁心（如电工钢片）来减少磁滞损耗，也可通过增大铁心材料的电阻率（如在钢中增添硅元素）及用硅钢片叠成铁心并在片间涂上绝缘漆，以增加涡流路径的等效长度，这两种方法都增大了涡流路径上的电阻，减少了涡流损耗。设计采用 0.5mm 厚的无取向冷轧钢板硅钢片，表面磷化处理。

当电压为正弦量，略去电阻压降和漏磁感应电动势，磁通量也为正弦量，当铁心出现饱和时，由于磁饱和的影响，磁化电流不是正弦量，而是一个尖顶波。在铁心横截面面积一定的情况下，电压越大，则 B_m 越大，磁化电流的波形越尖。要使磁化电流接近正弦波形，就需选用横截面面积较大的铁心，使铁心工作在非饱和区，但这样做会加大铁心的尺寸和质量，所以通常使铁心工作在接近于饱和区，即在磁化曲线的膝点附近。

通常可以利用数值软件进行直线电动机磁路结构优化，这里以 Ansoft 软件为例，动磁式直线振荡电动机磁路结构如图 4-24 所示。

本设计实例通过建立磁路结构的有限元 Maxwell 2D 模型，在给定励磁电流 $Ni = 1000A$ 的条件下，通过改变内外定子的形状、磁路结构尺寸，分析其对电动机性能的影响，寻找磁路结构设计的优化点。

1. 定子几何尺寸的影响分析

图 4-25a~d 分别所示为内定子宽度 $W_2 = 12\text{mm}$，气隙半长度 $l+s = 32.6\text{mm}$，不同外定子尺寸参数条件下，电磁场的磁力线（Flux Lines）分布图和磁感应强度（B）云图。不同外定子宽度时的电磁力与漏磁通见表 4-7。

从上面的结果可以看出，在相同的气隙长度下：

1）定子宽度越小，电磁力越小，漏磁通越小。

2）当 $W_1 = 12\text{mm}$ 时，硅钢片中大部分区域的磁感应强度较低，部分区域处于轻度饱和区，离线圈越远处，硅钢片中磁感应强度越低，随着定子宽度的减小，磁感应强度逐渐增大。

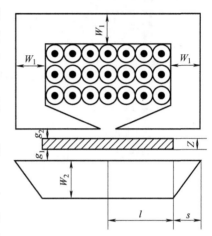

图 4-24　动磁式直线振荡
电动机磁路结构

表 4-7　不同外定子宽度时的电磁力与漏磁通

序号	外定子宽度 W_1/mm	电磁力/N	漏磁通/Wb
图 4-25a	12	149.5	2.93×10^{-5}
图 4-25b	10	147.55	2.63×10^{-5}
图 4-25c	8	145.5	2.35×10^{-5}
图 4-25d	6	142.45	2.24×10^{-5}

3）当 $W_1 = 10\text{mm}$ 和 $W_1 = 8\text{mm}$ 时，硅钢片中大部分区域的磁感应强度处于轻度饱和区，部分区域处于中度饱和区。

4）当 $W_1 = 6\text{mm}$ 时，硅钢片中大部分区域的磁感应强度处于中度饱和区，部分区域处于饱和区。

5）当 $W_1 = 10\text{mm}$ 和 $W_1 = 8\text{mm}$ 属于比较适合的定子宽度。

2. 气隙长度的影响分析

图 4-26a~c 为内定子宽度 $W_2 = 12\text{mm}$，外定子宽度 $W_1 = 6\text{mm}$，改变气隙半长度条件下，电磁场的磁力线分布图和磁感应强度云图。不同气隙长度的电磁力见表 4-8。

从上面的结果可以看出，在相同的定子宽度下：

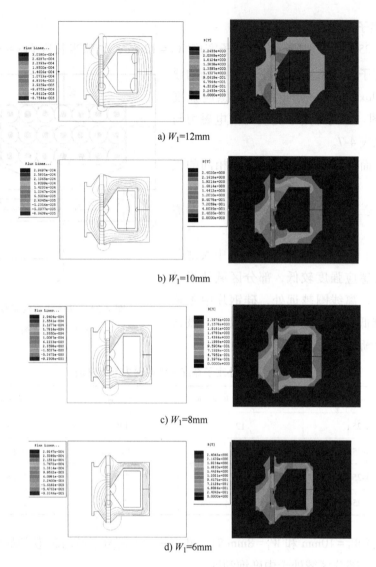

a) W_1=12mm

b) W_1=10mm

c) W_1=8mm

d) W_1=6mm

图 4-25　不同外定子宽度下的磁力线分布图与磁感应强度云图

表 4-8　不同气隙长度的电磁力

序号	气隙长度（$l+s$）/mm	电磁力/N
图 4-26a	22.0	149.83
图 4-26b	26.0	147.99
图 4-26c	28.0	145.45

1）随着气隙长度的增加，电磁力大小的变化很小。

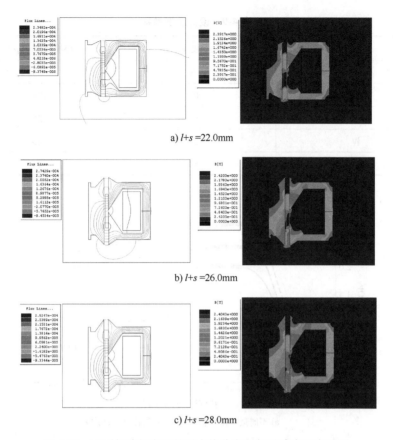

a) *l+s* =22.0mm

b) *l+s* =26.0mm

c) *l+s* =28.0mm

图 4-26　不同气隙长度下的磁力线分布图与磁感应强度云图

2）从磁力线图显示的漏磁磁力线可以看出，气隙越长，主磁通越大，漏磁通越小。

通过上述有限元数值分析，可以进行直线电动机磁路结构优化，并在此基础上，进一步针对线圈、永磁体等进行细化设计，这里不再详细介绍。

4.3.2　R744 直线压缩机

本节以 R744 为制冷工质，根据空调工况的运行特点，以表 4-9 所示设计工况参数进行压缩机设计优化。

在上述所选定的 CO_2 制冷工况中，压缩机吸气过热度为 5℃，气体冷却器两侧换热流体的换热温差为 3℃，系统高压侧运行于超临界区，不同于常规制冷剂的热力循环，此时 CO_2 制冷系统存在最优的压缩机排气压力。因此，现针对上述环境温度设计工况，计算分析系统制冷 COP 随压缩机排气压力的变化趋势，计算结果如图 4-27 所示。

表 4-9　设计工况参数

工况	蒸发温度 T_0/℃	环境温度 T_{air}/℃
Ⅰ	−5	35
Ⅱ	0	35
Ⅲ	5	35
Ⅳ	5	40
Ⅴ	5	45

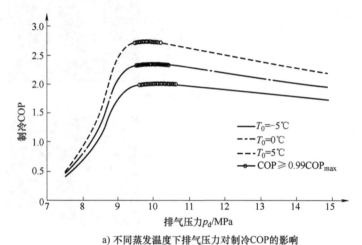

a) 不同蒸发温度下排气压力对制冷COP的影响

b) 不同环境温度下排气压力对制冷COP的影响

图 4-27　不同工况下排气压力对制冷 COP 的影响

　　从图 4-27a 可以看出，在相同蒸发温度工况下，随着排气压力的变化，系统制冷 COP 先迅速上升，当达到系统最优制冷 COP 后，随着排气压力的继续增加，系统制冷 COP 开始缓慢衰减。随着蒸发温度的降低，系统最优制冷 COP 对应的排气压力有所升高。具体为当蒸发温度从 5℃ 降低至 −5℃，系统具有最优制冷 COP 时，对应系统最优排压范围为 9.82 ~ 10.06MPa。图 4-27b 所示为不同环境温度下排气压力对制冷 COP 的影响，在相同环境温度工况下，系统制冷 COP 随排气压力均呈现先增后减的变化趋势。在一定的气体冷却器两侧流体换热温差前提下，系统最优压缩机排气压力随着环境温度的升高呈线性增加，具体为最优压缩机排气压力和气体冷却器制冷剂出口温度的线性拟合近似关系式为：$p_{d\_optm} = 0.2802T_{gout} - 0.8083$，线性拟合优度 $R^2 = 0.9993$。此外，图 4-27 也反映出了系统制冷 COP 在最优排气压力点附近受排气压力的变化趋势缓慢，综合考虑压缩机运行的效率和可靠性，进行结构设计时采用 99% 系统最佳制冷 COP 时对应的压缩机排气压力，因而，对于上述环境工况进行结构设计时确定的设计压缩机排压为工况 I：$p_d = 9.65$MPa；工况 II：$p_d = 9.55$MPa；工况 III：$p_d = 9.50$MPa；工况 IV：$p_d = 10.75$MPa；工况 V：$p_d = 12.05$MPa。

选择典型工况 III 作为后续 CO_2 动磁式直线压缩机结构参数设计的额定工况，设定动磁式 CO_2 直线压缩机额定工作容积为 $4.5cm^3/r$，压缩机额定频率为 50Hz。在进行结构参数设计时，需要综合考虑系统的运行压力、设计尺寸和材料特性的合理性及各零部件装配的可行性等因素，进而确定 CO_2 动磁式直线压缩机结构参数设计时相关的约束条件。具体为，考虑选定的工况 III 下，CO_2 系统跨临界热力循环具有如下特点：CO_2 热泵系统蒸发端处于亚临界区，放热端处于超临界区，形成了跨临界循环。CO_2 运行工况具有小压比（2.7 ~ 3 倍）和大压差的特点，活塞两侧存在较大的运行压差，在进行结构参数设计时需要考虑系统压差对活塞位移中心偏移量的影响，在进行谐振弹簧元件的刚度设计时需要采用较大刚度系数的结构及材料，同时结合压缩机整机结构尺寸和零部件安装的可行性，谐振弹簧刚度也存在约束的上限值。另外，在一定工作容积的设计条件下，活塞直径的确定对压缩机性能也有很大的影响，较大的活塞直径使作用在活塞端面的瞬时气体力较大，而较小的活塞直径将导致动子部件的运动行程过大，会增加活塞和气缸之间的机械摩擦损失，因此需要对活塞直径进行优化设计。

优化设计的主要流程为：①设定设计工况；②结构参数初选，包括初始余隙、工作电流等，将活塞直径与运行频率作为自变量，通过直线压缩机的数学模型进行求解，确定设计条件下的谐振弹簧刚度、动子质量和电磁力系数，再根据电磁力系数进行直线电动机结构参数设计，并与相关约束条件进行对比判别，从而获得典型工况下直线压缩机结构参数的可行区间。结构参数设计流程如图 4-28 所示。

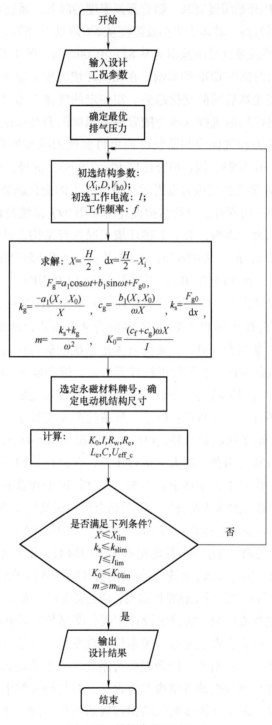

图 4-28　结构参数设计流程

图 4-29 所示为以表 4-9 中的工况Ⅲ为例的计算结果示意图，通过改变活塞直径与设计频率，获得相应的参数计算结果，结合实际应用所需确定的直线电动机结构尺寸、效率及可用永磁材料的特性等约束因素进行对比，获得该工况下活塞直径与运行频率的可行性区域。这里设定活塞运动振幅 $X \leqslant 10\text{mm}$；电磁力系数 $K_0 \leqslant 100\text{NA}$；谐振弹簧刚度 $k_s \leqslant 100\text{kN/m}$；运动部件动子质量 $m \geqslant 0.5\text{kg}$，因而得到了四条临界线，而满足这项约束条件的可行性区域为图 4-29 中的灰色区域。

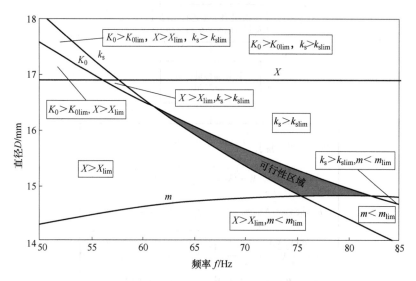

图 4-29　结构参数可行性区域

进一步，针对灰色区域初步选择三种结构方案进行压缩机性能分析对比，初选的三种结构参数方案见表 4-10。

表 4-10　初选的三种结构参数方案

方案	设计频率 f/Hz	活塞直径 D/mm	谐振弹簧刚度 k_s/(kN/m)	动子质量 m/kg	初始余隙 X_i/mm	电磁力系数 K_0/(NA)
1	65.00	16.00	97.78	0.81	5.00	92.23
2	70.00	15.50	94.15	0.67	5.00	92.23
3	75.00	15.00	88.91	0.55	5.00	92.23

不同工况下的系统性能流程如图 4-30 所示，主要包括①由前述所确定的五种不同工况对应的较优排气压力；②根据压缩气体负载和谐振弹簧刚度预估活塞运动中心偏移量；③根据已知的结构参数和部分电磁学参数，对相关动力学参数、吸气及泄漏质量等进行计算；④基于运行频率跟踪策略，通过直线压缩

机矢量模型计算工作电参数的频率，从而获得工作电流和工作电压等；⑤计算表征系统性能的制冷量、制冷 COP、电动机效率和压缩机效率等。

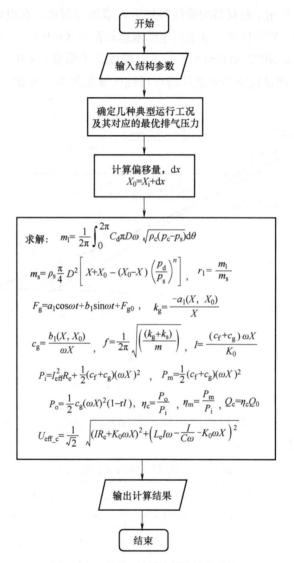

图 4-30　不同工况下的系统性能流程

　　图 4-31 所示为在不同工况下的活塞偏移量和振幅。环境温度为 35℃工况下，蒸发温度与蒸发压力的降低，使作用于活塞两侧的气体力差值增大，表现为所选定的三种结构方案的压缩机的偏移量均有所增加，因而会增加实际运行中活塞运动到上止点的振幅，当蒸发温度从 5℃降低至-5℃时，活塞振幅变化在 4%之内。而当蒸发温度为 5℃时，环境温度升高，则排气压力迅速上升，活塞

偏移量增大使活塞振幅变化范围在 14.4%~14.7%。活塞振幅的增加与工况变化所带来的制冷/制热量需求一致。

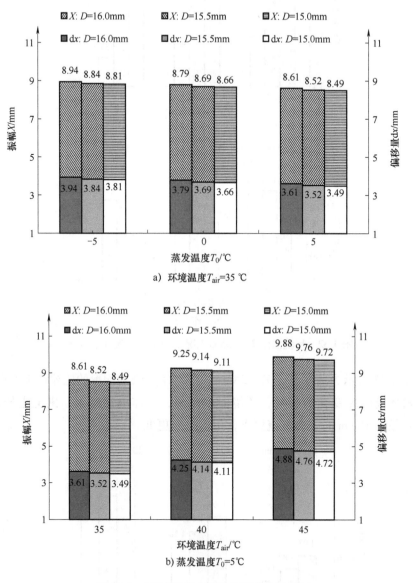

图 4-31　不同工况下的活塞偏移量和振幅

图 4-32 所示为当环境温度 T_{air} = 35℃时，不同结构参数在变蒸发温度和变环境温度工况下所需的工作电流和电压。可以看出，蒸发温度越低工作电流越大，供电电压越高，活塞直径为 16mm 时工作电流更大，工作电压更低。

139

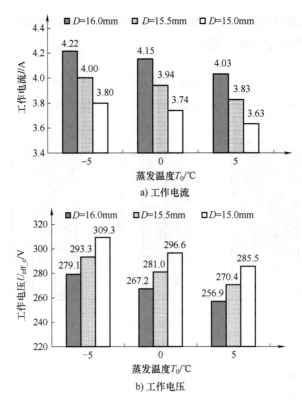

a) 工作电流

b) 工作电压

图 4-32　环境温度 $T_{air}=35℃$ 工况下的工作电流和电压参数

图 4-33 所示为蒸发温度 $T_0=5℃$ 时，三种不同结构配置的压缩机工作电流与电压随环境温度变化的影响，环境温度越高，工作电流越大，供电电压越高。活塞直径为 16mm 时工作电流更大，工作电压更低。

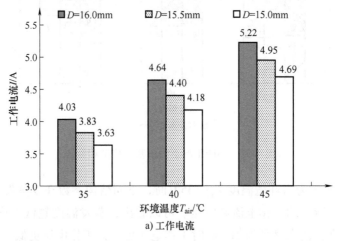

a) 工作电流

图 4-33　蒸发温度 $T_0=5℃$ 工况下的工作电流和工作电压

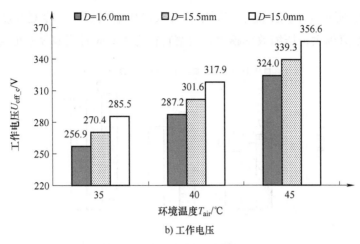

b) 工作电压

图 4-33　蒸发温度 $T_0 = 5$℃工况下的工作电流和工作电压（续）

图 4-34 所示为三种结构参数配置在不同工况下的最佳运行频率，冷凝温度与蒸发温度之间的差越大，频率越高，活塞直径为 16mm 时频率更低。

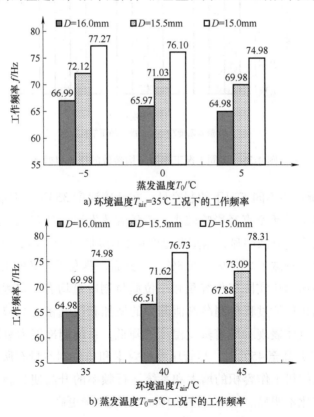

a) 环境温度 $T_{air} = 35$℃工况下的工作频率

b) 蒸发温度 $T_0 = 5$℃工况下的工作频率

图 4-34　不同工况下不同结构参数的工作频率

图 4-35 所示为不同工况下不同结构参数的压缩机效率。冷凝温度与蒸发温度之间的差值越大，压缩效率越大，活塞直径为 16mm 时压缩效率更高。

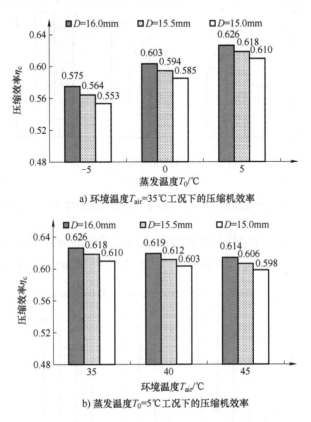

a) 环境温度 T_{air}=35℃工况下的压缩机效率

b) 蒸发温度 T_0=5℃工况下的压缩机效率

图 4-35　不同工况下不同结构参数的压缩机效率

图 4-36 所示为不同工况下的制冷量。在环境温度 35℃，相同蒸发温度条件下，系统制冷量受活塞直径影响较小，但随着蒸发温度的降低，三种结构参数对应的系统制冷量衰减明显，当蒸发温度从 5℃降低至-5℃时，三种结构参数对应的系统制冷量衰减了 24.9%~25.8%。一方面，蒸发压力降低引起的活塞两侧压差的增大使压缩机实际工作容积和单位质量制冷量均有一定程度的提升；另一方面，压缩机压缩过程中制冷剂泄漏率的增加和吸气密度的减小综合影响了系统制冷量。具体表现为随着蒸发温度的降低，系统制冷能力衰减明显。当环境温度从 35℃升高至 45℃时，尽管压缩机效率和单位制冷量有所降低，但三种结构方案的压缩机工作容积的增大和系统运行频率的升高使其制冷量在不同环境温度工况变化不明显。活塞直径为 16mm 时制冷量更高。

图 4-37 所示为不同工况下不同结构参数的制冷 COP。可以看出，由于蒸发温

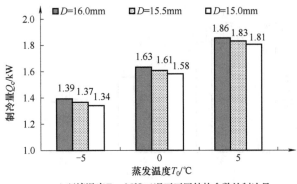

a) 环境温度T_{air}=35℃工况下不同结构参数的制冷量

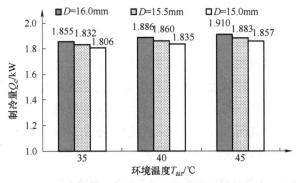

b) 蒸发温度T_0=5℃工况下不同结构参数的制冷量

图 4-36 不同工况下的制冷量

度降低使压缩机吸气密度降低、系统制冷量衰减，系统运行压比的增大导致了压缩机功耗增加，进而导致随着蒸发温度从 5℃降低至-5℃，以及环境温度从 35℃升高至 45℃时，系统制冷 COP 明显降低。活塞直径为 16mm 时制冷 COP 更高。

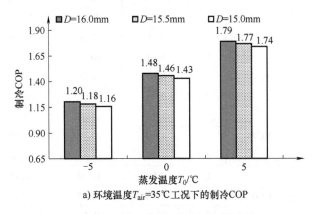

a) 环境温度T_{air}=35℃工况下的制冷COP

图 4-37 不同工况下不同结构参数的制冷 COP

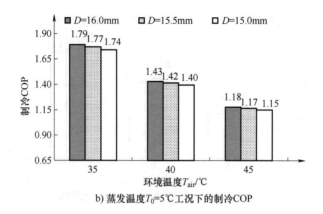

b) 蒸发温度T_0=5℃工况下的制冷COP

图 4-37　不同工况下不同结构参数的制冷 COP（续）

　　分析这三种结构方案的直线压缩机在不同环境工况下各部分不可逆损失的占比见表 4-11。可以看出，影响压缩机效率的最主要因素为泄漏损失，机械摩擦耗功影响程度最小，具体表现为随着泄漏损失占比的增大，压缩效率随之降低，两者呈现出较高的负相关性。同时蒸发温度的降低引起系统吸气比容的上升，进而影响了压缩机循环内的有效吸气量，使变蒸发温度工况时系统制冷剂泄漏占比普遍高于变排气压力工况。

表 4-11　直线压缩机在不同环境工况下各部分不可逆损失的占比

工况	蒸发压力 p_s/MPa	排气压力 p_d/MPa	方案	摩擦耗功占比（%）	电动机热损占比（%）	泄漏损失占比（%）	有效功占比（%）
I	3.0	9.65	1	7.79	10.53	24.21	57.47
			2	8.84	9.46	25.28	56.42
			3	10.05	8.46	26.15	55.34
II	3.5	9.55	1	7.66	10.69	21.31	60.34
			2	8.69	9.60	22.26	59.45
			3	9.79	8.59	23.03	58.59
III	4.0	9.50	1	7.61	10.75	19.02	62.62
			2	8.65	9.65	19.86	61.84
			3	9.85	8.63	20.55	60.97
IV	4.0	10.75	1	7.18	11.21	19.68	61.93
			2	8.19	10.06	20.59	61.16
			3	9.32	9.00	21.34	60.34
V	4.0	12.05	1	6.90	11.52	20.18	61.40
			2	7.86	10.35	21.15	60.64
			3	8.96	9.26	21.94	59.84

　　通过上述的动磁式 CO_2 直线压缩机的结构参数对压缩性能的影响分析，可以看出，由于 CO_2 系统运行压力高，CO_2 动磁式直线压缩机需要较大的电磁驱动力，使其运行的电学参数具有大电流和高电压的特点；CO_2 动磁式直线压缩机效率为 0.55~0.63，较优的活塞直径范围为 15~16mm。综合考虑系统制冷能力和系统制冷能效，活塞直径为 16mm、谐振弹簧刚度为 97.78kN/m、动子质量为 0.81kg 和初始余隙为 5mm 是设计工况条件下的 CO_2 动磁式直线压缩机结构参数的优选方案。

第 **5** 章

直线压缩机制冷性能

在制冷学科中，通常根据制冷系统的工作温区分为普冷温区和低温温区，通常以 120K 为分界线，120K 以上为普冷温区，120K 以下为低温温区，直线压缩机在普冷温区和低温温区都有巨大的应用前景，本章主要以普冷温区常用的蒸气压缩式循环为例，阐述直线压缩机在普冷温区的制冷性能，并简要介绍低温温区的制冷情况。

5.1 普冷温区制冷

5.1.1 蒸气压缩式循环

作为往复式压缩机的一种，直线压缩机普冷温区的应用主要在蒸气压缩式制冷循环。图 5-1 所示为蒸气压缩式制冷循环的基本流程，主要包括压缩机、冷凝器、节流阀和蒸发器四大部件。其工作过程如下：在蒸发器内，低压制冷剂在小于被冷却目标温度下吸热蒸发，产生的低压过热制冷剂被压缩机吸入并压缩至冷凝压力，在冷凝器内冷凝成液体，制冷剂冷凝时释放的热量由冷却介质吸收，冷凝压力对应的冷凝温度高于冷却介质温度，冷凝后的液体经节流装置降压后变为低压两相混合物进入蒸发器，进行下一个循环，由此实现连续制冷。

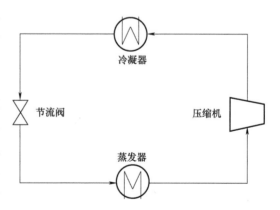

图 5-1　蒸气压缩式制冷循环的基本流程

在整个制冷循环中，制冷压缩机起着压缩和输送制冷剂蒸气的作用，是制冷系统的"心脏"，它与节流阀一起把整个系统分为高压端和低压端；冷凝器为制冷系统的散热装置，制冷剂在蒸发器内沸腾吸收的热量，以及蒸气被压缩吸收的能量在冷凝器内完成对外界的散热，冷凝成高压液体；节流阀对制冷剂节流降压并控制进入蒸发器的制冷剂流量；蒸发器是系统的冷量输出端，制冷剂在蒸发器内吸收被冷却物体的热量，达到制取冷量的目的。根据热力学第二定律，压缩机所消耗的功对系统起到了补偿作用，使系统不断从低温物体吸热，并向高温物体放热，从而完成整个制冷循环。

1. 制冷循环在压焓图上的表示

在制冷循环的分析和设计计算过程中，通常借助压焓图。图 5-2 所示为单级蒸气压缩式制冷循环压焓图。图中实线表示理想的制冷循环，循环过程中不考虑压降及过冷过热度，即冷凝器出口为饱和液体，无过冷，蒸发器出口制冷剂蒸气为饱和蒸气，无过热。制冷剂在流动过程中无压力损失，制冷剂与外界环境的热量交换仅发生在蒸发器和冷凝器中；制冷剂的冷凝温度等于外部热源的温度，蒸发温度等于被冷却物体的温度。

点 1 表示进入压缩机的制冷剂状态，它为对应于蒸发温度 t_0 的饱和蒸气，压力为 p_0；点 2 表示压缩机出口的制冷剂状态，也是冷凝器入口的状态，压力为冷凝温度 t_k 下的饱和压力 p_k，由于压缩过程 1-2 为等熵过程，因此该状态点可以通过 1 点的熵值 s_1 和冷凝压力 p_k 确定；点 3 表示冷凝器出口的制冷剂状态，也是节流阀进口的状态，它是冷凝压力 p_k 下的饱和液体，过程 2-3 表示制冷剂在冷凝器内的冷却及冷凝过程，该过程为等压放热过程，过热蒸气首先冷却为饱和气，然后在等温等压下释放潜热，冷凝为饱和液体。点 4 表示制冷剂出节流阀的状态过程，过程 3-4 表示节流过程，该过程中，制冷剂压力由冷凝压力 p_k 降到蒸发压力 p_0，温度由 t_k 降至 t_0，并进入两相区。由于节流前后焓值不变，因此 4 点的状态可由 3 点的焓值与蒸发压力 p_0 确定。由于节流过程为不可逆过程，因此在压焓图上用虚线表示。过程 4-1 为制冷剂在蒸发器内的汽化过程。由于该过程在等温等压下进行，干度较小的制冷剂吸取被冷却物体的热量而不断蒸发，制冷剂干度逐渐增大，直至全部变为饱和蒸气，至此，制冷剂状态又回到压缩机入口状态点 1，从而完成一个完整的理论制冷循环。

2. 实际制冷循环

图 5-2 中双点画线表示实际过程的制冷循环，在实际系统中，由于制冷剂在管道和设备中的流动阻力及热交换，制冷剂在各部件进出口的状态变化不可避免，蒸发器出口过热和冷凝器出口过冷对系统的影响并未予以考虑。实际上，压缩机

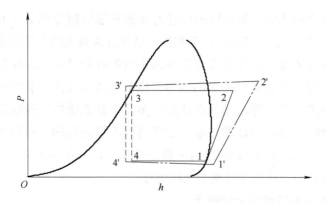

图 5-2 单级蒸气压缩式制冷循环压焓图

中的压缩过程也并非等熵过程，系统中的不凝气体等因素也会影响系统的性能。

（1）压降对系统的影响 由于换热器及管道中流动阻力的存在，在制冷剂流动方向上存在着不可避免的压力损失。吸入管道中的压降始终是有害的，该压力损失使制冷剂比容增大，压缩机压比增加，单位容积制冷量减少，压缩机容积效率降低，比压缩功增大，制冷系数减小；在压缩机排出管道中的压力损失是有害的，它增加了压缩机的压力比及比功，使容积效率降低，制冷系数下降；冷凝器到膨胀阀之间的管道压降会引起部分液体的汽化，导致制冷量的降低；膨胀阀到蒸发器之间的管道中产生压降是无关紧要的，因为对给定的蒸发温度而言，制冷剂进入蒸发器之前必须降到蒸发压力，该压降无论是发生在节流阀还是在管路中是没有什么区别的，但是，如果系统中采用液体分配器，那么，每一路的阻力应相等，否则将出现分液不均匀的现象，影响制冷效果；在假定蒸发器中换热温差不变的条件下，蒸发器内的压降会增大吸气比容和压比，导致制冷系数下降；假定出冷凝器的压力不变，为克服冷凝器中的流动阻力，必须提高进冷凝器时制冷剂的压力，这必然会导致压缩机的排气压力升高，压力比增大，压缩机耗功增大，制冷系数下降；在压缩机内部，由于制冷剂流经吸气阀、排气阀，以及排气通道内流动阻力的存在，会使压缩机消耗的功率增大。

（2）热交换对系统的影响 由于传热温差的存在，实际的冷凝温度高于冷却介质温度，蒸发温度低于被冷却介质的温度，因此，冷凝器出口的制冷剂在进入节流阀之前具有一定的过冷度，该过冷度的大小取决于冷凝系统的设计和制冷剂与冷却介质之间的温差；蒸发器出口制冷剂在进入压缩机时处于过热状态，适当的吸气过热可防止压缩机吸液，防止液击对压缩机造成损害，但过热度太大会使压缩机的排气温度过高，因此，在实际系统中一般通过蒸发器的出口过热度对膨胀阀的开度进行调节，从而控制压缩机的吸气过热度；吸气过热一部分发生于蒸发器内部或者发生于冷却室内的吸气管道上，由于过热而吸收的热量来自于冷却物体，因而该部分过热属于有效过热；另一部分过热来自于蒸发器与压缩机入口之间的管道加热，从周围环境吸收热量，但并未对冷却物体带来制冷效应，该部分属于无效过热，单位制冷量并未增加，但由于蒸气比容的增大而使单位容积制冷量减少，对于给定的压缩机而言，将会导致循环制冷量的降低。实际制冷循环的压缩过程不是等熵的，由于压缩过程存在热交换和其他不可逆的热量损失，实际压缩过程 1′-2′ 为多变过程，且压缩机压比高于理想压比。

（3）不凝气体对系统的影响　系统中的不凝性气体（如空气等）往往积存在冷凝器上部，因为它不能通过冷凝器（或贮液器）的液封。不凝气体的存在将使冷凝器内的压力增加，从而导致压缩机排气压力增大，比功增加，制冷系数下降，从而降低容积效率。

3. 蒸气压缩式制冷循环的热力计算

在对蒸气压缩式制冷系统进行热力计算时，首先对系统各部件的功和热量的变化情况进行分析，然后对循环的性能指标进行计算。

根据热力学第一定律，忽略动能和势能的变化，稳定流动的能量方程可以表示为

$$\dot{Q} + \dot{W} = \dot{m}(h_2 - h_1) \tag{5-1}$$

式中，$\dot{Q}$ 为单位时间内加给系统的热量；$\dot{W}$ 为单位时间内系统得到的功；$\dot{m}$ 为流进或流出该系统的稳定质量流量；h 为制冷剂的比焓，下标 1 和 2 分别表示流进和流出系统的状态点，当外界向系统输入热量和对系统做正功时，$\dot{Q}$ 和 $\dot{W}$ 取正值，该方程可单独适用于制冷系统的每一个设备。

（1）节流阀　制冷剂液体流经节流阀时与外界无热量和功的交换，$\dot{Q}$ 和 $\dot{W}$ 均为零，因此，节流阀中经历的过程为节流前后焓值相等的不可逆过程，表示为

$$h_3 = h_4 \tag{5-2}$$

节流阀出口处为两相混合物，其焓值如式（5-3）所示

$$h_4 = x_4 h_{g0} + (1-x_4) h_{f0} \tag{5-3}$$

式中，h_{g0} 和 h_{f0} 分别为蒸发压力 p_0 下的饱和气体焓值和饱和液体焓值；x_4 为制冷剂在状态点 4 的干度。将上式整理得

$$x_4 = \frac{h_4 - h_{f0}}{h_{g0} - h_{f0}} \tag{5-4}$$

（2）压缩机　如果忽略压缩过程压缩机与外界环境的热量交换，则由式（5-1）可得

$$\frac{\mathrm{d}W}{\mathrm{d}t} = \frac{\mathrm{d}m}{\mathrm{d}t}(h_2 - h_1) \tag{5-5}$$

式中，$(h_2 - h_1)$ 为单位制冷剂进出口的焓差，即循环的单位压缩功。

（3）蒸发器　在蒸发器内，制冷剂吸收被冷却物体热量，与外界无功交换，能量守恒表示为

$$\frac{\mathrm{d}Q_0}{\mathrm{d}t} = \frac{\mathrm{d}m}{\mathrm{d}t}(h_1 - h_4) \tag{5-6}$$

式中，$\dot{Q}_0$ 为循环制冷量（kW）。从式（5-6）可以看出，循环制冷量与制冷剂质量流量 $\dot{m}$ 和蒸发器内制冷剂进出口焓差 $(h_1 - h_4)$ 有关，$(h_1 - h_4)$ 称为单位制冷量。

（4）冷凝器　制冷剂在冷凝器内放出的热量为 $\dot{Q}_k$，则冷凝器内的能量表达式为

$$\frac{\mathrm{d}Q_k}{\mathrm{d}t} = \frac{\mathrm{d}m}{\mathrm{d}t}(h_2 - h_3) \tag{5-7}$$

式中，$(h_2 - h_3)$ 为冷凝器的单位热负荷。

单位时间制冷量与输入功的比值定义为制冷系数，用符号 ε 表示

$$\varepsilon = \frac{\mathrm{d}Q_0/\mathrm{d}t}{\mathrm{d}W/\mathrm{d}t} \tag{5-8}$$

理想循环下，制冷系数如下

$$\varepsilon_0 = \frac{h_1 - h_4}{h_2 - h_1} \tag{5-9}$$

实际循环制冷系数与理想循环制冷系数的比值称为循环效率。

5.1.2　稳态制冷性能试验研究

1. R600a 电冰箱用直线压缩机制冷性能

结合电冰箱制冷需求，针对开发的 R600a 直线压缩机开展制冷性能试验研究，压缩机主要参数见表 5-1，对其进行制冷性能测试与分析。

表 5-1　R600a 直线压缩机主要参数

参数	数值	参数	数值
活塞直径 d/mm	36.00	等效电阻 R_e/Ω	6.64
设计行程 X/mm	12.00	等效电感 L_e/H	0.307
初始余隙 X_0/mm	4.50	电磁力系数 K_0/(N/A)	75.50
动子质量 m_1/kg	0.75	弹簧刚度 k_s/(N/m)	68850.00
机身质量 m_2/kg	5.60	摩擦阻尼系数 c_s/(N·s/m)	5

参考国家标准 GB/T 9098—2021《电冰箱用全封闭型电动机-压缩机》及国家标准 GB/T 5773—2016《容积式制冷剂压缩机性能试验方法》，制冷工况参数：制冷工质为 R600a，蒸发温度-23.3℃，吸气温度 32.3℃，冷凝温度 54.4℃，过冷温度 32.2℃（环境温度 32.2℃），绝热指数（κ）1.07，压缩机吸气压力（p_s）0.063MPa，排气压力（p_d）0.77MPa。采用第二制冷剂量热器法作为压缩机制冷量测量方法。压缩机冷量测试台如图 5-3 所示。

测试时通过供电测量系统测定直线压缩机及控制电路板的输入功率，通过第二制冷剂量热器测定直线压缩机的制冷量，从而得到线性压缩的性能系数 COP。当压缩机不工作时可测得控制电路板的静态功耗。

图 5-3　压缩机冷量测试台

测试不同制冷量压缩机性能系数时，通过控制器手动功能将参考行程设定，然后通过控制器计算自动调整压缩机至最优频率运行。

（1）试验台漏热量标定　关闭量热器制冷剂进出口截止阀后进行漏热量标定。调节输入量热器的电加热量，使第二制冷剂压力所对应的饱和温度比环境温度高 15℃左右，并保持其压力不变。环境温度在 43℃以下，保持其温度波动不超过±1℃。

电加热器输入功率的波动不超过±1%，每隔 1h，测量一次第二制冷剂压力，直至连续四次相对应的饱和温度值波动不超过±0.5℃。

漏热系数：$F_l = \dfrac{\phi_h}{t_p - t_a}$，其中 ϕ_h 为输入加热器的电功率；t_p 为对应于第二制冷剂液体压力的饱和温度；t_a 为平均环境温度。

试验通过调节输入量热器的电加热量，使第二制冷剂压力所对应的饱和温度比环境温度高 15℃，当连续四次相对应的饱和温度值波动不超过±0.5℃时，测得电加热量为 8.1W，小于 5% 的压缩机制冷量，漏热系数为 0.54。

（2）试验步骤　直线压缩机制冷性能测试的主要试验步骤：

1）开启供给冷凝器的冷却水，并设定冷却水的供水温度。

2）通过调压器给量热器的电加热供电。

3）通过另一台调压器给压缩机缓慢加载供电电压，起动压缩机。

4）调节压缩机的供电电压，使压缩机的活塞行程达到设计要求。

5）通过调节制冷系统中的膨胀阀调节压缩机吸气压力；通过调节量热器的加热量调节压缩机的吸气温度；通过调节冷凝水量调节压缩机的排气压力，使压缩机运行工况达到如下要求：压缩机进口温度32.2℃，冷凝器进口温度54.4℃，膨胀阀进口温度32.2℃，量热器进口温度-23.3℃。

6）当运行工况稳定时记录压缩机的输入功率及量热器的输入功率。

7）制冷量及制冷能效比计算：

实测制冷量：$\phi_r = F_1 (t_a - t_s) + \phi_h$，其中 ϕ_h 为输入加热器的电功率；t_s 为第二制冷剂饱和温度；t_a 为平均环境温度。

制冷能效比：$COP = \dfrac{\phi_r}{P_i}$，其中 P_i 为压缩机输入功率。

（3）试验结果　测试的直线压缩机样机在额定工况下的测试结果见表5-2~表5-4。

表5-2　59Hz 额定工况测试结果

频率/Hz	电压/V	电流/A	输入功/W	制冷量/W	能效比 COP
59	180.8	0.925	137.2	275.2	2.006
59	178.6	0.921	135	263	1.948
59	176.8	0.925	134.6	262.4	1.944
59	174.8	0.929	134	262.8	1.95
59	172.7	0.933	133.6	262.7	1.957
59	170.8	0.941	133.1	262.5	1.964
59	169.9	0.463	58.5	76.93	1.492
59	168.8	0.425	48.1	67.61	1.401

表5-3　56Hz 额定工况测试结果

频率/Hz	电压/V	电流/A	输入功/W	制冷量/W	能效比 COP
56	198.4	0.903	121.3	239.8	1.977
56	200.4	0.899	123.1	245.2	1.992
56	202.4	0.903	123.5	249.2	2.018
56	204.3	0.915	123.5	240.5	1.947
56	206.3	0.918	123.9	241.6	1.95
56	208.4	0.92	124.1	244	1.966
56	214.4	0.932	126.0	245.5	1.948

表 5-4　不同频率额定工况测试结果

频率/Hz	电压/V	电流/A	输入功/W	制冷量/W	能效比 COP
51	239.5	1.192	114.1	213.1	1.841
52	238.5	1.147	117.1	221.3	1.855
53	225.1	1.043	114.7	223.5	1.904
54	212.7	0.974	116.4	229.2	1.94
55	206.6	0.934	118.6	234.6	1.955
56	198.4	0.903	121.3	239.8	1.977
57	189.2	0.888	123.7	245.5	1.978
58	179.9	0.898	127.8	254.1	1.981
59	172.8	0.92	131.4	260.4	1.967
62	159.1	1.106	153.0	291.7	1.904

（4）制冷试验分析　图 5-4 所示为在供电频率为 59Hz 条件下，直线压缩机在不同电压下测试结果。图 5-4a 所示为活塞行程幅值与制冷量随电压调节的变化曲线，可以看出，活塞行程幅值在 5.6mm 之后，制冷量随着电压的增加出现一个跳跃增加，随后，当电压继续增加时，行程出现先逐渐减小然后又增大的波动，波动范围在 6.2mm±0.1mm，制冷量基本保持在 262W 左右，变化较小。图 5-4b 所示为制冷 COP 与压缩效率随电压调节的变化曲线，可以看出，在行程较小的时候，直线压缩机的压缩效率较低，因而 COP 相应较低；当行程在上止点附近时，压缩机效率达 68%，制冷 COP 达 1.95 以上。图 5-4c 所示为压缩机各部分损耗的占比，可以看出，电动机损耗在总损耗中的占比最小，在行程较小，泵气量较少的时候，摩擦损耗在总损耗中占比比泄漏损耗大，但当行程增加时，摩擦损耗会相对降低，泄漏损耗则相对增加。在上止点附近，在直线压缩机的总损耗中，电动机损耗占比最小，17% 左右，摩擦损耗次之，35% 左右，而泄漏损耗最大，约占总损耗的 48%。

图 5-5 所示为制冷量及制冷 COP 与频率能效的关系。当频率逐渐增加时，直线压缩机的制冷量也相应增加，但制冷 COP 随频率的变化存在最佳效率区间，试验结果显示，频率在 58Hz 附近，直线压缩机的制冷 COP 最高。

通过损耗分析可知，泄漏和摩擦是直线压缩机的主要损耗，由于摩擦和泄漏是互相制约的两个因素，减小气缸与活塞间的气隙可以降低泄漏，但摩擦损耗也会相应增加，因而提高加工工艺，提高气缸活塞之间的配合精度是解决问

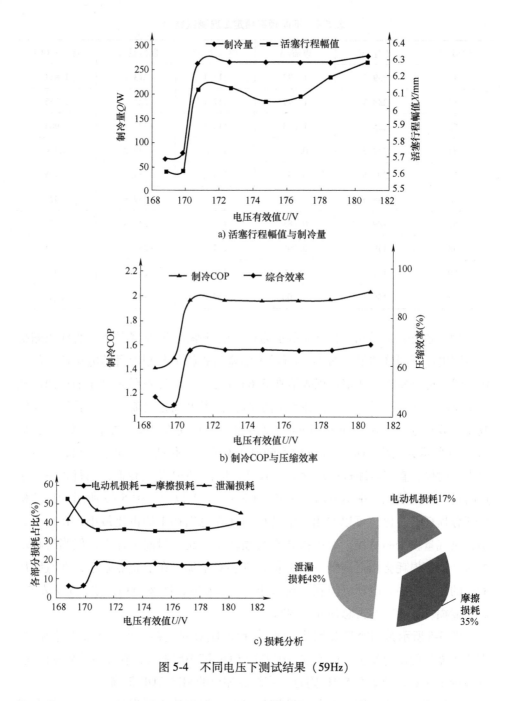

图 5-4　不同电压下测试结果（59Hz）

题的关键。在上述分析的基础上进一步对压缩机的配合间隙进行改进后进行制冷性能测试，制冷能效达 2.09，展示了直线压缩机的性能优势。

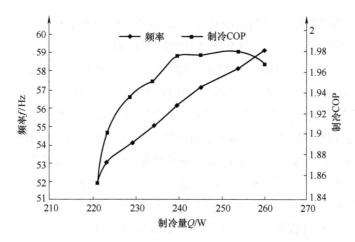

图 5-5　制冷量及制冷 COP 与频率能效的关系（59Hz）

2. R290 空调用直线压缩机制冷性能

结合空调制冷需求，针对开发的 R290 直线压缩机开展制冷性能试验研究，直线压缩机主要参数见表 5-5，对其进行制冷性能测试与分析。

表 5-5　直线压缩机主要参数

参数	数值	参数	数值
活塞直径 d/mm	36.00	等效电阻 R_e/Ω	5.00
设计行程 X/mm	12.00	等效电感 L_e/H	0.36
初始余隙 X_0/mm	4.50	电磁力系数 K_0/(N/A)	95.50
动子质量 m_1/kg	0.75	弹簧刚度 k_s/(N/m)	87600.00
机身质量 m_2/kg	5.60	固有频率 f_n/Hz	64.00

根据国家标准 GB/T 5773—2016《容积式制冷剂压缩机性能试验方法》，采用第二制冷剂量热器法对该压缩机在量热台上进行测试。工况二为该压缩机的额定设计工况，工况一和工况三为变工况性能测试条件，见表 5-6。在额定工况（工况二）下，直线压缩机在变容量运行时的性能如图 5-6 所示。

表 5-6　测试工况

工况	蒸发温度/℃	冷凝温度/℃	吸气温度/℃	阀前温度/℃
工况一	2.7	42.3	12.8	34.2
工况二	8.0	34.2	18.1	30.1
工况三	-3.4	49.4	6.7	41.4

图 5-6a 所示为压缩机的制冷量与 COP 随行程的变化曲线，由测试结果可以看出，当活塞行程增大时，制冷量提升的同时压缩功耗增大，压缩机 COP 随着行程的增大呈先增大后减小的趋势，COP 的拐点出现在压缩机上止点处，此时制冷 COP 为 4.2，制冷量为 1.4kW。在行程调节过程中始终保持频率跟踪状态，压缩机制冷量变化范围为 580~1670W，制冷量调节为满负荷条件下的 35% 左右时，COP 的衰减在 5% 以内，体现了直线压缩机良好的变容量调节性能。

图 5-6b 所示为变容量调节过程中直线压缩机各部分的主要损耗占比。摩擦损耗占比为 9%~11%，且随着行程的增大略有减小；同时行程的增大将导致电动机损耗增加，损耗占比由 6.5% 增大至 8.8%；制冷剂泄漏损耗占比范围为 4.5%~8.0%，在行程到达上止点前占比逐渐减小，越过上止点之后增加的趋势更加突出，由于当活塞端部冲出气缸后，影响了排气阀的及时关闭，使压缩机的容积效率显著下降。

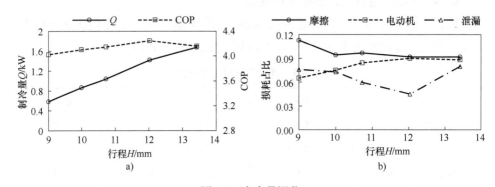

图 5-6　变容量调节

压缩过程的多变指数系数与循环效率随行程的变化如图 5-7 所示，由于采用低背压结构，壳体内部的制冷剂气体温度较低，对压缩过程有一定的冷却作用，因此使制冷剂排气温度低于绝热压缩的排气温度。随着行程的增大，多变指数系数由 0.968 增加到 0.983，单位压缩功耗有所提升，循环效率范围为 67.1%~70.9%，上止点处效率最高。

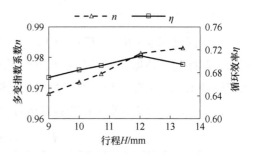

图 5-7　多变指数系数与循环效率
随行程的变化

图 5-8a 所示为三种测试工况下的性能对比。随着工况的变化，吸排气压差

逐渐增大，制冷量逐渐减小，COP 逐渐降低。该直线压缩机在工况一上止点位置制冷量和 COP 分别为 1633.4W 和 6.67，循环效率为 67.5%；在工况二上止点位置制冷量和 COP 分别为 1417.4W 和 4.24，循环效率为 70.9%；在工况三上止点位置制冷量和 COP 分别为 943.4W 和 2.63，循环效率为 69.3%。由于直线压缩机为自由活塞结构，随着吸气压力的减小和排气压力的升高，会导致活塞偏移量的增大，使压缩机运行到上止点位置时吸气量增大，对压缩机的排气量有所补偿，但吸气密度的降低将导致排气量的减少幅度更大，故会使制冷量降低。

图 5-8b~d 所示为变工况运行时，直线压缩机动力学参数随行程的变化趋势。图 5-8b 所示为气体等效刚度的变化。随着活塞行程的逐渐增大，气体力等效刚度会先减小后增大，这是由于在活塞行程到达上止点之前，随着活塞行程的逐渐增大，余隙容积逐渐减小，余隙内压缩气体的膨胀过程在总行程中的占比逐渐减少直至消失，气体力等效刚度逐渐减小，在上止点位置达到最小值。当越过上止点之后，排气行程结束，活塞往回运动时，由于活塞端部仍在气缸外，排气阀尚未关闭，活塞仍受排气腔内高压气体的直接作用，使等效刚度略有上升，在上止点处刚度变化出现极值点。工况一、工况二和工况三处于上止点位置的气体等效刚度分别为：110706.3N/m、114279.2N/m 和 123359.4N/m。

图 5-8c 所示为固有频率的变化。与气体力等效刚度呈现相同的变化趋势，在工况一至工况三条件下压缩机上止点位置的固有频率分别为：63.9Hz、64.9Hz 和 67.4Hz。

图 5-8d 所示为等效阻尼系数的变化。随着行程的增加气体力的等效阻尼系数呈先增大后减小的趋势，这是因为随着行程的增大，压缩机的排气量增大，即压缩气体所消耗的功逐渐增加，所以等效阻尼也逐步增加。当活塞进一步增加到活塞前端冲出气缸时，由于前端行程的增加并未产生有效排气，因而气体的等

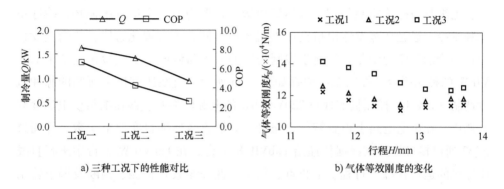

a) 三种工况下的性能对比　　　　　b) 气体等效刚度的变化

图 5-8　不同工况的制冷性能及动力学参数

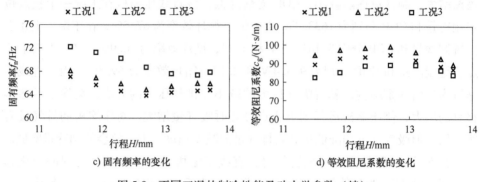

c) 固有频率的变化

d) 等效阻尼系数的变化

图 5-8　不同工况的制冷性能及动力学参数（续）

效阻尼略有减小。三种工况下上止点位置处的等效阻尼系数分别为 94.62N·s/m、99.01N·s/m 和 89.13N·s/m。

5.1.3　动态制冷性能试验研究

为探究直线压缩机在不同环境温度及不同制冷剂充注量等条件下的稳定性，建立图 5-9 所示的直线压缩机制冷系统，该系统包括两个蒸发器与毛细管，结合电磁阀，形成了两个循环系统，通过控制器对电磁阀进行控制，实现了各温室的独立温度调节，当冷藏室温度高于设定值时，冷藏室温控器断开，电磁阀失电，处于默认状态，接通冷藏室毛细管，制冷剂走向如图 5-9a 中支路 1 所示：直线压缩机→冷凝器→干燥过滤器→电磁阀→冷藏室毛细管→冷藏室蒸发器→冷冻室蒸发器，被压缩机吸回，即为一个单系统循环，冷藏室、冷冻室同时制冷。当冷藏室温度达到设定值时，冷藏室温控器闭合，对电磁阀供电，电磁阀通电后阀芯吸动，切断冷藏室毛细管的通路，转而接通冷冻室毛细管，制冷剂走向如图 5-9a 中支路 2 所示：直线压缩机→冷凝器→干燥过滤器→电磁阀→冷冻室毛细管→冷冻室蒸发器，被压缩机吸回，即为另一个单系统循环，冷冻室单独制冷，通过在蒸发器出口至压缩机入口之间布置可视化管段，监测蒸发器出口制冷剂干度的变化。为便于控制程序的写入与修改，本试验建立基于 Lab-VIEW 的控制平台，控制系统原理如图 5-9b 所示，直线压缩机由研制的脉冲宽度调制（PWM）控制板实现对 220V/50Hz 的电源转换及直线压缩机供电的变频与调压。在供电电路上设置智能电量计，读取直线压缩机实时电参数，并通过 R232 通信接口将测试数据传递给 LabVIEW 平台，在 LabVIEW 平台中进行直线压缩机的运行状态（行程、上止点、频率特性等参数）检测、判断及调节输出等控制算法的编写，将供电输出参数的控制信号通过 R232 通信接口传输给

PWM 控制板，从而实现直线压缩机的运行控制。

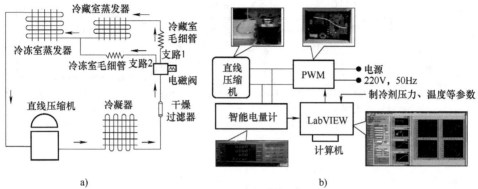

a)　　　　　　　　　　　　　　　　b)

图 5-9　直线压缩机制冷系统

试验用直线压缩机基本参数见表 5-7，试验用测试仪器规格及参数见表 5-8。

表 5-7　试验用直线压缩机基本参数

参数	数值	参数	数值
动子质量 m_1/kg	0.763	弹簧刚度 $k_s/$（N/m）	58800
机身质量 m_2/kg	6.120	电磁力系数 $K_0/$（N/A）	75.5
等效电阻 R_e/Ω	6.86	初始余隙 X_0/mm	4.2
等效电感 L_e/H	0.317	活塞直径 d/mm	36

表 5-8　试验用测试仪器规格及参数

仪器名称	参数信息
激光位移传感器	型号 LK-H080，分辨率 $0.1\mu m$，非线性度 0.02%
吸气压力变送器	量程 -0.1~1MPa，输出信号 4~20mA，精度 0.25%FS
排气压力变送器	量程 0~1MPa，输出信号 1~5V，精度 0.25%FS
温度传感器	铜-康铜 T 型热电偶，精度 ±0.1℃
数据采集设备	Agilent 数据采集仪，型号 34970A

1. 环境温度的影响

在环境温度为 35℃ 和 25℃ 两种环境工况下，以恒定供电频率缓慢增大电压至上止点运行工况，然后保持供电电压不变，在 60Hz 供电条件下直线压缩机运行参数变化如图 5-10 所示。

在不同的环境温度条件下，起动过程变化趋势相同，但压缩机的稳定状态有所差异。在起动后的 200~400s 内，即压缩机处于排气阀打开的临界状态，

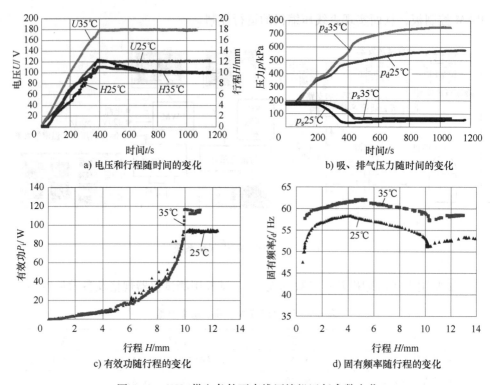

a) 电压和行程随时间的变化

b) 吸、排气压力随时间的变化

c) 有效功随行程的变化

d) 固有频率随行程的变化

图 5-10　60Hz 供电条件下直线压缩机运行参数变化

25℃条件下的活塞行程和有效功存在一定程度的波动，随着供电电压的进一步增大，行程不稳定波动现象逐渐消失，当电压增大至 120V 时，活塞行程为12mm，吸气压力基本保持稳定，排气压力继续增加，随着压差的逐步建立，压缩机行程最终稳定在 9.90mm，吸、排气压力分别为 55kPa 和 575kPa，蒸发温度为-26.2℃，冷凝温度为 42.1℃。在 35℃环境条件下，随着供电电压的增大，活塞行程稳定提升，当活塞行程大于 10mm 后，随着行程的继续增大，有效功基本保持为定值，随着压差的逐步建立，压缩机行程稳定在 9.96mm，吸、排气压力稳定值分别为 66kPa 和 749kPa，相应的蒸发和冷凝温度为-22.2℃和 53.7℃。

　　由以上结果可以看出，环境温度的变化对排气压力产生的影响较大，环境温度越高，所需要的冷凝压力越高，系统平衡时冷凝温度与环境温度之间的差值约为 18℃。两种环境条件下起动过程中所表现出的不同状态（35℃稳定，25℃不稳定）是因为在泵气点附近，压差的建立使直线压缩机偏移量增大，行程减小，而供电电压的增大使活塞行程增加，两者之间的相互作用导致活塞行程在该位置处易于产生不稳定振荡的现象。在两种环境温度下，由于起动所需要的时间均为 400s，在 35℃条件下，电压调节速率为 0.45V/s，电压增加引起的活塞位移的增加大于因压差建立引起的活塞位移的减小，使压缩机可快速平稳地越过泵气点附近的不稳定区域；而在25℃条件下，其电压调节速率较小，约为0.3V/s，在泵气点附近由于压差的建立和电压的增加对活塞行程的影响此消彼长，使活塞在该位置附近产生了一定的波动，随着电压的逐渐增大，该不稳定现象逐渐消失。

结果表明，直线压缩机在泵气点位置附近存在不稳定现象，产生该不稳定现象的主要原因是影响活塞位移的两个主要因素：电动机推力和吸、排气压差对活塞的共同作用引起的，供电电压增加引起的活塞行程增大使吸、排气压差逐渐建立，而吸、排气压差的建立又使活塞行程减小，两者的共同作用导致了泵气点附近活塞行程的不稳定。

2. 制冷剂充注量的影响

试验过程中发现，随着系统的长时间运行，制冷剂的泄漏损耗对直线压缩机的动态特性产生了一定的影响。因此，为探究制冷剂泄漏对系统稳定性的影响，在环境温度为25℃条件下，通过分步增加制冷剂充注量，分别完成40g和80g两种制冷剂充注量下的直线压缩机稳定性试验，并记录了相应的试验结果。其中80g制冷剂充注量为制冷系统正常充注状态，40g充注量模拟制冷剂损失一半时的系统状态。

图5-11a所示为两种充注量下，系统在60Hz固定频率下增加电压的起动过程中吸、排气压力随时间的变化曲线。可以看出，系统的平衡压力（起动前的吸、排气压力）随着充注量的减小而降低，即制冷剂泄漏损耗导致系统平衡压力减小，80g充注条件下平衡压力为252kPa，制冷剂泄漏损失一半时，系统平衡压力减小至148kPa。压缩机起动后，吸气压力逐步降低、排气压力逐步升高，80g充注量时，大约300s排气压力升至566kPa，吸气压力降至57kPa；40g充注量时，大约240s排气压力升至437kPa，吸气压力降至26kPa，即随着系统制冷剂的泄漏损耗，系统可快速达到平衡状态，但在平衡时的吸、排气压力均有所降低。图5-11b所示为起动过程中直线压缩机固有频率随行程的变化曲线，随着行程的增加固有频率呈先增加后降低的趋势，在泵气点处存在最大值，由于40g充注条件下的气体平衡吸、排气压力均低于正常充注量条件下的平衡压力，其固有频率低于正常充注条件下的固有频率。由图5-11c可以看出，直线压缩机的行程随电压的增加而逐渐增大，在同样行程条件下，制冷剂越少，直线压缩机所需要的供电电压越小，在40g充注量条件下，在起动初期行程显示出一定的不稳定波动，蒸发器出口制冷剂呈两相状态，且存在不稳定的脉动，图5-11d所示为在不稳定振荡条件下引起的蒸发器出口制冷剂与润滑油组成的混合物的不稳

定流动状态，随着电压的逐渐升高，不稳定现象逐渐消失，出口呈稳定流动状态。在相同的活塞行程12mm时，40g充注量所需的供电电压为96V，80g充注量供电电压为137V。

由以上结果可以得出，由于制冷剂的泄漏损耗，影响了系统的平衡状态，即吸、排气压力的降低，进而导致其固有频率降低，当起动或运行频率与其固有频率相差较大时，压缩机行程产生了不稳定振荡现象，即制冷剂发生泄漏引起的频率特性变化是直线压缩机发生不稳定现象的一个因素。

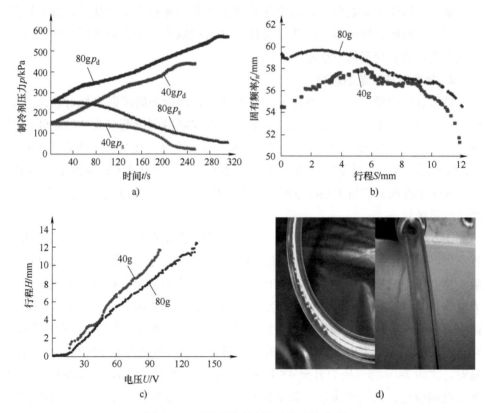

图 5-11　不同系统充注量下的系统响应

3. 供电频率的影响

为探究供电频率对直线压缩机性能的影响，针对不同供电频率下直线压缩机的动态特性开展试验研究。图 5-12 所示为直线压缩机以不同的供电频率快速起动过程中的吸、排气压力随时间的变化。由图 5-12 中可以看出，吸、排气压力随行程发生明显变化，根据活塞的工作过程，将起动过程划分为未泵气阶段和稳定泵气阶段。在未泵气阶段，活塞行程较小，吸、排气压力保持恒定；泵

气开始时，由于压缩机采用低背压结构，压缩机泵气对排气压力的影响大于对
吸气压力的影响，排气压力迅速增加，吸气压力降低速度较慢。在频率较高时，吸气压力迅速降低并逐渐稳定，排气压力变化较频率低时增加更快，表明直线压缩机在高频运行时起动速度更快。

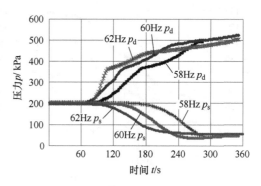

图 5-12　不同供电频率下的起动过程吸、排气压力随时间的变化

　　图 5-13 所示为供电电压与压缩机行程随时间的变化曲线。由于起动过程中电压的迅速增加，活塞快速通过泵气点附近的不稳定区域，到达稳定泵气阶段。随着供电电压

的进一步提升，压缩机行程增大，当活塞位于上止点 10.22mm 附近时，保持供电电压不变，在 58Hz，60Hz 和 62Hz 下的电压值分别为 133.8V，121.8V 和 108.9V，即频率越高，达到相同行程所需要的电压越小。在不同的供电频率下，在上止点附近，压缩机均呈现出一定的不稳定状态，58Hz 时，当供电电压保持不变后，压缩机行程仍继续增大，处于不稳定状态，当行程达到 13mm 时，保护程序起动，压缩机停机；60Hz 时，压缩机行程在 121.8V 供电电压条件下稳定运行一段时间后开始出现不稳定现象，当供电电压略微降低时，压缩机行程减小并最终稳定在 10.11mm；62Hz 时，压缩机行程基本保持稳定状态，随着供电电压的进一步提升，活塞行程出现跳跃现象，由 10.63mm 增大至 13.43mm，随后停机保护。以上结果表明，当压缩机以恒定频率起动时，在上止点处存在行程的跳跃或不稳定现象，在 60Hz 时，适当降低供电电压，压缩机行程会逐渐趋于稳定状态，表明在该运行频率下，上止点附近存在不稳定，当电压适当降低后，活塞行程减小，避开了不稳定区域，因此压缩机渐近稳定。

　　为对比频率跟踪和定频起动过程中直线压缩机的稳定性状态，以频率跟踪和恒定频率两种模式起动压缩机，保持制冷系统膨胀阀开度不变，电压增加速率为 1V/s，电压调节间隔为 1s。图 5-14 所示为两种模式下直线压缩机参数随供电电压的变化曲线。

　　图 5-14a 所示为活塞行程随电压的变化曲线，在恒定频率模式下，当供电电压相同时，供电频率为 60Hz 下的行程大于 57Hz 下的行程，固有频率跟踪时的行程与 60Hz 时相近，但存在两个明显的不稳定区域，该不稳定现象是泵气点及上止点附近气体力的剧烈变化引起的固有频率的剧烈变化所致。图 5-14b 所示为

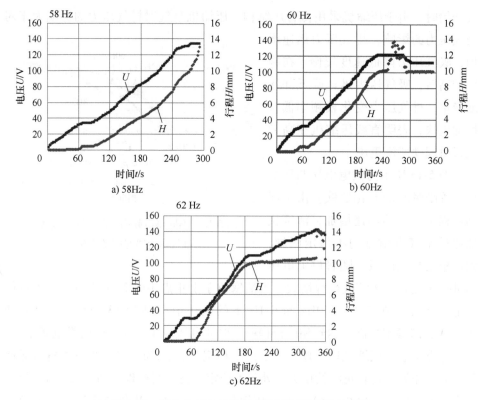

图 5-13　供电电压与压缩机行程随时间的变化曲线

吸、排气压力随供电电压的变化，在 60Hz 及固有频率下的压差建立速度更快，在供电电压为 40V 左右时，固有频率下的吸气压力存在微小波动，这是由于泵气点附近行程的波动引起的。图 5-14c 所示为固有频率随供电电压的变化曲线，当供电电压略低于 40V 时，三种频率下的固有频率均存在一定程度的波动，固有频率下的波动更为明显。图 5-14d 所示为电动机效率随电压的变化曲线，在电压高于 40V 的泵气阶段，固有频率下的效率均大于定频率下的效率，表明固有频率跟踪调节有利于直线压缩机性能的提升。

根据以上试验结果可以得出，在直线压缩机的运行过程中，泵气点及上止点附近可能存在不稳定现象。在泵气点附近，由于气体力增大导致活塞行程的减小与供电电压增大引起行程的增大两者相互制约，使活塞行程在某一供电电压下产生不稳定的振荡，该不稳定振荡进而会传递到整个制冷系统，使系统在较长时间产生波动；在上止点附近，由于气体力随行程变化剧烈，供电电压的微小变化使活塞行程变化剧烈，会产生不稳定跳跃现象。因此对于直线压缩机系统，需要对其进行上止点位置检测与行程控制，防止不稳定现象的发生。

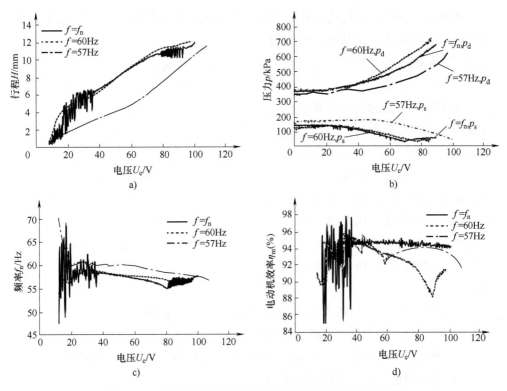

图 5-14　两种模式下直线压缩机参数随供电电压的变化曲线

5.1.4　制冷性能数值模拟

为对影响直线压缩机不稳定因素的参数进行解耦，进一步地解释试验过程中的不稳定现象产生机理，归纳控制操作调节，了解制冷系统局部振荡与直线压缩机动态响应稳定性之间的相互影响机理，本项目引入影响直线压缩机运行特性的制冷系统相关变量的时域特征方程，建立以直线压缩机为主体，描述控制系统、制冷系统与直线压缩机之间动态响应关系的状态空间模型。

1. 制冷系统时域模型

系统仿真模型主要分为四大部件：直线压缩机、冷凝器、膨胀阀及蒸发器。

（1）直线压缩机模型　这里简单介绍有阀直线压缩机的结构特点，吸气阀通常采用舌簧阀，布置在活塞端部，当腔内气体压力小于背压腔内压力时，吸气阀打开，进行吸气过程；当腔内气体压力大于背压腔内压力时，吸气阀关闭。排气阀由排气弹簧预压在气缸端部，为盘状阀，当腔内压力低于排气腔内压力时，排气阀紧闭；当腔内压力高于排气腔内压力时，由于压差的存在，克服了排气弹簧的预压力，排气阀被推开，制冷剂气体由气缸排出至排气腔，如图 5-15 所示。

在第 2 章直线压缩机机械动力学和电磁学耦合的时域数学模型基础上，结合直线压缩机制冷系统从起动到运行稳定过程的时域变化特点，可以建立直线压缩机的时域状态空间模型，通过采用不同制冷剂的物性关联式由已知制冷剂状态参数进行其他物性参数的确定。模型中将直线压缩机的电压、电流、位移等参数设置为时变模型，根据实时的吸、排气压力及活塞在气缸中的位移建立压缩机负载力的时域模型，负载力模型考虑了吸气阀与排气阀的影响，为简化模型，做如下假设：

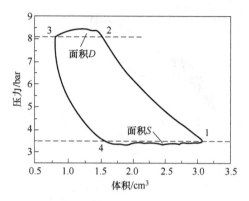

图 5-15 活塞压缩腔 p-V 示功图
注：$1 \text{bar} = 10^5 \text{Pa}$。

1）压缩腔内的工质状态是均匀的，即压缩过程为准静态过程。

2）流经吸气阀和排气阀的压降忽略不计。

3）考虑到压缩机低背压结构，压缩过程多变指数 $n = (0.93 \sim 0.98)\kappa$。

4）忽略润滑油对工质性能的影响。

5）吸气阀片的形变对腔内制冷剂状态无影响。

根据控制容积法对压缩过程进行模拟，所述压缩腔控制容积如图 5-16 中虚线 CV_1 所示，压缩机输入功通过活塞作用至控制容积边界上，该控制容积为开口可移动边界控制体。腔内制冷剂气体满足质量守恒方程，腔内气体与外界之间的质量交换包括吸气、排气、压缩腔内气体往向背压腔内的泄漏，以及排气腔内气体向压缩腔内的泄漏。压缩过程制冷剂气体遵循多变过程，根据上一时刻的压缩腔内气

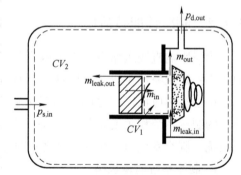

图 5-16 直线压缩机控制容积模型局部示意图

体压力和压缩腔内气体比体积及该时刻压缩腔内气体比体积计算该时刻气体压力，压缩腔容积变化根据活塞速度得到，根据质量守恒方程得到腔内气体总质量，状态参数（如温度、焓、熵等）根据物性参数计算公式由压力及密度确定。

$$\frac{\mathrm{d}m_{\mathrm{cv}}}{\mathrm{d}t}=\frac{\mathrm{d}m_{\mathrm{in}}}{\mathrm{d}t}+\frac{\mathrm{d}m_{\mathrm{leak,in}}}{\mathrm{d}t}-\frac{\mathrm{d}m_{\mathrm{out}}}{\mathrm{d}t}-\frac{\mathrm{d}m_{\mathrm{leak,out}}}{\mathrm{d}t} \tag{5-10}$$

$$pV^n=常数 \tag{5-11}$$

在给定供电电压，频率和吸、排气压力后，通过龙格-库塔（Roung-Kutta）法计算出直线压缩机的电流、位移、输入功、固有频率、压缩效率等时域响应参数，直线压缩机运行模拟流程示意图如图 5-17 所示。输入基本参数包括结构参数、机械参数和电参数，这些参数决定于直线压缩机的结构设计，可以通过试验测量结果来确定。仿真计算流程如下：已知参数为直线压缩机的实时吸、排气压力，输入电压时变表达式及供电频率，初始设定值为 $t=0$ 时刻的活塞位移、速度、电流及作用在活塞上的负载力，对时域进行微元划分。根据当前时刻的吸、排气压力及时域活塞位移和排气弹簧的预加负载条件，判断直线压缩机活塞所处的压缩过程，计算活塞的非线性负载力，结合压缩机等效电路模型及动力学模型，采用 Roung-Kutta 法，计算压缩机在下一时刻的动态时域响应 (i, v, x)，并根据下一时刻的行程值计算对应的腔体压力，通过该计算压力值判断所处的压缩过程：当压力小于吸气压力时，吸气阀打开，腔体压力等于吸气背压；当该压力值介于吸、排气之间时，保持该值不变；当大于排气压力时，腔内压力等于排气压力，并根据行程值与上止点的大小判断活塞所受负载力的大小，并将该时刻的响应值作为下一时刻的初始值，以此类推，计算出直线压缩机在整个过程中的响应。直线压缩机单位时间吸气量等于吸气阀开启状态下的活塞扫气容积与频率之间的乘积，根据压缩机吸气量及泄漏系数计算压缩机排气量。

$$m_{\mathrm{s}}=f\rho_{\mathrm{s}}\frac{\pi d^2}{4}x_{\mathrm{s}} \tag{5-12}$$

式中，m_{s} 为直线压缩机吸气量（kg/s）；f 为直线压缩机运行频率（Hz）；ρ_{s} 为吸气密度（kg/m³）；d 为活塞直径（m）；x_{s} 为扫气行程（m）。

$$m_{\mathrm{r}}=(1-\zeta)m_{\mathrm{s}} \tag{5-13}$$

式中，ζ 为泄漏系数；m_{r} 为直线压缩机质量流量（kg/s）。

压缩机排出制冷剂的压力 p，温度 T，以及质量流量 m_{r} 作为经排气腔、排气盘管流至冷凝器流体的定解条件。

压缩机密封壳体控制容积如图 5-16 中虚线 CV_2 表示，由于压缩机采用低背压结构，壳体内压力约等于吸气压力，控制容积 CV_2 与外界的质量交换主要包括由蒸发器流至壳体内的制冷剂、吸气阀打开时压缩腔的吸气及活塞间隙的泄漏，其质量控制方程为

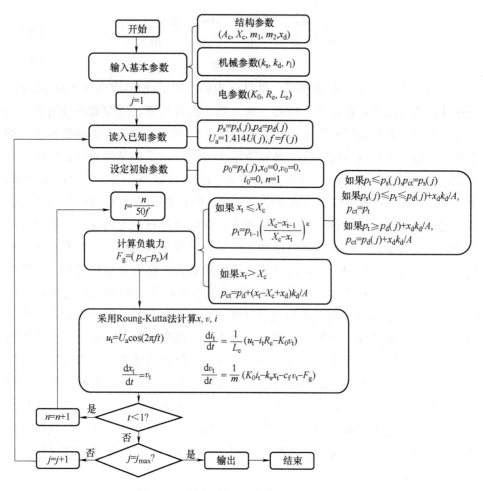

图 5-17   直线压缩机运行模拟流程示意图

$$\frac{dm_{cv_2}}{dt} = \frac{dm_{in}}{dt} - \frac{dm_{out}}{dt} \tag{5-14}$$

式中，m_{cv_2} 为压缩机壳体控制容积内的制冷剂质量（kg）；m_{in} 为由蒸发器流入直线压缩机背压腔内的制冷剂质量与压缩腔泄漏的制冷剂质量之和（kg）；m_{out} 为压缩腔吸入的制冷剂质量（kg）。

能量守恒控制方程为

$$m_{cv_2}c_p\frac{dT}{dt} = T\left(\frac{\partial P}{\partial T}\right)_v\left(\frac{dV}{dt} - \frac{1}{\rho}\frac{dm_{cv_2}}{dt}\right) + $$
$$h_{cv_2}\frac{dm_{cv}}{dt} + \frac{dQ}{dt} + \sum\frac{dm_{in}}{dt}h_{in} - \sum\frac{dm_{out}}{dt}h_{out} \tag{5-15}$$

式中，c_p 为背压腔内制冷剂的比定压热容（J/kg·K）；T 为背压腔内制冷剂的温度（K）；P 为背压腔内制冷剂的压力（Pa）；V 为背压腔内的体积（m³）；ρ 为背压腔内制冷剂的密度（kg/m³）；h_{cv_2} 为背压腔内制冷剂的焓值（J/kg）；Q 为由压缩机壳体及压缩腔向控制容积 CV_2 的散热（J）；h_{in}、h_{out} 分别为吸入和排出的制冷剂焓值（J/kg）。

根据试验所用直线压缩机，建立吸、排气阀模型，如图 5-18 所示，吸气阀为舌簧阀，排气阀为盘状阀。两种阀片的流通面积具有同样的特点，当阀片升程较小时，阀孔流通面积与阀片升程相关，而当阀片升程大于一定值后，阀孔流通面积为进气通道面积或气缸横截面面积，舌簧阀可以简化为一自由度弹簧-质量块-阻尼模型，盘状阀模型为一维弹簧-质量块模型，二者的运动方程均可用式（5-16）和式（5-17）表示。

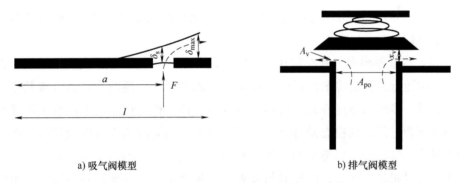

a) 吸气阀模型　　　　　　　　　　　　　　b) 排气阀模型

图 5-18　阀片模型

$$m_e\frac{\mathrm{d}^2x_v}{\mathrm{d}t^2}=0.5C_D\rho_v A_v v_{gas}^2 A_v-k_v x_v+(p_U-p_D)A_v \tag{5-16}$$

$$m_e\frac{\mathrm{d}^2x_v}{\mathrm{d}t^2}=0.5C_D\rho_v A_v v_{gas}^2 A_v-\rho_v\left(v_{gas}-\frac{\mathrm{d}x_v}{\mathrm{d}t}\right)^2 A_{po}-k_v x_v \tag{5-17}$$

式中，x_v 为阀片的位移（m）；m_e 为等效质量（kg）；C_D 为阻力系数；ρ_v 为阀片密度（kg/m³）；k_v 为等效弹簧刚度（N/m）；v_{gas} 为制冷剂气体流速（m/s）；p_U、p_D 分别为阀片上、下的气体压力（Pa）；A_v 为阀片升程的流通面积（m²）；A_{po} 为进、排气通道流通面积（m²）。

其中，根据 Wood 和 Rao 等人建立的阀片模型，对于本系统中的舌簧阀片，其等效刚度可根据式（5-18）计算，固有频率可根据式（5-19）计算，等效质量可根据式（5-20）计算；对于排气阀，其等效质量等于阀片质量加上三分之一的谐振排气弹簧质量，如式（5-21）所示。

$$k_v = \frac{F}{\delta_s} = \frac{3EI_m}{a^3} \tag{5-18}$$

$$\omega_n = \frac{1.875^2}{2\pi l^2}\left(\frac{EI_m}{m_L}\right)^{0.5} \tag{5-19}$$

$$m_{e,reed} = \frac{k_s}{\omega_n^2} \tag{5-20}$$

$$m_{e,plate} = m_v + \frac{1}{3}m_s \tag{5-21}$$

式中，F 为施加在舌簧阀片上的力（N）；δ_s 为阀孔处阀片的升程（m）；E 为阀片材料的弹性模量（N/m²）；I_m 为舌簧阀的惯性矩（m⁴）；a 为阀片受力点与阀基的距离（m）；l 为阀片长度（m）；m_L 为阀片单位长度质量（kg/m）；k_s 为弹簧刚度（N/m）；m_v 为阀片质量（kg）；ω_n 为谐振角频率（rad/s）；m_s 为排气弹簧质量（kg）。

（2）冷凝器模型　制冷剂在冷凝器中的冷凝过程包含了相变换热过程，在装置稳定运行时，制冷剂以过热气体状态进入冷凝器，逐渐冷却到气液两相状态，并进一步冷却至过冷液体后离开冷凝器，其工作过程是一个融合了流动和传热的复杂过程。在稳态条件下，从压缩机出口的制冷剂进入冷凝器后，首先处于过热蒸气状态，制冷剂与外界的换热是显热交换，即通过温差传热；其次处于气液两相共存状态，制冷剂与外界的换热是相变换热即把在冷凝过程中所释放的潜热不断地排向外界环境中，直至达到过冷状态，此时制冷剂与外界的换热也是显热交换，本模型中采用管式风冷式换热器。冷凝器的入口条件为压缩机排气管出口的制冷剂状态参数（压力 p、温度 T，以及制冷剂流量 $\dot{m}$）。

采用分布参数建模方法，对换热器模型做以下假设：

1）管内制冷剂和管外空气均为稳态流动，换热流动方式交叉错流。

2）忽略轴向传热。

3）忽略不凝气体及润滑油对流动换热的影响。

4）不考虑空气侧压降。

模型中将冷凝器划分为三个区域：过热区、两相区和过冷区，如图 5-19 所示。空气与制冷剂错流换热，在过热区与过冷区，管壁两侧流体均处于单相状态，换热器微元按照制冷剂侧温降均分；在两相区，则按照制冷剂的焓差均分。

冷凝器换热微元示意图如图 5-20 所示。

在单相区（过热区和过冷区），制冷剂采用 Gnielinski 换热关联式：

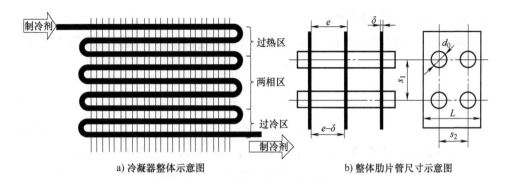

a) 冷凝器整体示意图　　　　　　　　　　b) 整体肋片管尺寸示意图

图 5-19　冷凝器物理模型图

$$Nu = \left\{ \frac{(f_F/2)(Re-1000)Pr}{1+12.7\sqrt{f_F/[2(Pr^{2/3}-1)]}} \right\} \left[\left(\frac{D}{L} \right)^{2/3} + 1 \right] \left(\frac{Pr}{Pr_W} \right)^{0.11} \tag{5-22}$$

$$f_F = 0.25(1.82\lg Re - 1.64)^{-2} \tag{5-23}$$

式中，Re 和 Pr 分别为雷诺数和普朗特数；Pr_W 为管壁温度下的制冷剂普朗特数；f_F 为范宁摩擦系数；D 为当量直径（m）；L 为管长（m）。

单相区制冷剂在冷凝过程中的压降主要考虑由沿程阻力引起的压力损失：

$$\Delta P = f \frac{l}{d_e} \frac{\mu^2}{2\rho} \tag{5-24}$$

$$f = \begin{cases} 64/Re, & Re \leqslant 2300 \\ 0.3164Re^{-0.25}, & Re > 2300 \end{cases} \tag{5-25}$$

式中，μ 为动力黏度（N·s/m²）。

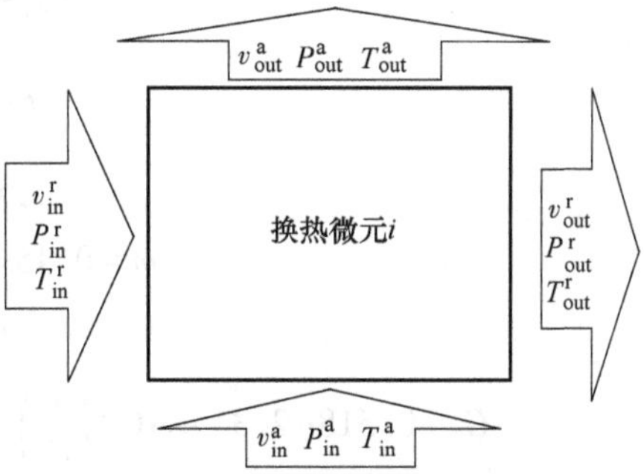

两相区内采用 Akers 的换热关联式：

图 5-20　冷凝器换热微元示意图

r—制冷剂　a—空气　in—入口　out—出口

$$Nu = 0.0265Re_{eq}^{0.8}Pr_1^{1/3} \tag{5-26}$$

$$Re_{eq} = \frac{G_{eq}d_e}{\mu_1} \tag{5-27}$$

$$G_{eq} = Gr\left[(1-x) + x\left(\frac{\rho_1}{\rho_v} \right)^{0.5} \right] \tag{5-28}$$

式中，Re_{eq} 为两相区当量雷诺数；Pr_1 为两相区液体普朗特数；G_{eq} 为两相区当量质量流量（kg/s）；d_e 为换热器当量直径（m）；μ_1 为液相制冷剂动力黏度（N·s/m²）；ρ_1 为两相区液体制冷剂密度（kg/m³）；ρ_v 为两相区气体制冷剂密度

（kg/m^3）；Gr 为格拉晓夫数。

两相区压力损失主要由摩擦阻力组成，减速和重力引起的压降可以忽略，由下式所示：

$$\Delta P = f \frac{l}{d_e} \frac{\mu^2}{2\rho} \tag{5-29}$$

$$f = 498.3 Re_{eq}^{-1.074} \tag{5-30}$$

式中，f 为沿程阻力系数；l 为管长（m）；ρ 为单相区制冷剂密度（kg/m^3）。

空气侧采用普通铝合金翅片，其传热关联式已经具有十分成熟的经验公式，其中传热模型计算采用 A. A. GOGOLIN 提出的平肋片管外对流换热系数，不考虑空气侧压降。

$$h = C_1 C_2 \left(\frac{k}{d_e}\right) \left(\frac{L}{d_e}\right)^n Re^m \tag{5-31}$$

$$d_e = \frac{2(s_1 - d_0)(e - \delta)}{(s_1 - d_0) + (e - \delta)} \tag{5-32}$$

$$Re = \frac{v d_e}{\nu} \tag{5-33}$$

$$n = -0.28 + 8 \times 10^{-5} Re \tag{5-34}$$

$$m = 0.45 + 0.0066 L/d_e \tag{5-35}$$

$$C_1 = 1.36 - 0.00024 Re \tag{5-36}$$

$$C_2 = 0.518 - 2.315 \times 10^{-2} \left(\frac{L}{d_e}\right) + 4.25 \times 10^{-4} \left(\frac{L}{d_e}\right)^2 - 3 \times 10^{-6} \left(\frac{L}{d_e}\right)^3 \tag{5-37}$$

式中，k 为空气平均导热系数［W/(m·K)］；d_e 为空气通道断面的当量直径（m）；Re 为雷诺数；v 为净通道端面空气流速（m/s）；ν 为空气平均运动黏度（m/s）；s_1 为管间距（m）；e 为肋片节距（m）；δ 为肋片厚度（m）；L 为沿气流方向肋片长度（m）；n、m 均为指数；C_1 为与气流状况有关的系数；C_2 为与结构尺寸有关的系数。

因此可得微元导热方程

$$Q_r = U A_i (T_{rm} - T_{am}) \tag{5-38}$$

式中，Q_r 为制冷剂释放的热量（W）；T_{rm}、T_{am} 分别为微元内制冷剂侧与空气侧的平均温度（K）；U 为总表面传热系数［$\text{W/(m}^2 \cdot \text{K)}$］，其定义温差为空气侧和制冷剂侧算数平均温度之差，计算公式为

$$U = \frac{1}{\dfrac{1}{h_i} + \dfrac{A_i}{h_o A_o}} \tag{5-39}$$

式中，h_i 和 A_i 分别为制冷剂侧表面传热系数 $[W/(m^2 \cdot K)]$ 和换热面积（m^2）；h_o 和 A_o 分别为空气侧表面传热系数 $[W/(m^2 \cdot K)]$ 与换热面积（m^2）。

冷凝器模型迭代计算流程如图 5-21 所示，首先假设第 i 个换热微元制冷剂侧出口焓值，并由出口焓值与入口压力求解其他状态参数，根据进出口焓差及质量流量计算总换热量 Q_1，并根据能量守恒原则计算该微元体空气侧出口状态参数。根据估算的换热微元的出口参数（压力、温度和速度）与已知入口参数计算微元内工质的平均物性并计算对流传热系数及压降阻力，得出对流传热系数和综合换热系数 U。根据管式换热器换热公式计算出该换热微元的换热量 Q_2，判断 Q_1 与 Q_2 的差值是否小于设定差值，若满足条件，则继续进行下一微元体传热计算，并以该微元体出口参数作为下一微元体入口参数；否则重新估算制冷剂侧出口焓值，重新计算，直至满足判断条件。

（3）膨胀阀模型　制冷剂在膨胀阀中所经历的过程为绝热节流过程，但由于阻力的存在，流体压力降低，根据焦耳-汤姆逊效应，流体温度也会降低。在模拟仿真过程中，以冷凝器流出的过冷制冷剂状态参数压力 P，温度 T 及制冷剂质量流量 $\dot{m}$ 作为膨胀阀的入口边界条件，结合蒸发器侧流体压力，计算流经膨胀阀的制冷剂流量。

膨胀阀结构模型如图 5-22 所示，制冷剂流通面积 A 可根据式（5-40）计算。

$$A = \pi h D \sin\frac{\theta}{2} - \pi h^2 \sin^2\frac{\theta}{2}\cos\frac{\theta}{2} \tag{5-40}$$

式中，D 为阀孔直径（m）；θ 为锥角（°）；h 为开启高度（m）。

通过膨胀阀的制冷剂流量为

$$m_r = C_D A \sqrt{2\rho(p_1 - p_2)} \tag{5-41}$$

式中，p_1、p_2 分别为膨胀阀进口与出口处的压力（Pa）；ρ 为膨胀阀进口处制冷剂的密度（kg/m^3）；C_D 为流量系数；可由经验关联式（5-42）计算：

$$C_D = 0.02005\sqrt{\rho} + 0.634[v_1 + x(v_g - v_1)] \tag{5-42}$$

式中，v_1 为出口处制冷剂液相比体积（m^3/kg）；v_g 为出口处制冷剂气相比体积（m^3/kg）；x 为制冷剂的干度。

（4）蒸发器模型　采用分布参数建模方法，对蒸发器模型做以下假设：

1）制冷剂和空气均为稳态流动，处于逆流换热状态。

2）由于过热区很短，压降较小，忽略过热区压降。

3）不考虑空气侧水分的结露或结霜效应。

蒸发器与冷凝器采用类似的仿真模型，把蒸发器分为两相区和过热区。对

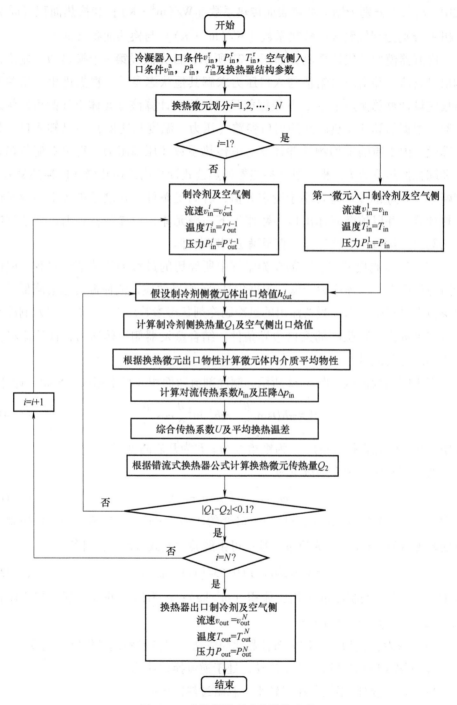

图 5-21　冷凝器模型迭代计算流程

于两相区，温度的变化只取决于压降的大小，而制冷剂焓值变化较大，因此，微元的划分是通过对焓值进行等分实现的；对于过热区，在假设压力不变的前提下，制冷剂温度变化较大，微元通过对制冷剂温度的等分来划分。

（5）制冷系统仿真计算流程 制冷系统循环示意图如图 5-23 所示，其中直线压缩机部分分为两个控制体，吸气背压腔及压缩腔，各部件之间的传递参数为压力 P，温度 T 和质量流量 $\dot{m}$。对制冷系统进行如下假设：

1）给定蒸发器出口过热度 5K。

2）忽略各零部件之间的管道引起的压降及热量交换。

3）除蒸发器与冷凝器与外界进行热量交换外，其他各部件均绝热。

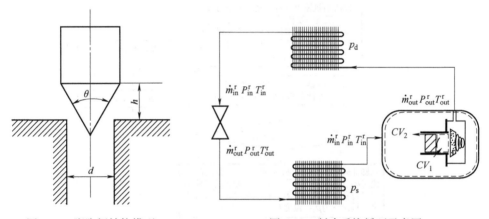

图 5-22 膨胀阀结构模型   图 5-23 制冷系统循环示意图

制冷系统仿真计算流程如图 5-24 所示，各部件之间的质量和能量传递参数为制冷剂压力、温度和制冷剂流量。起动初始，根据系统充注量、系统体积及环境温度计算系统平衡态压力，给定直线压缩机供电参数（电压、频率后），根据吸气背压腔及排气腔内压力计算压缩机响应及其排出制冷剂的状态参数，同时更新背压腔内状态参数，完成压缩机本体部分的循环迭代；然后根据排气状态、制冷剂流量及冷凝器在上一时刻的状态参数对冷凝器进行迭代计算，其输出量为制冷剂出口状态参数及流量；根据上一时刻蒸发器内压力及冷凝器出口压力计算膨胀阀流量及出口状态，并根据膨胀阀流量对冷凝器内制冷剂残余量重新计算，更新冷凝器压力，直至冷凝器排出量与节流阀流量相等时进入蒸发器循环迭代流程；以膨胀阀输出参数（制冷剂状态参数及流量）作为蒸发器输入参数，并根据冷藏室温度进行蒸发器迭代计算，控制蒸发器出口过热度，输出制冷剂状态及流量，并将该输出量与背压腔内制冷剂进行混合，得出背压腔的实时状态并更新吸气状态参数，进入下一时刻循环迭代。

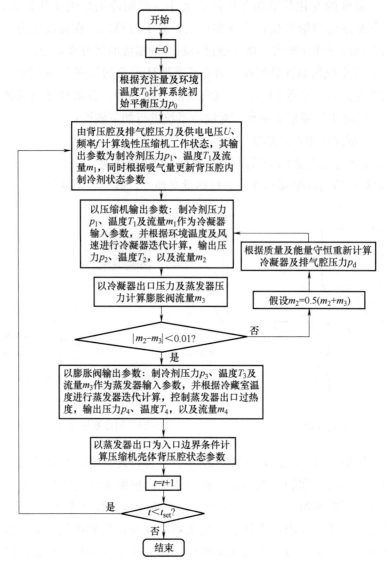

图 5-24　制冷系统仿真计算流程

2. 模型验证

在 25℃ 环境条件下，在不同供电频率下起动压缩机，将活塞行程的模拟结果与试验结果进行对比，如图 5-25 所示。可以看出，模拟结果与试验结果有很好的一致性，误差在 ±15% 以内，在不同供电频率下的起动过程中，仿真结果很好地复现了试验过程中的不稳定振荡现象，表明使用该仿真模型对分析直线压缩机驱动的制冷系统具有一定的可靠性。

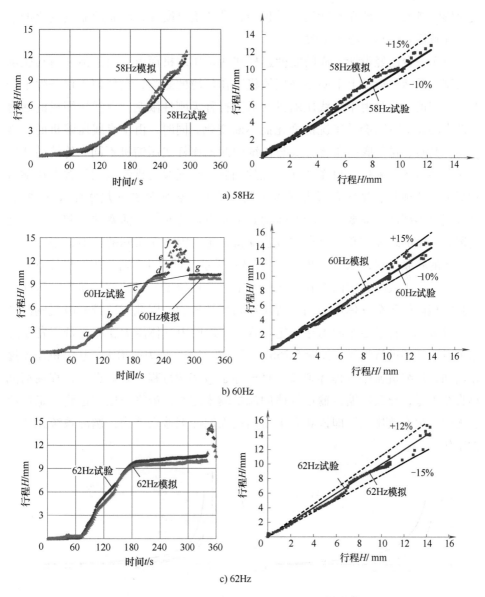

图 5-25　直线压缩机起动过程模拟与试验结果对比

5.1.5　稳态运行性能模拟分析

1. 活塞偏移量

由于直线压缩机采用自由活塞式结构，取消了曲柄连杆，活塞行程无刚性约束，其行程可自由调节，易于实现变容量输出，同时压缩机工作状态受工况

177

变化影响较大，因此在实际运行过程中，受环境温度及目标制冷温度变化的影响，导致活塞运动中心发生改变。

对于一台已经设计完成的曲柄连杆式活塞压缩机而言，由于活塞行程受刚性限制，其活塞运动上下限不受压缩机工作环境的影响，在任何工作条件下均保持为定值。但是由于直线压缩机的活塞行程无刚性限制，直线压缩机的活塞运动中心及上下限会随工况的变化而不断变化。同时，由于直线压缩机的特殊结构，其吸、排气阀的布置方式与传统的曲柄连杆式压缩机不同。传统的活塞压缩机将吸气口和排气口布置在气缸的同侧，吸气阀与排气阀均设置在压缩机阀板上，这种吸、排气布置方式由于制造公差、金属材料的热膨胀及安装吸、排气阀等零部件的需要，当活塞运动到上止点位置时，在活塞端部和气缸盖之间留有一定的余隙容积。该余隙容积保持恒定，因而在实际的压缩过程存在剩余气体的膨胀过程，如图 5-26a 中过程 3-4 所示，过程 4-1 则为压缩机的有效进气过程。由于余隙容积的存在，在活塞由上止点位置回退的初始阶段，压缩腔余隙容积内的剩余气体压力高于背压腔内气体压力，因此无法推开吸气阀而产生有效吸气，直至活塞回退至一定行程，压缩腔内气体压力膨胀至低于背压腔压力时才能够进行吸气。如图 5-26b 所示，随着排气压力的增大，压缩机压比逐渐增加，压缩机膨胀行程逐渐增大直至等于活塞满行程，有效进气行程逐渐减小直至为零，导致压缩机输送气体的流量越来越小，最终当压比达到一定数值后无法产生有效排气，即该状态下压缩机无制冷剂输送能力，制冷系统无法正常工作。

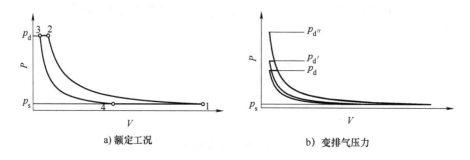

a) 额定工况 b) 变排气压力

图 5-26　有余隙容积的活塞式压缩机示功图

与传统活塞式压缩机定上止点的结构形式不同，直线压缩机的活塞行程是随着工况的变化而动态变化的，图 5-27a 所示为定蒸发压力条件下压缩机活塞偏移量随冷凝压力的变化，随着冷凝压力的增大，活塞偏移量逐渐增加，即活塞最大运动行程逐渐增大。图 5-27b 所示为定冷凝压力条件下蒸发压力变化时的偏移量变化情况，随着蒸发压力的增加，活塞偏移量逐渐增大，这是由于随着蒸发压力的变化，平均气体力逐渐增大，因而使活塞偏移量逐渐提升。

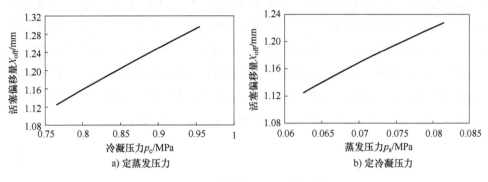

a) 定蒸发压力　　　　　　　　b) 定冷凝压力

图 5-27　活塞偏移量随工况的变化

　　由此可见，在直线压缩机的运行过程中，当压缩机所处的工况发生改变时，由于自由活塞偏移量的不断变化，可能会产生活塞端部冲出气缸的现象，为防止自由活塞与气缸端部的刚性碰撞并保证压缩机的可靠运行，自由活塞式直线压缩机一般采用端部盘状阀结构来减小活塞冲缸带来的损害，而吸气阀设置在活塞端部，进气通道设置在活塞内部。该吸、排气阀布置方式可满足在压缩机满负荷运行时，理论上的气缸余隙容积达到无限小。

2. 变容量特性

　　直线压缩机的容量调节主要通过变行程调节来实现，由于活塞横截面面积 A 一定，因此余隙容积与此时压缩机行程幅值 X 及压缩机上止点到运动中心距离 X_0 存在以下关系：

$$V_c = (X_0 - X)A \tag{5-43}$$

　　当直线压缩机变容量运行时，压缩机行程幅值 X 大于相应吸排气压力时的临界排气行程，即压缩机处于排气但未过上止点过程，此过程如图 5-28 所示，则压缩机的吸入容积 V_s 可以表示为

$$V_s = V_1 - V_4 = A\left[X_0 + X - (X_0 - X)(p_d/p_s)^{1/\kappa}\right] \tag{5-44}$$

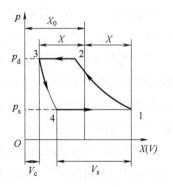

图 5-28　直线压缩机变容量运行时工作循环示意图

　　以气缸直径为 36mm 的 R600a 直线压缩机为例，通过激光位移传感器对活塞振动中心偏移量进行试验测量，并与采用傅里叶线性化法计算的偏移量进行对比分析。

　　图 5-29 所示为在 0.2～0.6MPa 各个排气压力

下变容量运行时气体力引起的直线压缩机活塞运动中心位置偏移量对比。试验值显示在相同排气压力下，活塞偏移量在不同行程时变化较小。排气压力越大，压缩机活塞位移偏移量也越大，从 0.2MPa 排气压力时 1.58mm 的偏移量增加到 0.6MPa 的 5.58mm 偏移量。图 5-29 显示计算偏移量同样随着排气压力的增加而增加，在相同排气压力下计算值随着压缩机行程的增加而减少，但在不同排气压力下上止点位置，活塞偏移量的计算值和试验测试值误差很小。因而根据试验测试结果，压缩机在不同排气压力下的偏移量可按式（5-45）来计算，即压缩机吸、排气压差一定时，压缩机上止点到运动中心距离为定值。

$$\Delta X = F_\text{g}/k_\text{s} \tag{5-45}$$

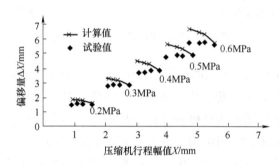

图 5-29　变容量运行时活塞运动中心位置偏移量对比

　　另一方面，由于行程的变化引起了气体力负载发生改变，故直线压缩机的固有频率也随之改变，图 5-30 所示为变容量运行时压缩机参数变化。

　　图 5-30a 所示为在不同频率下变容量运行时电压有效值和活塞位移幅值之间的关系。直线压缩机在 62Hz 下工作时，从开始运行并过上止点到设定的终点，电压随着活塞位移幅值的增加而增大。当电源频率下降到 60Hz 时，从泵气开始位置到上止点，电压随行程首先缓慢增加，之后开始随着活塞位移幅值的增加而减小。在这个过程中，电压变化很小，并存在一个较大的电压平台期。这意味着，当电压设定在这个范围内时，活塞位移响应是可变的。当电源频率下降到更低的 58Hz 和 56Hz 时，在开始泵气点到上止点过程中电压先增加后降低，且弯曲程度越来越明显。当电压增加到拐点，相同电压下位移可能跳跃到过上止点位置的一个很大的值。

　　图 5-30b 所示为在不同电源频率下电流和活塞位移幅值之间的关系。从泵气开始到上止点过程中，电流的变化趋势随着电源频率的变化而变化。电流在 62Hz、60Hz 和 58Hz 这样相对更高的电源频率下随着活塞位移的增加而增加，但当电源频率降低时电流的增加速率下降。正如 56Hz 所显示，当电源频率下降

到某个特定的值后，电流呈现出先增后降的趋势。出现跳跃现象的 60Hz 中，电流和活塞位移都会明显增加。但跳跃现象出现在相对更低的电源频率（58Hz 及 56Hz）时，电流的增加反而不明显。

图 5-30c 所示为在不同电源频率下相位差 $\Delta\varphi$ 和活塞位移幅值之间的关系。泵气之前，相位差随着活塞行程的增加而减小，当直线压缩机开始泵气时，相位差开始增大，当活塞位移到达上止点后相位差开始减小。在上止点位置，电源供电频率越高，相位差 $\Delta\varphi$ 越大。

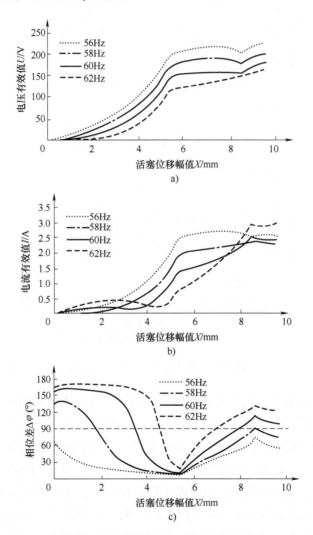

图 5-30　变容量运行时压缩机参数变化

图 5-31a、b 为压缩机位移幅值距离上止点分别为 0.01mm 和 1mm 时，压缩

机的电动机效率、机械效率及压缩效率随驱动频率与固有频率比的变化，从图 5-31 中可以看到，在相同行程时，压缩机机械效率随频率比的增加而下降，幅度变化较小，但压缩机电动机效率受频率变化明显。对于确定的直线压缩机，使压缩效率随驱动频率变化趋势与电动机效率随频率变化趋势相同，即在压缩机固有频率点时，压缩机压缩效率与电动机效率两者均到最大值。

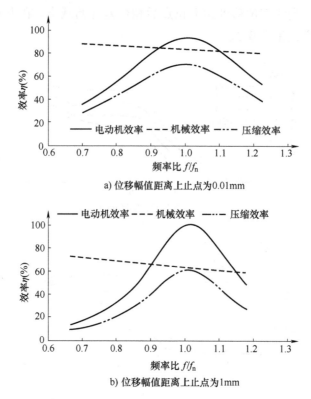

a) 位移幅值距离上止点为0.01mm

b) 位移幅值距离上止点为1mm

图 5-31　效率随频率比的变化曲线

图 5-32 所示为压缩机驱动频率偏离压缩机固有频率时压缩效率值随压缩机实际排量比的变化。图 5-32 中可以看到，在相同排量下，当压缩机驱动频率等于压缩机固有频率（$f=f_n$）时其压缩效率最大，驱动频率偏离其固有频率越大压缩效率值越小，如当压缩机驱动频率偏离固有频率 2Hz（$f=f_n\pm2$）时的压缩效率在相同的排量时小于驱动频率等于固有频率（$f=f_n$）时的压缩效率，当压缩机驱动频率偏离固有频率 5Hz（$f=f_n\pm5$）时的压缩效率在相同的排量时小于驱动频率等于 $f=f_n\pm2$ 时的压缩效率。同时根据图 5-32 可知，当压缩机处于上止点运行时的压缩效率值达到最大，随着压缩机实际排量的减少，即余隙容积增加使压缩效率值逐渐下降，并且排量越小，压缩效率值下降越快。

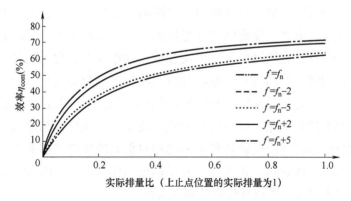

图 5-32　压缩效率随压缩机实际排量比的变化

图 5-33 所示为在不同排量下压缩机固有频率时机械效率、电动机效率、压缩效率及压缩机固有频率随实际排量比的变化。从图 5-33 中可以看到，随着压缩机排量的减少，固有频率时电动机效率增加，但增加幅度较小；压缩机机械效率和压缩效率随排量的减少逐渐下降，且下降速率逐渐增大。由于压缩效率等于电动机效率、机械效率及指示效率三者的乘积，在压缩机变容量时，由于电动机效率随排量的减少而增加，机械效率随排量的减少而降低，因而直线压缩机的压缩效率在一个较大范围内下降速率较小，这对压缩机的变容量运行是非常有利的。压缩机变容量运行时固有频率则随着排量的减少逐渐增加，从上止点的 58.0Hz 增加到开始泵气点的 64.1Hz，即压缩机在变容量运行时，压缩机的最佳效率运行时驱动频率随着排量的减少而增加。在压缩机不同排量运行时均存在一个效率最高的频率点，并随着排量占比的增加，即压缩机余隙容积的减少，使最优频率点向更低频率移动。

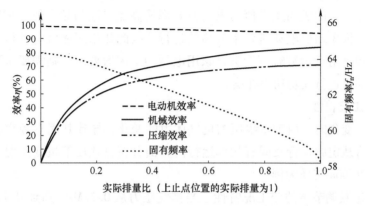

图 5-33　固有频率时压缩机中效率值随实际排量比的变化

从以上分析可以得知，电源频率不仅影响压缩效率，还影响了跳跃现象的发生。跳跃现象的出现，导致活塞可能从上止点之前的一个位置跳跃到上止点之后的另一个位置，在相同电压下电流和输入功率也会变化到另外一个值。当频率更低时，调整电压的过程，电流和输入功率等参数的变化差异较小，无电流和输入功率突变的跳跃现象，因此在压缩机运行过程中出现行程跳跃现象时，可以对驱动频率进行调整，以保证压缩机稳定运行。从模拟结果可以看出，通过逐渐增加电压来起动压缩机过程中采用相对更高的频率能够避免行程跳跃现象的出现。当压缩机到达上止点位置开始稳定工作后，需要通过调整频率至压缩机固有频率来保证压缩机在最高效率点运行。

压缩机全工作过程的相关参数曲线显示，以泵气点和上止点为两个分界点，在这两个位置处相应曲线均明显地出现了拐点，其原因是因为气体力的作用导致压缩机总弹簧刚度和总阻尼系数的改变，从而使直线压缩机频率特性发生了改变，在这些参数中特别是相位差相对于位移幅值变化的曲线中拐点表现得更加明显，可以通过该特性进行上止点检测。

在压缩机变容量运行时，可以看出当直线压缩机中存在一定余隙容积时，由于余隙容积中高压气体的膨胀功能够通过质量-谐振弹簧系统予以储存，使压缩机不因余隙容积的增加而增加实际运行中压缩气体所需的功耗，由于压缩机机械效率的下降使压缩效率出现下降，但压缩效率在一个较大的排量范围内下降幅值较小。结果表明，直线压缩机中压缩效率最高点和电动机效率最高点对应的频率都为压缩机的固有频率。因此在直线压缩机变容量运行时，为保证压缩机的高效运行，需要在调整压缩机驱动电压幅值的同时调整驱动电源的频率至压缩机固有频率，以匹配压缩机负荷的变化。当压缩机通过将驱动频率调整至压缩机固有频率时，由于系统总阻尼系数的增加使压缩机运行中电动机功率因数最高点位置的驱动频率值与电动机效率最高点对应的频率值不相同，此时首先需要保证压缩机电动机效率的高效运行，因此如果压缩机电动机功率因数在其固有频率附近运行时不能满足家用电器功率因数要求，则需要采取措施对压缩机电动机进行无功功率补偿。

3. 变工况特性

当工况变化时，由于直线压缩机气体力的变化，导致其固有频率亦随之改变，以下将从定频运行及固有频率运行两方面分析直线压缩机变工况运行时的特性，以 R600a 工质为例。

（1）定频调节下的变工况特性　当排气压力从 0.77MPa 降到 0.47MPa 时，直线压缩机气体等效刚度从 22.258N/mm 降到 13.913N/mm，气体等效阻尼系数从 36.72N·m/s 降到 29.50N·m/s，经傅里叶简化后的直线压缩机等效气体力曲线如图 5-34 所示。

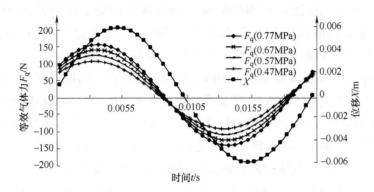

图 5-34　直线压缩机等效气体力曲线

由于气体力等效刚度发生变化，在不同排气压力下，直线压缩机的固有频率也发生了变化。图 5-35 所示为两种不同刚度谐振弹簧在不同排气压力下的固有频率曲线，固有频率均随着排气压力的升高而升高。在改变压缩机弹簧刚度时，固有频率也发生了变化，配置 $k_s = 48800$N/m 谐振弹簧的固有频率高于配置 $k_s = 45600$N/m

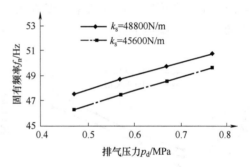

图 5-35　固有频率曲线

谐振弹簧时的固有频率，在额定工况下，配置 $k_s = 48800$N/m 弹簧的固有频率略高于运行频率 50Hz，而配置 $k_s = 45600$N/m 弹簧的固有频率略低于运行频率 50Hz。

图 5-36 所示为不同排气压力下的压缩机输出功变化曲线，排气压力从 0.77MPa 下降到 0.47MPa 时，输出功从 58.81W 下降到 47.25W。

图 5-37 所示为不同排气压力下保证 11.4mm 行程时的供电参数变化。当排气压力从 0.77MPa 降到 0.47MPa，配置 $k_s = 48800$N/m

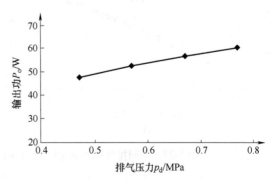

图 5-36　输出功变化曲线

谐振弹簧时所需电压幅值从 229V 降到 170.0V，电流幅值从 1.283A 先降低到 1.265A 后增大到 1.287A，输入功从 86.35W 降到 74.84W，压缩效率从 68.11% 下降到 63.11%；配置 k_s = 45600N/m 谐振弹簧时所需电压幅值从 213V 降到 162.0V，电流幅值从 1.31A 先降低到 1.295A 后增大到 1.364A，输入功从 86.91W 降到 76.49W，压缩效率从 67.67% 下降到 61.77%。

在配置 k_s = 48800N/m 谐振弹簧时，直线压缩机在不同排气压力下的电压和效率要高于配置 k_s = 45600N/m 谐振弹簧的直线压缩机，而电流和输入功要低于配置 k_s = 45600N/m 谐振弹簧的直线压缩机，这是由于配置 k_s = 48800N/m 谐振弹簧在不同排气压力下的固有频率更接近直线压缩机的运行频率 50Hz。两种配置的工作电流均随着排气压力的增加而先减小再增加，这是由于排气压力的增加使固有频率与运行频率之间的偏差减小，需要克服系统惯性力的电磁力减小，而排气压力的增加使需要克服气体阻尼力的电流增加，因而存在一个排气压力对应的最低电流值，输入功率随着排气压力的增加而增加，而电流随着排气压力的增加先下降后上升。

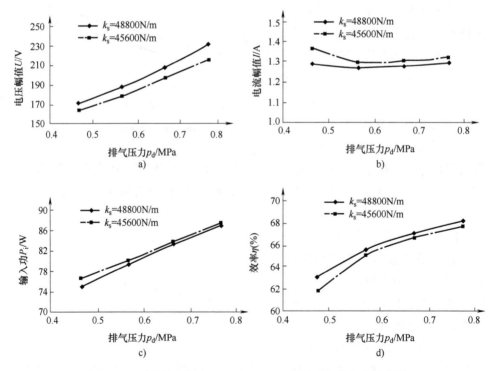

图 5-37　不同排气压力下保证 11.4mm 行程时的供电参数变化

当吸气压力从 0.063MPa 提升到 0.109MPa 时，双缸对置式直线压缩机气体等效刚度变化很小，气体力等效阻尼系数从 36.72N·m/s 增加到 49.64N·m/s，傅里叶简化后的双缸对置式直线压缩机等效气体力曲线如图 5-38 所示。

在不同吸气压力下，直线压缩机的固有频率变化曲线如图 5-39 所示，固有频率均随着吸气压力的变化较小，配置 $k_s = 48800$N/m 谐振弹簧的固有频率略高于运行频率 50Hz，而配置 $k_s = 45600$N/m 谐振弹簧的略低于运行频率 50Hz。

图 5-40 所示为不同吸气压力下输出功的变化曲线，吸气压力从 0.063MPa 增加到 0.109MPa 时，输出功从 58.81W 增加到 79.51W。

图 5-41 所示为直线压缩机在不同吸气压力下保持直线压缩机活塞运动上止点一定时所需的电源输入参数的变化情况。当吸气压力从 0.063MPa 增加到 0.109MPa 时，配置 $k_s = 48800$N/m 谐振弹簧时所需的供电电压幅值从 229V 增加到 264.0V，电流幅值从 1.283A 增加到 1.58A，输入功从 86.36W 增加到 113.79W，压缩效率从 68.11% 增加到 69.88%；配置 $k_s = 45600$N/m 谐振弹簧时所需的供电电压幅值从 213V 增加到 256.0V，电流幅值从 1.31A 增加到 1.62A，输入功从 86.91W 增加到 114.8W，压缩效率从 67.62% 增加到 69.26%

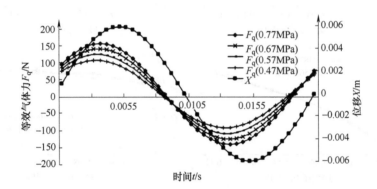

图 5-38　等效气体力曲线

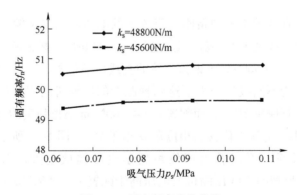

图 5-39　固有频率变化曲线

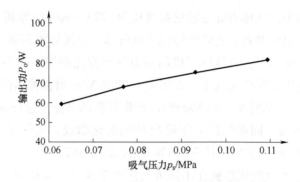

图 5-40 不同吸气压力下输出功的变化曲线

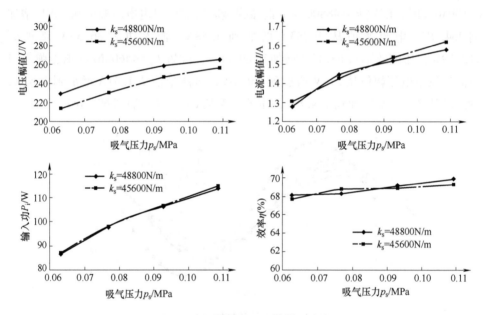

图 5-41 不同吸气压力下供电参数

可以看出，在两种不同弹簧刚度配置下的电压、电流及输入功都随着吸气压力的升高而呈非线性上升趋势，除配置 $k_s = 48800\text{N/m}$ 谐振弹簧的直线压缩机的电压高于配置 $k_s = 45600\text{N/m}$ 谐振弹簧的直线压缩机外，两种配置下的其他参数相似，这是因为不同吸气压力下这两种配置的压缩机的固有频率都比较接近直线压缩机的运行频率 50Hz，而配置 $k_s = 48800\text{N/m}$ 谐振弹簧的直线压缩机的固有频率大于 50Hz，电流与位移的相位角 α 小于 90°。图 5-42 所示为电压幅值随相位角的变化关系，可以看出相位角越小电压幅值越大，因而，配置 $k_s = 48800\text{N/m}$ 谐振弹簧的直线压缩机的电压高于配置 $k_s = 45600\text{N/m}$ 谐振弹簧的直线压缩机。

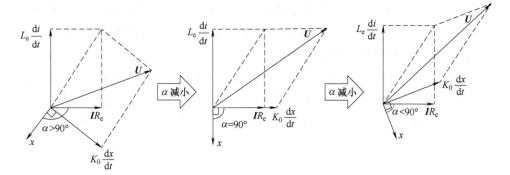

图 5-42　电压幅值随相位角变化矢量图

（2）频率跟踪调节下的变工况特性　根据以上分析，当排气压力发生变化时，直线压缩机的固有频率也会发生变化，因而导致直线压缩机的工作效率降低，下面分析直线压缩机在不同排气压力下通过变频调节后的性能，即直线压缩机在固有频率运行时的参数变化及特性，以 R600a 工质为例。

由于频率的变化，使双气缸对置式直线压缩机的输出功也发生了变化，图 5-43 所示为频率跟踪时输出功随排气压力的变化曲线，可以看出输出功与排气压力接近线性正比关系，当排气压力从 0.77MPa 降到 0.47MPa 时，配置 $k_s = 48800$N/m 谐振弹簧的压缩机输出功略高，从 60.4W 降到 42.57W，配置 $k_s = 45600$N/m 谐振弹簧的压缩机输出功略低，从 57.34W 降到 40.39W。

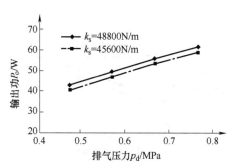

图 5-43　频率跟踪时输出功随排气
　　　　　压力的变化曲线

图 5-44 所示为频率跟踪时不同排气压力下保持同样行程所需的电源输入参数变化情况。当排气压力从 0.77MPa 降到 0.47MPa 时，配置 $k_s = 48800$N/m 谐振弹簧时所需电压幅值从 225V 到 187.0V，电流幅值从 1.31A 降到 1.05A，输入功从 88.14W 降到 64.13W，压缩效率从 68.12%降到 66.14%；配置 $k_s = 45600$N/m 谐振弹簧时所需电压幅值从 216V 降到 178.0V，电流幅值从 1.263A 降到 1.0A，输入功从 84.84W 降到 60.71W，压缩效率从 67.87%降到 66.53%。

在频率跟踪时，两种不同弹簧刚度配置下的电压、电流及输入功都随着排气压力的升高而升高，不同的是原来的非线性上升变为了线性上升，效率要高于定频调节时的效率。随着排气压力的升高，配置 $k_s = 48800$N/m 谐振弹簧直线压缩机的电压、电流、输入功和输出功均高于配置 k_s = 45600N/m 谐振弹簧直线压缩机，而效率从小于 k_s = 45600N/m 谐振弹簧直线压缩机的效率变为大于 k_s = 45600N/m 谐振弹簧直线压缩机的效率。

可以看出，在变工况条件下，通过频率跟踪使直线压缩机的运行频率能和固有频率保持一致时，一方面可以提高压缩机效率，另一方面还可以使直线压缩机的供电参数与排气压力保持线性关系，利于简化直线压缩机控制系统的设计。

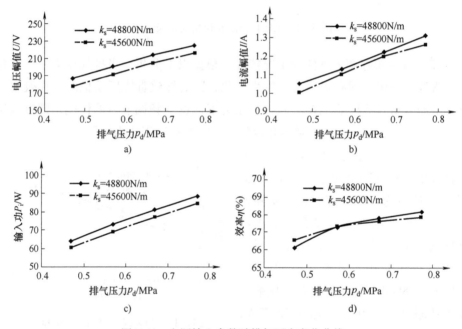

图 5-44　电源输入参数随排气压力变化曲线

5.1.6　动态运行性能模拟分析

利用 5.1.4 节所建立的系统模型，进行直线压缩机动态运行性能仿真分析。

1. 起动性能模拟分析

图 5-45 所示为 60Hz 运行频率下 a-g 起动过程中的行程响应曲线。从点 a 到点 f，电源电压保持 121.8V 不变，活塞位移的幅度从 a 点逐渐增加到 b 点和 c 点，然后开始波动直到 e 点，并且从点 e 到点 f 继续增大。最后，当电源电压降低到 112V 时，活塞位移收缩到 g 点，图 5-46 所示为不同状态下的活塞位移与气体力变化曲线。在 a 点，气缸内的气体压力不足以打开排气阀，处于未泵气状态；在 b 点，随着位移的增加，压差的逐渐增大阻碍了活塞位移的增大，压缩

机位于泵气与不泵气的临界转换状态；在 c 点，活塞位移继续增加，压缩机处于稳定泵气状态，泵气的容积效率取决于活塞距离上止点的位置；在 d 点，供电电压稳定在 121.8V，活塞行程位于上止点附近，活塞在越过上止点后的回退过程中，气体力负载突降为零，其非线性特性更加显著，微小的扰动可能会使活塞撞击排气阀；在 e 点，活塞撞击排气阀，预加在排气阀上的弹簧力将直接作用在活塞上；在 f 点，活塞行程持续增大，最终稳定在另一状态。可以看出直线压缩机的负载力具有典型的非线性特性，且该非线性特性随着位移的变化而变化。

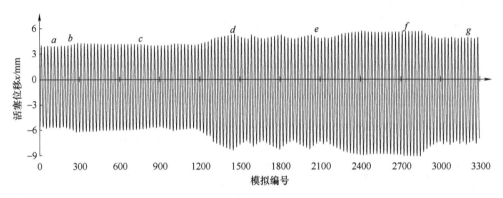

图 5-45　60Hz 运行频率下 a-g 起动过程中的行程响应曲线

以上模拟结果很好地复现了试验过程中出现的压缩机不稳定状态，压缩机在起动过程及运行过程中的两个不稳定敏感区域（泵气点附近和上止点附近）主要是由于在泵气点和上止点处气体力的急剧变化所致。

2. 动子质量影响模拟分析

根据直线压缩机的动力学模型，等效质量或等效刚度系数的增加将降低活塞行程的变化率，进而影响直线压缩机的稳定特性，为验证这一特点，通过改变动子的质量，以两种固定频率 60Hz 和 62Hz 起动直线压缩机，模拟不同等效质量下的活塞行程响应，仿真结果如图 5-47 所示，在上止点附近，当效质量下降 3% 时，活塞行程的跳跃现象更为突出；当质量增加 3% 时，活塞行程没有明显的跳跃现象。

这表明适当增加等效质量有利于避免直线压缩机的不稳定现象。另一方面，增加弹簧的刚度系数也是提高操作稳定性的有效途径。因此，为了确保直线压缩机的可靠性，通过该模型可以优化直线压缩机的等效质量和弹簧刚度系数，从而在较大范围内满足其稳定工作条件。

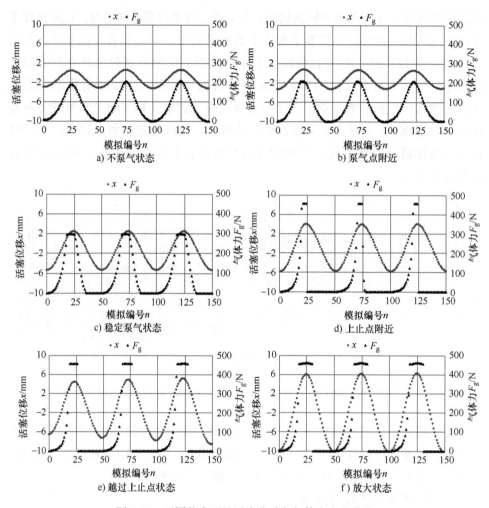

图 5-46　不同状态下的活塞位移与气体力变化曲线

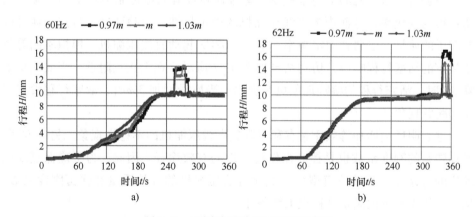

图 5-47　不同动子质量下的行程响应

3. 变工况调节仿真

在变容量调节过程中，气体力负载随活塞位移呈非线性变化。在变容量调节过程中，由于行程的减小导致固有频率的增大，故在频率跟踪调节时，压缩机输出功随供电参数的变化并非单调变化，因此基于压缩机变容量调节特性，需对直线压缩机变容量主动调节过程中的特性变化进行仿真研究。这里通过仿真模拟分析不同活塞直径下的直线压缩机运行特性。

图 5-48 所示为在定频变容量调节过程中，保持压缩机在满行程下的输出功相同，在恒定的供电频率下调节输入电压，所得输出功与输入电压之间的关系。在小活塞直径（≤30mm）条件下，当输出功较小时，输入电压与输出功之间存在着较好的单值对应关系，输出功在满行程附近时，其单值对应关系消失，因此在调节过程中可能产生输出功的不稳定波动或跳跃现象；随着活塞直径的增大，压缩机输出功的变化相对于供电电压的斜率逐渐增大，即当输入电压微调时，相应的输出功会产生较大的变化，即在调节过程中，压缩机输出功容易出现较大幅度的不稳定振荡，不利于变容量的调节。

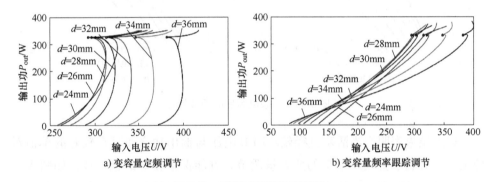

a) 变容量定频调节　　　　　　b) 变容量频率跟踪调节

图 5-48　定频变容量调节特性

图 5-48b 所示为不同活塞直径时，进行频率跟踪变容量调节过程输出功随供电电压的变化曲线。由图 5-48b 可以看出，在小活塞直径（≤30mm）条件下，0~100%变容量调节过程中，供电电压与输出功之间那均存在较好的单值对应关系，即使在越过上止点之后，其单值对应性仍较好，表明在该直径条件下，在变容量频率跟踪调节过程中压缩机不存在不稳定振荡或跳跃现象；随着活塞直径的增大，活塞受力面积也会增大，但达到相同排量所需的活塞行程会逐渐减小，气体力等效动力学参数随行程变化剧烈，压缩机频率变化范围增大，在上止点附近活塞行程与输出功之间的单值映射关系逐渐消失，即在调节过程中，压缩机响应会存在分叉现象，且可能会存在输出功的跳跃。

为改善直线压缩机的电压-输出功之间的关系，可在压缩机电回路中串联电容，以抵消电动机线圈电感引起的无功输入，减小供电电压。图 5-49 所示为串联 15μF 电容后，定频调节与固有频率跟踪调节时的电压与输出功变化曲线。由图 5-49a 可以看出，串联电容后，改善了固定频率下的调节特性，减小了输入电压，这是由于定频调节下电容储存的电压抵消了线圈电感引起的供电电压；而在频率跟踪过程中，由于随着压缩机行程的变化，固有频率逐渐偏离电容电感抵消频率，导致电容电压对电感电压的抵消作用逐渐减小，在大直径活塞下压缩机的调节特性并没有改善，无法避开直线压缩机可能存在的不稳定区域，但仍显著地降低了压缩机的输入电压；对于小直径活塞下压缩机的电压与输出功之间对应关系并未产生较大的影响，但可以减小达到相同输出功条件下的输入电压。

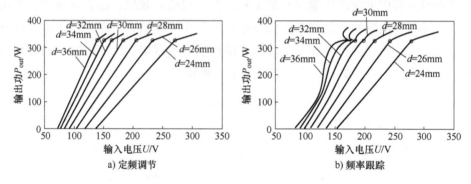

图 5-49　串联电容后的调节特性

以上结果表明，当活塞直径较小时其电压与输出功之间存在较好的单值对应关系，有利于直线压缩机的变容量调节，且能保证较好的稳定性，如图 5-50 所示。随着活塞直径的增大，为满足上止点处的相同排量及固有频率条件，动子质量逐渐增大，在模拟工况及额定排量下，存在最佳活塞直径（30mm 左右）使压缩机效率最高。

进一步，对 30mm 活塞直径的直线压缩机变容量调节特性进行分析，如图 5-51a 所示，模拟对比频率跟踪与定频条件下有无串联电容时的电压-输出功对应关系。由图 5-51a 可以看出，串联电容后，其供电电压显著减小，频率跟踪时具有较好的电压与输出功对应关系，压缩机的行程增加过程始终处于稳定状态。但在定频调节时，随着供电频率与固有频率的偏离，压缩机效率逐渐降低，如图 5-51b 所示。因此，在主动变容量调节过程中，可以采用频率跟踪策略，选取合适的活塞直径，避开调节过程中可能存在不稳定振荡的活塞直径，同时可串联电容来减小输入电压，以维持压缩机的稳定高效运行。

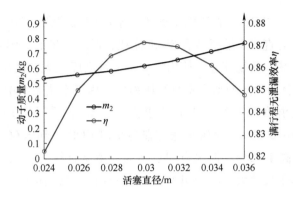

图 5-50   不同活塞直径下满行程效率与相应的动子质量

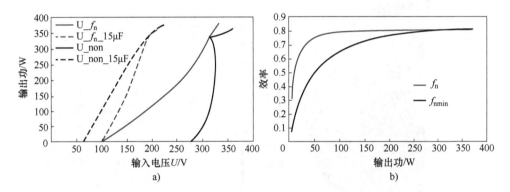

图 5-51   30mm 活塞直径下的调节特性与效率对比

5.1.7   普冷温区的典型应用

1. 家电制冷

在家电制冷方面，直线压缩机的应用主要在冰箱及冰柜等领域，且在市场上已经出现成熟的商业化产品，主要以韩国 LG 公司和巴西 Embraco 公司的直线压缩机产品为主。部分学者也将直线压缩机在空调工况下进行了测试和研究，并取得了较为满意的研究成果，但在市场上仍未出现商业化的产品。

LG 公司从 2002 年开始市场化直线压缩机驱动的冰箱，该压缩机采用动磁式直线电动机（见图 5-52），支撑结构为柱形弹簧，压缩机结构如图 5-52b 所示，由于支撑结构为柱弹簧，活塞受到的侧向力较大，且并未采用气体轴承技术，因此还未实现无油润滑。Lee 等将 LG 公司的直线压缩机与传统的活塞压缩机的性能做了对比，表明 LG 公司的压缩机比传统的压缩机能源效率高 20% ~ 30%。Lee 等测试了 LG 公司的新一代的直线压缩机，被称为 "Innovative Linear Compressor"，相比于直流无刷（BLDC）电动机驱动的活塞压缩机节省了 20% 能耗，相比 LG 公司生产优化前的直线压缩机节省 8% 的能耗，但压缩机的具体制冷性能数据并未给出，同时为减少活塞偏移，使用的柱形弹簧刚度较大，使压缩机机身较重。一些学者将 LG 公司生产的动磁式直线压缩机，用于空调系统中，在 ASHRAE-T 工况下（即蒸发温度为 7.2℃，冷凝温度为 54.4℃），采用 R410A 冷媒，制冷量调节范围为 1000~6000W，3500W 额定制冷量时 COP 达到 3.66，电动机效率为 92%，等熵效率高于 85%。但也有观点认为，由于直线支撑结构柱形弹簧的刚度大，导致其体积尺寸大，在应用中还需进一步改进其结构设计。

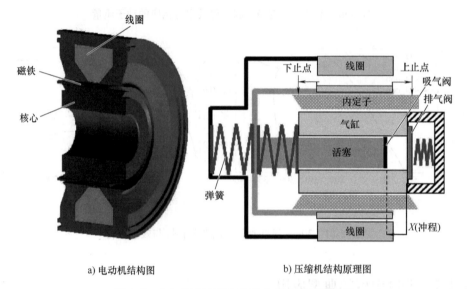

a) 电动机结构图   b) 压缩机结构原理图

图 5-52　LG 公司设计冰箱用动磁式直线压缩机

　　Embraco 公司于 2014 年发布了智驱系列冰箱用无油直线压缩机（WMD7H），压缩机对应的外观图和内部图如图 5-53 所示，该机适用于 50~260V 的宽电压范围，采用了新型材料及结构，压缩机高度为 106mm，质量为 4kg。该机已获得 3C 认证，适用于 R600a 和 R134a 环保制冷剂，对应的 COP 分别为 2.34 和 2.21。

　　中国科学院理化技术研究所从 2007 年起开展直线压缩机在普冷领域的应用研究，通过对直线压缩机进行优化，其结构如图 5-54 所示，同时提高了机械加工精度，采用制冷工质为 R290 的直线压缩机在冷凝温度为 54.4℃、蒸发温度为 -23.3℃ 的冷柜国家标准工况下，制冷量为 672W，COP 为 1.97；研制的 R600a 直线压缩机在冰箱国家标准工况下制冷量为 183.48W，COP 为 2.09；在研制了 R290 空调样机，在制冷工况下（$T_e = 2.7℃$，$T_c = 42.3℃$），COP 为 4.23；在制热工况下（$T_e = -23.3℃$，$T_c = 45℃$），COP 为 3.20，且变容量调节性能优异，制冷

a) 外观图

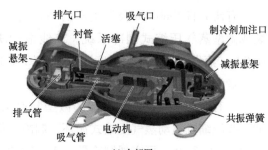

排气口　　吸气口　　制冷剂加注口

减振悬架　衬管　活塞　　减振悬架

排气管　　吸气管　　电动机　　共振弹簧

b) 内部图

图 5-53　Embraco 公司研制的冰箱用直线压缩机

量输出降到 25% 时压缩效率衰减低于 5%。

2. 电子冷却

对于直线压缩机在电子冷却的应用方面，诸多学者对各种形式的直线压缩机进行了大量研究工作，但目前仍停留在原理样机阶段，市面上并未出现成熟的产品。

图 5-54　中国科学院理化技术研究所研制的冰箱用直线压缩机

如图 5-55 所示为 SunPower 公司设计的动磁式直线压缩机，其使用板弹簧和气体轴承两种支撑方式来实现间隙密封，采用双缸对置式结构来降低振动，与蒸发器和冷凝器整合成的微型制冷系统可用于 CPU 冷却。该系统的蒸发温度和冷凝温度分别为 20℃ 和 55℃ 时，可排出热量为 1250W，制冷系数为 3.6，对应运行频率为 95Hz。

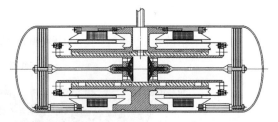

图 5-55　SunPower 公司设计的动磁式直线压缩机

图 5-56 所示为利用商用动磁式直线电动机研制的用于电子冷却的直线压缩机样机，采用柱形弹簧作为支撑结构，该样机主要用来证实压缩机模型，因此该样机的制冷性能的详细细节并未给出，该样机的容积效率和等熵效率大约为 50% 和 57%。

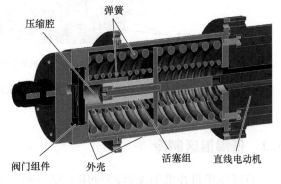

压缩腔　　弹簧

阀门组件　外壳　活塞组　直线电动机

图 5-56　直线压缩机结构剖面图

　　有研究将Embraco公司生产的动磁式直线压缩机与微通道换热器结合，组装成微型蒸气压缩式制冷系统。直线电动机效率为71%，采用的制冷工质为R600a，蒸发温度和冷凝温度分别为10℃和45℃，在此工况下制冷系数为2.55，排热量为34.6W，等熵效率为42%。

　　也有应用于航空电子冷却的微型制冷系统，由Embraco公司提供的新型无油直线压缩机驱动蒸气压缩式循环，制冷工质为R134a，测试结果表明，压比范围为1.54~3.75，可实现制冷量为37~374W，COP变化范围为1.04~5.8，其中压比为3，蒸发温度为5℃时，对应的COP约为2.5。

　　图5-57所示的压缩机是由牛津大学自主研发设计的无油动磁式直线压缩机，采用对置式结构，支撑方式采用双侧板弹簧，分别用氮气和R134a进行了测试，电动机效率能在较宽的运行参数范围内达到80%，在20℃/54℃的工况下，能实现384W的制冷量，COP达到3.2。

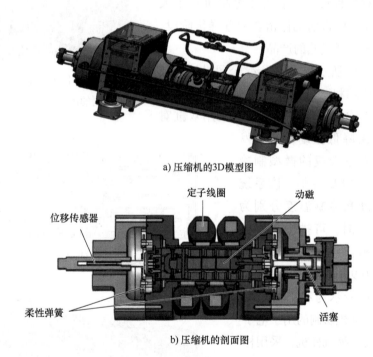

a) 压缩机的3D模型图

b) 压缩机的剖面图

图5-57　牛津大学自主研发设计的无油动磁式直线压缩机

5.2　低温温区制冷

　　直线压缩机在低温温区的应用主要有两个方面，一方面是作为回热式低温制冷机的压力波发生器，通过将电功转换为工质的压力波脉动从而驱动制冷机工作，如 G-M 制冷机、斯特林制冷机和脉冲管制冷机等；另一方面则是在 20K 以下温区，由于氦气强烈的非理想气体特性，导致回热式制冷机效率低下，故而采用大压比直线压缩机驱动的 J-T 节流制冷机，其具有质量轻、运行寿命长、效率高等诸多优点，从而在该温区广泛应用。以下对两种低温系统中的直线压缩机特性及测试方法进行介绍。

5.2.1　回热式制冷

在回热式低温制冷系统中，直线压缩机驱动的低温制冷机无吸、排气阀，压缩机作为驱动器为制冷机提供了所需的压力振荡，从而实现工质在制冷机内部的交流运动。直线压缩机的结构简单，损耗小，效率高，但其加工精度和装配精度要求较高，是直线压缩机技术发展的主要限制因素。目前，直线压缩机驱动的低温制冷机可以实现从室温到极低温的各种温度。国内外对低温区的制冷机做了大量研究工作，如美国国家标准与技术研究院（NIST）、TRW 公司、SunPower 公司、Praxiar 公司、欧洲 Thales 公司、以色列 Ricor 公司、浙江大学、中国科学院上海技术物理研究所、中国科学院理化技术研究所等。

对于小型回热式低温制冷机用直线压缩机，主要有动磁式和动圈式两种类型。动圈式原理简单且无径向力，适用于小功率空间用的低温制冷机场合。动磁式相比于动圈式而言，功率密度更高，功率相同时，需要的永磁体更少，因此制造成本更低，是大功率脉冲管制冷机应用的发展方向。

国内外众多研究机构、高校和商业公司都在直线压缩机的研发和生产方面做了大量有意义的工作。表 5-9 所示为国内外各单位回热式制冷机用直线压缩机基本参数与性能总结。

表 5-9　国内外各单位回热式制冷机用直线压缩机基本参数与性能总结

研究单位	型号	类型	基本参数	制冷性能	质量/kg
Ball	SB260	动圈式	扫气容积 5cc（$1cc=1cm^3=1mL$）运行频率 30~45Hz	0.5W@31K，$W_e=53W$	—
	SB230		扫气容积 5cc	0.6W@35K，$W_e=55W$	—
	SB235		扫气容积 13.6cc	1W@35K，$W_e=150W$	—
	SB235E		扫气容积 37cc	3W@35K，$W_e=255W$	—

（续）

研究单位	型号	类型	基本参数	制冷性能	质量/kg
LM-ATC	L-1710C	动圈式	扫气容积 3.6cc 活塞直径 17mm 最大行程 8.5mm	1.5W@55K，比功 46W/W 2.9W@80K，比功 18W/W	7.2
	L-2010		扫气容积 5cc 活塞直径 20mm 尺寸 112mm×274mm	2.4W@60K，W_e=70W 无负载 最低温度 32K 压缩机效率 76%	7.2
	LCC		扫气容积 24cc 运行频率 31Hz	125mW@10K，W_e=240W 无负载最低温度 5.35K	—
	Mega	动磁式	扫气容积 40cc	1.66W@35K&17.0W@85K W_e=650W	20kg
	M3-MIDI		扫气容积 6~10cc	0.75W@75K&6W@130K W_e=117W	—
	M5-MIDI		扫气容积 6~10cc	电动机效率 91%	—
NGAS/ NGST/ TRW	—	动圈式	扫气容积 1cc 运行频率 55Hz	530mW@80K，W_e=17.8W	—
	MKII		扫气容积 20cc	1W@35K，W_e=200W 无负载最低温度 29.2K	—
	—		扫气容积 10cc 运行频率 44.6Hz	1.63W@55K，W_e=112W	—
	3020		运行频率 43~48Hz	2W@60K，W_e=78W	12
	3503		扫气容积 10cc 运行频率 43~48Hz	300mW@35K，W_e=82W	12
	HEC		扫气容积 6cc	10W@95K，W_e=100W	4.3
	—		扫气容积 1.67cc 运行频率 80Hz	5W@90K	0.8
	—		扫气容积 26cc	9W@35K，19.11W@85K W_e=500W	—
	—		扫气容积 0.65cc 运行频率 100Hz	1.1W@77K，W_e=41W	0.415
Ray-theon	PSC	动圈式	尺寸 ϕ103mm×418mm	1.2W@35K&3W@60K	7.0
	RSP2-I		扫气容积 7.5cc	1W@35K&7W@100K，W_e=170W	—
	RSP2-II		扫气容积 6cc 运行频率 50Hz	1.1W@40K&6.6W@110K W_{pv}=124W	—

（续）

研究单位	型号	类型	基本参数	制冷性能	质量/kg
Ray-theon	HC-RSP2	动圈式	—	2.6W@35K&16.1W@85K $W_e = 513W$	—
	MC-RSP2		—	2.4W@58K&6.1W@110K $W_e = 166W$	—
	LT-RSP2		—	350mW@12K	—
SunPower	M77	动磁式	气体轴承技术	75K 温区	—
	M87		—	150W，7.5W@77K	—
	M87N		M87 升级版，用于 ASM-02 探测器冷却		—
	MT		CryoTel® 系列	5W@77K，$W_e = 80W$	—
	CT			10W@77K，$W_e = 160W$	—
	GT			15W@77K，$W_e = 240W$	—
	—		扫气容积 100.8cc 运行频率 30Hz	4.8W@80K&270mW@27K& 10mW@5.5K，$W_e = 200W$	11
	CPT60		—	100W，2W@60K	—
CFIC Qdrive	—	动磁式	57.3Hz，14cc，2.0MPa	172W PV 功，5W@70K	—
	2S241w		60Hz，2.5MPa	3kW，144W@80K；4200W，3300W PV 功，84%电动机效率，13.2%比卡诺效率	—
NIST	—	动圈式	扫气容积 20cc，运行频率 40Hz	压缩机效率 62%	—
Oxford	第一代	动圈式	运行频率 45Hz	875mW@80K，$W_e = 29W$	5
	第二代		设计 100W 输入功率	—	2.5
	—		—	1.5W@80K，$W_w = 25W$ 无负载最低温度 80K	3.1
Hy-matic	—	动圈式	与 Oxford 和 TRW 合作生产牛津型直线压缩机	500mW@80K	
				2W@60K（5W@80K）	
				200mW	
				500mW	
				5W	
Thales	LSF91XX	动磁式	—	0.5~3W@80K	—
	LSF9320		扫气容积 12cc	6W@80K	—
	LPT9110		—	65mW@80K，$W_e = 60W$	—
	—		运行频率 55Hz	2.3W@50K，$W_e = 160W$	4.2

（续）

研究单位	型号	类型	基本参数	制冷性能	质量/kg
Israel Ricor	K532	动磁式	压缩机采用单电动机驱动，搭配被动减振技术	0.6W 冷量，45W 输入功率	—
	K533			5W 冷量，200W 输入功率	—
	K539			1W 冷量，90W 输入功率	—
	K508			0.22W 冷量，17W 输入功率	—
	K548			0.55W 冷量，40W 输入功率	—
	K560			0.17W 冷量，14W 输入功率	—
	K527			180mW@100K，$W_e<5W$	—
日本住友	—	动圈式	—	6W@70K，$W_e=150W$	—
	—		扫气容积 9.5cc，运行频率 25Hz	200mW@19K，$W_e=90W$	7.0
			扫气容积 3.1cc，运行频率 52Hz	2W@80K，$W_e=50W$	
日本富士	—	动圈式	运行频率 50Hz	2.5W@70K，$W_e=100W$	—
	—	动磁式	—	2.5W@70K，$W_e=100W$	—
韩国 LG	—	动磁式	运行频率 60Hz	4.9W@65K，$W_e=270W$	10
印度	—	动磁式	扫气容积 2cc	35.2W 输入功率，输出 18W PV 功	—
中国科学院理化技术研究所	—	动圈式	扫气容积 2cc	500mW@80K	—
			扫气容积 4cc	1W@80K	—
			扫气容积 5cc	200mW@60K	—
			扫气容积 10cc	1~2W@60K	—
	CFIC-2S102W		运行频率 40~60Hz	0.8W@80K	—
	—	动磁式	运行频率 100Hz	12.4W@80K，$W_e=183W$ 无负载最低温度 31.8K	—
			运行频率 100Hz	10W@80K，$W_e=217.5W$ 相对卡诺效率 13.1%，无负载最低温度 39K	4.3
中国科学院上海技术物理研究所	牛津型	动磁式	扫气容积 1.6cc 运行频率 40Hz	500mW@80K，$W_e=22W$ 无负载最低温度 43K	3.1
	斯特林		扫气容积 8.5cc 运行频率 40Hz	3W@80K，$W_e=106W$ 电动机效率 82%	—
	单磁钢		扫气容积 9cc 运行频率 40Hz	10W@90K，$W_e=120W$ 电动机效率 81%， 无负载最低温度 42K	—
	双磁钢		扫气容积 10.5cc 运行频率 45Hz	6W@80K，$W_e=143W$ 电动机效率 85%	—

5.2.2　J-T 节流制冷

J-T 节流制冷通常采用有阀直线压缩机，相比于回热式制冷机中的工质交变运动，有阀直线压缩机由于采用了单向簧片阀的吸排气形式，使工质在系统中为单向流动，因而可以实现较高的压比；由于其结构紧凑，效率高，且直线电动机动子直接驱动活塞运动，活塞的行程与输入电压成正比，使压缩机可以在变工况下高效地运行。

制冷工质流经阻力元件后压力显著下降的现象称为节流。由于节流过程绝热，动能和势能变化可以忽略，由能量守恒可知节流前后工质的焓值相等，即 $h_1 = h_2$，如图 5-58 所示。由于实际气体的焓值是温度和压力的函数，因而节流后气体的温度将发生变化，这种现象称为焦耳-汤姆孙（Joule-Thomson）效应。

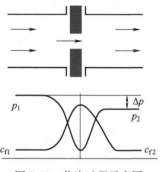

图 5-58　节流过程示意图

实际气体的节流过程如图 5-59 所示，在工质的温度-压力图上，节流前后工质的状态位于同一条等焓线上，且工质的温度存在升高、降低及不变三种情形。所有温度-压力变化率为零的点形成的线称为转化曲线，如图 5-59 中虚线所示，在虚线的左侧称为节流温降区，右侧为节流温升区。如式（4-46）所示，μ_{JT} 为节流过程中温度随压力的变化关系。

$$\mu_{JT} = \left(\frac{\partial T}{\partial P}\right)_h \qquad (4\text{-}46)$$

μ_{JT} 称为 Joule-Thomson 系数。当 μ_{JT} 大于零时，节流后工质温度降低；当 μ_{JT} 小于零时，节流后工质温度升高。

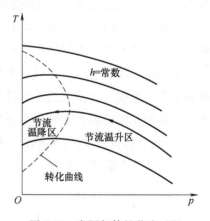

图 5-59　实际气体的节流过程

图 5-60 所示为各种气体的微分节流效应。由于 μ_{JT} 大于零为节流冷效应，可见在室温 300K 附近进行节流时，氮气、氩气、二氧化碳等气体均为节流冷效应，而氦气和氢气却为节流热效应。事实上，绝大部分气体的最高转化温度均高于 300K，可以直接通过基本节流循环进行节流制冷；而氦气、氢气和氖气的最高转化温度均低于 300K，无法直接利用 Joule-Thomson 效应来制冷，而需要采用膨胀机或通过预冷来降低节流前的温度，然后再通过节流进行制冷，即需要

采用预冷型节流循环。其中，氦气的最高转化温度约为 40K 左右，因此需要将氦气预冷至 40K 以下才能进行节流降温。

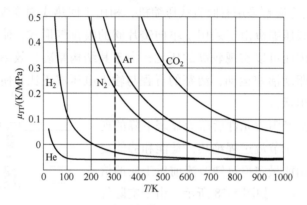

图 5-60　各种气体的微分节流效应

图 5-61 所示为直接进行节流膨胀降温的基本型 J-T 节流制冷机，循环由以下几个过程组成：等压换热过程 1-2 和 4-5，绝热节流过程 2-3，绝热压缩过程 5-1。过程 1-2 为压缩机出口的高温高压气体流经换热器被回流工质预冷；2-3 过程为工质进入节流阀节流膨胀降温的过程，从而获得了气液两相混合物；3-4 过程为节流降温后的工质在蒸发器中提供冷量的过程；过程 4-5 为回流工质通过换热器预冷来流的高温高压气体；换热器出口的高温低压气体进入压缩机绝热压缩，从而获得高压气体，完成整个循环。该系统主要由压缩机、节流阀、换热器和蒸发器组成，其循环组成元件与蒸气压缩式基本循环类似，压缩机在系统中所起到的作用是提升工质压力及完成工质的输送。由于前述 5.1 节已经对有阀直线压缩机的特性进行了介绍，本节仅对有阀直线压缩机驱动的 J-T 节流系统的基本参数及性能进行介绍。

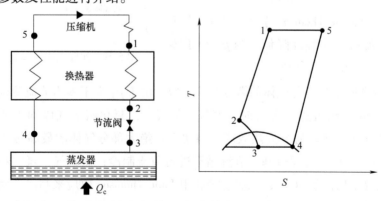

图 5-61　基本型 J-T 节流制冷循环

在实际应用中，J-T 节流循环的工质一般为液氦，用于空间探测任务。多采用单级或多级预冷（斯特林制冷机或脉冲管制冷机）使工质温度降低至节流温降区。目前 J-T 节流制冷的关键技术主要掌握在美国、日本和欧洲等国家手中。表 5-10 所示为国内外各单位在有阀直线压缩机驱动的 J-T 节流制冷机方面取得的研究进展。

表 5-10　国内外各单位在有阀直线压缩机驱动的 J-T 节流制冷机方面取得的研究进展

研究单位	压缩机	预冷	制冷性能
日本住友重工	两级直线压缩机	两级斯特林预冷 预冷温度：89.99K，18.10K	工质：^{4}He 总输入功：145.1W J-T 侧耗功：55.9W 高压：1.999MPa 低压：0.121MPa 工质流量：8.66mg/s 制冷量：50.1mW@4.42K
	四级直线压缩机	两级斯特林预冷 预冷温度：<90K，<15K	工质：^{3}He 总输入功：131W J-T 侧耗功：51W 高压：0.7MPa 低压：0.007MPa 制冷量：10mW@1.7K
英国 RAL	两级直线压缩机	两级斯特林预冷 预冷温度：120K，16.5~18K	总输入功：126W J-T 侧耗功：53.5W 高压：1.0MPa 低压：0.1MPa 工质流量：3mg/s 制冷量：11mW@4.35K
美国 Ball Aerospace	—	三级斯特林预冷 预冷温度：170K，40K，15K	高压：0.8MPa 低压：0.11MPa 制冷量：11.6mW@4.54K
中国科学院理化技术研究所	单级直线压缩机	三级斯特林型脉冲管制冷机预冷 二三级预冷量及温度： 6.4W@65K，91.8mW@12K	总输入功：473W J-T 侧耗功：22.7W 高压：0.8MPa 低压：0.11MPa 工质流量：3mg/s 制冷量：11.6mW@4.54K 无负荷制冷温度：4.4K

（续）

研究单位	压缩机	预冷	制冷性能
浙江大学	—	两级 GM 制冷机预冷	制冷剂流量：9.3mg/s 制冷量：48.94mW@4.43K
中国科学院上海技术物理研究所	单级直线压缩机	两级 GM 制冷机预冷，预冷温度：37K，11K	J-T 侧压缩机耗功：34W 高压：0.26MPa 低压：0.07MPa 工质流量：3mg/s 制冷量：10.8mW@4.09K

第 **6** 章

直线压缩机控制技术

6.1 直线压缩机的控制需求

6.1.1 直线压缩机控制需求概述

直线压缩机最突出的优势在于简化了结构，取消了曲柄连杆传动机构带来的机械传动效率优化，同时也相应带来了运行特性变化。其中对压缩机工作状态影响最明显的是活塞行程的不确定性。由于缺乏传统压缩机中传动机构的刚性限制，直线压缩机的活塞在运动过程中的上下止点并不固定，其变化取决于直线电动机输入电压参数和气体负载的变化。当供给直线压缩机的输入电压参数或与压缩机气体负载有关的温度、压力参数发生改变时，直线压缩机的运动状态就会发生变化。这种工作状态的不稳定现象带来的影响如下，一方面可能由于活塞行程的降低而大大降低制冷系统的制冷能力和工作效率；另一方面可能由于活塞行程的突然变大而发生活塞冲缸现象，这样不仅影响了直线压缩机的正常工作，甚至有可能损坏压缩机。虽然在实验室条件下，可以采用精度较好的试验设备以保证工况和输入电压参数的稳定，但为了满足商用化要求，多变工况条件下的可靠性和适应性就应该予以考虑。因此为了直线压缩机的实用性，保证其工作状态和工作寿命，必须针对其特性设计一套控制系统。

根据机械振动理论，当励磁电源的频率越接近系统固有频率时，越容易出现振动幅度的突变。如图 6-1 所示，在不同的阻尼比的情况下，都表现出了驱动电频率越接近系统固有频率，即共振时，振幅放大因子越趋近于出现非线性的放大效应。

这种非线性的放大效应给直线压缩机带来了很大的影响。一方面，直线压缩机理论上高效率的重要原因之一，就在于共振效应带来的非线性的输入输出比；另一方面，导致直线压缩机在一定条件下存在不稳定工作状态，如图 6-2 所示。在稳定状态时，输入电压逐渐上升而行程保持稳定上升，具有可控性；当在某个电压值下行程突然迅速增大，此时即发生行程跳跃现象，直线压缩机从稳定状态进入不稳定振荡状态，不具有可控性；当逐渐降低电压后，又可由不稳定振荡状态恢复到稳定状态。研究指出，这种电压增加过程中发生的行程跳跃现象正是由于共振引起的。因此如

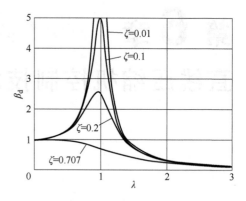

图 6-1　不同阻尼比下的幅频特性曲线图

何保证高效率运行的同时避免不稳定现象出现就成了直线压缩机控制策略的核心问题。

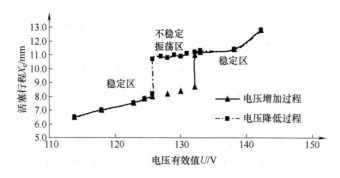

图 6-2　直线压缩机的行程跳跃现象

　　由前述可知，在其他条件已知的情况下，直线压缩机固有频率与气体负载的等效弹性系数和活塞位移直接相关。由此可见系统固有频率与活塞位移存在对应关系，可以使控制特定频率转化为控制活塞的位移量。所以为实现这一控制目标，必须对直线压缩机进行特性分析，总结出各参数对直线压缩机位移量的影响，并在此基础上，找到合适的方法对活塞位移进行精确控制。

　　另外，活塞行程变化会对活塞运行余隙产生较大影响，从而影响直线压缩机的容积效率，由于直线压缩机自由活塞结构特性使其具有行程多变性的特点，当活塞行程在小于上止点位置运行时，直线压缩机的出力将会大大降低，因此，精确的上止点控制是实现直线压缩机全负荷出力的重要保证。

此外，由于随着制冷装置能效等级的不断提高，市场对于具有变排量功能的压缩机需求越来越大。其原因在于变排量压缩机可以产生不同的制冷量以应对多种多样的负载工况变化，从而达到节能省电的目的。目前主要采用使用变频变压（VVVF）技术的变频压缩机，其基本原理是根据负荷大小调整电动机激励电源的频率，从而改变压缩机转速进而调整制冷量，大负荷时高频率运行，小负荷时低频率运转，同时在开停机时也要相应地调整起动和停机频率，使压缩机制冷能力与工况更加匹配，开停机次数的减少使起动电流较小，同时也减小了目标区域的温度波动，从而大大降低了能耗。直线压缩机作为新一代的冰箱压缩机，在这一领域更是具有得天独厚的优势。其优良的变排量特性，不仅能够像普通变频压缩机一样通过调频实现容量变化，也能够通过更简单的调压实现，而且可调容量的范围更大，对变频器的范围要求更低。当然调整容量时会发生效率降低的情况，但可以根据需求，通过合理控制排量减小能效的损失。因此即使在变排量工作时，也应该在控制器中设计好频率与电压同步相应调整的策略。

鉴于此，可以将直线压缩机的主要控制目标归纳为以下几点：①进行活塞位移量的监测与控制；②活塞运行的上止点（TDC）控制；③在变排量运行时排量与效率调节控制；④压缩机运行过程中出现故障时的控制。由以上控制目标分析可知，对直线压缩机活塞位置的感知是控制系统的关键。

6.1.2　直线压缩机活塞位移特性

如前所述，直线压缩机气体力不仅会造成压缩机运行过程中固有频率的变化，同时也会导致活塞运动中心位置的偏移，因此分析直线压缩机活塞的位移特性，首先应明确活塞在气缸内的位置关系。图 6-3 所示为活塞位置关系示意图。图中 p_s 为吸气压力，p_d 为排气压力；O 点是静止时活塞的位置，O' 点是运动时活塞的振动中心，ΔX_0 为 O 到 O' 的距离；X 为活塞振幅，活塞总行程为 $2X$；X_t 为活塞上止

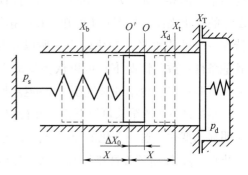

图 6-3　活塞位置关系示意图

点（TDC），X_b 为活塞下止点（BDC），X_d 为开始排气的位置点，X_T 为气缸头，即设定上止点。由此图可知，要描述活塞位置只需要确定行程及振动中心即可。

虽然位移传感器是确认活塞行程最直观的方法，但在不采用成本昂贵的位

移传感器时，就需要通过对直线压缩机运行时的其他参数进行比较计算，从而间接获得可供参考的行程值。直线压缩机工作时行程随电压非线性变化，不能采用简单列表方式通过输入电压直接控制活塞行程。根据直线压缩机数学模型可知，通过采集直线压缩机工作过程中电压和电流的即时数值，可以计算得到活塞行程。

由直线压缩机电路控制方程：

$$u(t)=i(t)R_e+L_e\frac{\mathrm{d}i(t)}{\mathrm{d}t}+K_0\frac{\mathrm{d}x(t)}{\mathrm{d}t} \tag{6-1}$$

可以推出：

$$\frac{\mathrm{d}x(t)}{\mathrm{d}t}=\frac{1}{K_0}\left(u(t)-i(t)R_e-L_e\frac{\mathrm{d}i(t)}{\mathrm{d}t}\right) \tag{6-2}$$

因而在已知直线压缩机相关参数的情况下，可以得到直线压缩机的行程计算公式：

$$x(t)=\frac{1}{K_0}\int_0^t(u(T)-i(T)R_e)\mathrm{d}t-\frac{L_ei(t)}{K_0} \tag{6-3}$$

该计算结果可以直接计算出活塞的相对位置，因此通过一个周期内的极大值和极小值可以得到活塞在这个周期内的总行程值。在行程确定后，只需确定振动中心偏移量 ΔX_0 即可实现直线压缩机活塞位置的控制。

由于吸排气压差的存在，直线压缩机的活塞振动中心会向远离排气阀的方向后退，图 6-4 所示为在不同排气压力情形下，直线压缩机活塞振动中心偏移量 ΔX_0 的变化规律。从图 6-4 可知，在吸排气压差不变的时候，振动中心也基本维持在一个平均水平，变化较小。所以在气缸横截面面积一定，吸气压力不变，其他条件一致的情况下，可以认为振动中心的偏移量只与排气压力相关，因此通过试验可以获得不同排气压力下的振动中心偏移量，如图 6-5 所示。

根据图 6-4 的结果可以看出，在行程较大时，振动中心的偏移量会有一个相对明显的变化。这一变化的原因是活塞运行时的上止点位置 X_t 已经超出了设定上止点 X_T，撞击到弹性排气阀，从而导致活塞在上止点一侧的真实振动幅度相比不受阻碍的振动所能达到的位置要更小，进而使振动幅度平均得到的振动中心更接近下止点一端。这就使活塞振动中心偏移量的计算在活塞行程较大时误差较大，对活塞位置的判断也不够准确。从图 6-4 中也可看出，当振动中心发生较明显变化时，活塞上止点 X_t 已经超出设定上止点 X_T 较多，因此不易做出及时准确的判断。

综上，在控制系统中通过分别计算活塞振动中心偏移量 ΔX_0 与活塞总行程

X，即可得知活塞的运动状态，但直线压缩机运行过程中吸排气压力会受到运行环境工况、制冷工质物性等多个因素的影响，因此，活塞振动中心位置存在多变的可能，需寻找其他可靠方法来判断压缩机上止点位置。

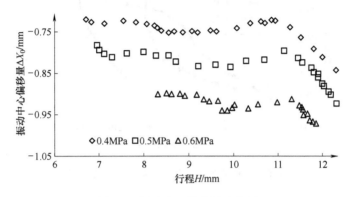

图 6-4　振动中心偏移量示意图

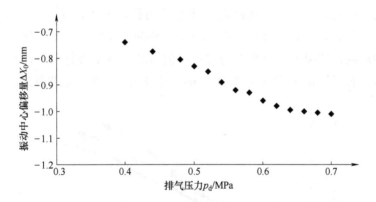

图 6-5　不同排气压力下的振动中心偏移量

6.1.3　压缩机运行参数的上止点特性

在前文直线压缩机理论模型进行仿真计算时，发现输入功率及电流-位移波形的相位差等参数在设定上止点附近存在现拐点，因此可以作为监测参数，用于直线压缩机上止点位置的控制。这些特征参数在上止点位置出现拐点的原因为随着行程的增大，活塞向排气侧方向移动，活塞最前端最终会冲出气缸的限定范围而撞击排气阀，从而影响了直线压缩机的运行状态，从而导致在设定上止点处出现变化拐点。

图 6-6 所示为不同排气压力下功率和电压关系图。图中结果可见，输入功率最初随电压上升而增加，但在某一点处会出现拐点，超过这一拐点后，电压继

续增加，但功率的增长幅度却会降低，与上文仿真计算结果相似。

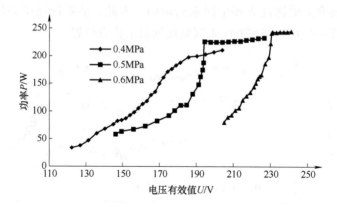

图 6-6　不同排气压力下功率和电压关系图

图 6-7 所示为对应情形下输入功率的上止点特性试验结果。观察功率在设定上止点附近的变化，可以看出随着上止点的前移压缩机的输入功率也在增大，当上止点到设定上止点附近时，输入功率波形的变化率发生了变化，尤其是在排气压力较高的情况下，上止点超过一定值后功率基本维持一个水平值。功率变化拐点位置平均在 X_t 等于 4.7~4.8mm，这与仿真计算结果非常接近。

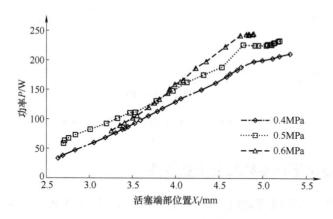

图 6-7　输入功率的上止点特性试验结果

图 6-8 所示为相应过程中电流-位移相位差的上止点特性试验结果，图中结果显示在各个压力条件下，直线压缩机在工作过程中的电流-位移相位差，在活塞上止点接近设定上止点之前，一直随上止点前移而逐渐下降。在刚刚超过设定上止点时，电流-位移相位差会出现一个变化拐点，其位置与功率拐点位置也基本相同。

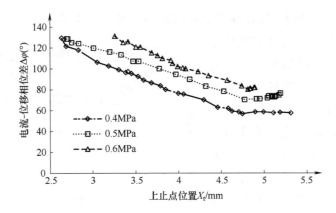

图 6-8　电流-位移相位差的上止点特性试验结果

图 6-9 所示为某型号直线压缩机在一定吸排气压力下压缩机等效刚度在不同运行频率下随行程变化。图中可以看到等效刚度存在三个阶段的变化趋势，从

能量角度分析压缩机等效刚度可视为压缩机排气后剩余气体膨胀做功，在压缩机泵气点前这一阶段，随着行程的增加压缩机压缩气体增加，但由于不排气，因此膨胀气体量随行程的增加而增加，到达泵气点位置时，气体膨胀量达到最大值，因此气体等效刚度达到最大值；随着行程的继续增加，排气量增加，气体膨胀量逐渐减小，

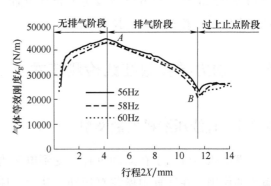

图 6-9　等效刚度随行程变化

因此气体等效刚度逐渐减小；到达上止点位置时，气体等效刚度最小；行程继续增加时，超过上止点位置后，除气体压力的作用力之外，还有作用在活塞头部与排气阀之间的作用力，排气阀弹簧刚度叠加气体等效刚度，使气体等效刚度增加。

图 6-10 所示为在一定吸排气压力下压缩机气体等效阻尼系数在不同运行频率下随行程变化。图中可以看到与等效刚度类似，压缩机气体等效阻尼系数同样存在三个阶段的变化趋势，从能量角度分析，压缩机等效阻尼可视为压缩机排出气体所带走的能量。在压缩机泵气点前这一阶段，随着行程的增加压缩机压缩气体增加，但由于不排气，因此膨胀气体量随行程的增加而增加，到达泵气点位置时，气体膨胀量达到最大值，气体等效阻尼逐渐减小；随着行程的继

续增加，排气量增加，气体膨胀量逐渐减小，因此气体等效阻尼逐渐增加；到达上止点位置时，气体等效阻尼达到最大值；但60Hz时，气体等效刚度在上止点位置的拐点特性并不明显。行程继续增加超过上止点位置后，由于这一阶段行程增大，排出气体总量不变，因此气体等效阻尼减小。

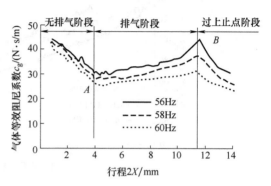

图6-10　气体等效阻尼系数随行程变化

可以看出，直线压缩机的输入功率、电流-位移相位差、等效刚度、等效阻尼等参数与上止点位置有一定关系，因此可综合利用这些参数作为控制过程特征参数，考察其变化趋势以保证活塞行程到达设定上止点位置，进行活塞上止点判断、行程监测及固有频率跟踪三大关键技术功能

6.2　动力学参数在线检测技术

6.2.1　直线压缩机矢量模型

直线压缩机动子在运动过程中受到电磁力、弹簧力、气体力、惯性力及摩擦力的作用，在气缸中做往复运动。其中气体力由于受活塞运动和吸排气压差的影响，而呈现非线性和时变的特点，为直线压缩机研究和控制造成不便。因此，常将非线性气体力用等效弹簧力和等效阻尼系数进行线性化表示，得到的直线压缩机数学模型如式（6-4）所示：

$$\begin{cases} R_e i + L_e \dfrac{\mathrm{d}i}{\mathrm{d}t} + K_0 \dfrac{\mathrm{d}x}{\mathrm{d}t} = u \\[2mm] \dfrac{m_1 m_2}{m_1 + m_2} \dfrac{\mathrm{d}^2 x}{\mathrm{d}t^2} + (c_f + c_g)\dfrac{\mathrm{d}x}{\mathrm{d}t} + (k_s + k_g)x = K_0 i \end{cases} \tag{6-4}$$

线性化处理后的直线压缩机数学模型中各电压分量和力学分量可在矢量图中进行表示，从而可以得到直线压缩机矢量模型向量表示，如图6-11所示。根据活塞速度与电流的相对位置关系，直线压缩机各变量矢量位置关系分为图6-11a $\alpha \le 0°$，图6-11b $\alpha > 0°$两种情况，其中 α 为活塞速度与电流的相位差（°）。

假设在直线压缩机上施加电压满足

$$u = U_m \cos \omega t \tag{6-5}$$

根据对非线性作用的直线压缩机响应曲线波形特性的研究分析，可知通过设计保证直线振荡电动机工作在其线性区间，虽然压缩机中气体力具有非线性特性，由于直线振荡电动机的机械带通滤波器特性对高频信号的抑制作用，压缩机中电流和速度仍然可以近似表示为

$$i = I_m \cos\left(\omega t + \theta_{ui}\right), v = V_m \cos\left(\omega t + \theta_{iv}\right) \tag{6-6}$$

由于压缩机中 u、i、v 均满足正弦规律，根据交流电路分析方法，引入相应矢量 $\boldsymbol{U}$，$\boldsymbol{I}$ 和 $\boldsymbol{V}$ 分别表示 u、i 及 v，直线压缩机模型可以在频域中表示为：

根据电路阻抗定义：

$$\boldsymbol{Z}_e = R_e + j\left(\omega L_e - \frac{1}{\omega C}\right) \tag{6-7}$$

定义机械阻抗：

$$\boldsymbol{Z}_m = \left(c_s + c_g\right) + j\left(\omega m - \frac{k_s + k_g}{\omega}\right) = c_{sg} + j\left(\omega m - \frac{1}{\omega}k_{sg}\right) \tag{6-8}$$

式中，m 为等效质量，$m = \dfrac{m_1 m_2}{m_1 + m_2}$。

则式（6-4）可以表示为

$$\begin{cases} K_0 \boldsymbol{I} = \boldsymbol{Z}_m \boldsymbol{V} \\ \boldsymbol{U} = \boldsymbol{Z}_e \boldsymbol{I} + K_0 \boldsymbol{V} \end{cases} \tag{6-9}$$

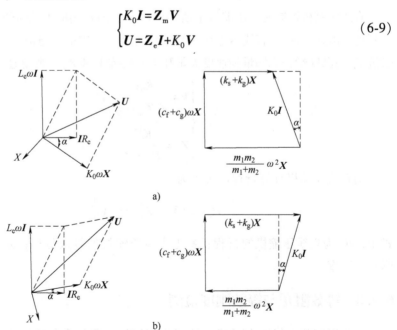

a)

b)

图 6-11　直线压缩机矢量模型向量表示

式（6-9）为直线振荡电动机的矢量模型数学表达式。

其中，ω 为输入功率角频率（rad/s）；I 为输入电流幅值（A）；U 为输入电压幅值（V）；X 为活塞位移幅值（mm）。电压 U 和电磁力 K_0I 分别表示电压合成量和电磁力合成量。

由于矢量模型中的相应变量包含了幅值和相位的信息，由式（6-7）可知直线电动机的特征参数构成了矢量模型中的电路阻抗，式（6-8）可知压缩机动力学参数构成了直线压缩机机械阻抗，由于电路阻抗通过离线测量得到，为已知量，因此通过实时测量施加在直线压缩机电动机上的电压和流过直线电动机的电流，可构造出电压矢量 U 和电流矢量 I，因此式（6-9）中未知量为速度矢量 V 和机械阻抗 Z_m，因此通过实时测量施加在直线压缩机电动机上的电压和流过直线电动机的电流，结合直线压缩机矢量模型，能够实时对其动力学参数进行在线测量，分析基于直线压缩机矢量模型的矢量算法能够实现对压缩机进行活塞上止点判断，行程监测及固有频率跟踪三大关键技术功能，实现电压幅值和频率双参数的快速调整，从而实现压缩机对外界负荷变化的快速匹配，达到控制直线压缩机稳定高效运行目的。

6.2.2 行程检测

直线压缩机控制时，压缩机上所加电压及压缩机响应电流可以通过电量传感器测得，由式（6-9）直线压缩机矢量模型可知，式中电压电流矢量 U，I 及电路阻抗 Z_e 为已知量，未知量为速度矢量和机械阻抗 V 和 Z_m，则能通过计算得到：

$$\begin{cases} V = \dfrac{K_0 U}{Z_e Z_m + K_0^2} \\ Z_m = \dfrac{K_0^2 I}{U - Z_e I} \end{cases} \tag{6-10}$$

则直线压缩机计算行程可表示为

$$H_c = 2\,|X| = 2\left| -\mathrm{j}\,\frac{1}{\omega} V \right| \tag{6-11}$$

式中，H_c 为直线压缩机的行程；X 为直线压缩机的复数位移；ω 为压缩机当前驱动角频率。

6.2.3 等效阻尼与等效刚度检测

由于压缩腔内气体力可等效处理为气体等效阻尼和等效刚度，而由机械阻抗定义可知其实部和虚部分别包含等效阻尼和等效刚度信息，因此，在可以通

过公式求得机械阻抗的前提下，可进一步求解得到直线压缩机的等效阻尼系数和等效刚度，可分别表示为

$$c_{sg} = c_s + c_g = \mathrm{Re}\, \boldsymbol{Z}_m \tag{6-12}$$

$$k_{sg} = k_s + k_g = m\omega^2 - \omega \cdot \mathrm{Im}\, \boldsymbol{Z}_m \tag{6-13}$$

式中，m 为等效质量，$m = \dfrac{m_1 m_2}{m_1 + m_2}$；$\mathrm{Im}\, \boldsymbol{Z}_m$ 为复数机械阻抗的虚部；$\mathrm{Re}\, \boldsymbol{Z}_m$ 为复数机械阻抗的实部。

根据矢量算法式（6-12）和式（6-13）可以计算得到系统等效阻尼系数和系统等效刚度。但由于气体力在直线压缩机运行过程中一直处于非线性时变状态，因此对于无负载情形，弹簧刚度和摩擦阻尼系数一般通过试验单独测得。其中，弹簧刚度通常根据胡克定律进行试验测定；摩擦阻尼系数由动静部件之间的摩擦引起，可令直线压缩机在空载状态下运行，测量直线压缩机摩擦阻尼系数，如上文提到的电动机空载法和波形衰减法。

对于已经安装在制冷系统中的直线压缩机，可采用对直线压缩机制冷回路抽取真空，使直线压缩机达到无负荷运行状态，从而根据式（6-12）和式（6-13）测量直线压缩机无负载情形下的弹簧刚度和摩擦阻尼系数的方法。首先，采用抽真空设备对直线压缩机制冷系统抽取真空，直到制冷剂气体含量达到可以忽略的程度；然后在此真空状态下运行直线压缩机，通过采集供电参数，利用矢量算法，通过式（6-12）和式（6-13）计算得到谐振弹簧刚度和摩擦阻尼系数。采用该方法能够在直线压缩机装配成型后，在不拆除压缩机排气阀的状态下测量得到直线压缩机无气体负载的弹簧刚度和摩擦阻尼系数，即当 $k_{sg} = 0$，$c_g = 0$ 时，机械阻抗 $\boldsymbol{Z}_{m0}$ 可表示为

$$c_s = \mathrm{Re}\, \boldsymbol{Z}_{m0} \tag{6-14}$$

$$k_s = m\omega^2 - \omega \cdot \mathrm{Im}\, \boldsymbol{Z}_{m0} \tag{6-15}$$

在测量得到无气体负载情形下的弹簧刚度和摩擦阻尼系数基础上，对制冷系统充入适量制冷剂，运行直线压缩机，采集供电参数，即利用矢量算法，通过式（6-12）和式（6-13）计算得到等效阻尼系数和气体等效刚度，可表示为

$$c_g = c_{sg} - c_s = \omega \cdot \mathrm{Im}\, \boldsymbol{Z}_m - \omega \cdot \mathrm{Im}\, \boldsymbol{Z}_{m0} \tag{6-16}$$

$$k_g = k_{sg} - k_s = \mathrm{Re}\, \boldsymbol{Z}_m - \mathrm{Re}\, \boldsymbol{Z}_{m0} \tag{6-17}$$

6.2.4　固有频率检测

由系统固有频率的计算公式

$$f_n = \frac{1}{2\pi} \sqrt{\frac{k}{m}} \tag{6-18}$$

可知，直线压缩机固有频率可表示为

$$f_n = \frac{1}{2\pi}\sqrt{\omega^2 - \frac{\omega \cdot \operatorname{Im} \boldsymbol{Z}_m}{m}} \qquad (6\text{-}19)$$

6.2.5 上止点检测

由上文分析可知上止点附近，电流和位移曲线相位差存在明显拐点特征，因此根据矢量模型电流和位移之间相位差可表示为

$$\Delta\varphi_{ix} = \arg \boldsymbol{I} - \arg \boldsymbol{X} \qquad (6\text{-}20)$$

或者位移和电流之间相位差可表示为

$$\Delta\varphi_{xi} = \arg \boldsymbol{X} - \arg \boldsymbol{I} \qquad (6\text{-}21)$$

6.2.6 动力学参数在线测量

1. 试验系统

对某接入冰箱制冷系统的直线压缩机搭建如图 6-12 所示的测试系统，接入冰箱制冷系统的直线压缩机由 PWM 控制器进行驱动。试验中为观察直线压缩机泵油、振动及测试活塞位移等运行情况，在直线压缩机机壳上端面和侧面布置了可视化窗口；在可视化窗口外部设置了激光位移传感器用于测量活塞位移。通过将活塞行程测量值与试验测试值进行比较，进而对矢量算法计算的行程进行校验。在直线压缩机吸排气管道布置压力变送器（p_s 表示吸气压力，p_d 表示排气压力）用于测量直线压缩机吸排气压力，压力变送器数据由安捷伦公司的仪器进行读取和保存。

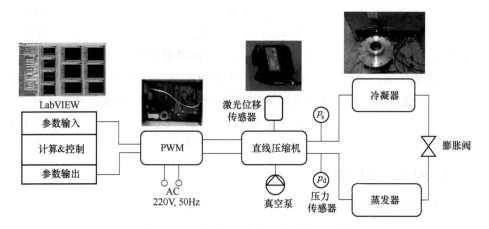

图 6-12 直线压缩机在线监测系统示意图

真空泵用于对直线压缩机与冰箱组成的制冷系统抽取真空，从而获得直线压缩机真空运行环境，实现直线压缩机的无负荷运行。

基于矢量模型搭建直线压缩机 LabVIEW 在线检测软件，程序首先采集到 PWM 控制器输出的供电参数，根据矢量算法由电压-电流相位角可依次计算得到活塞行程、电流-活塞速度相位角；根据上述计算结果，可计算得到系统等效刚度和系统等效阻尼系数，当系统为空载运行时，系统等效刚度等于谐振弹簧刚度，系统等效阻尼系数等于摩擦阻尼系数；当系统负载运行时，气体等效阻尼系数由系统等效刚度减去谐振弹簧刚度得到，气体等效阻尼系数由系统等效阻尼系数减去摩擦阻尼系数得到。固有频率由系统等效刚度和部件质量计算得到。气体等效阻尼系数可用于计算气体压缩机功。根据矢量算法计算直线压缩机特征参数并实时显示；然后根据计算得到的特征参数调节控制器输出电压和频率，可实时控制压缩机运行状态。试验测试内容包括：无负载运行试验和负载运行试验。

2. 无负载运行试验

图 6-13 所示为直线压缩机在无负载运行时的电流、电流-活塞速度相位角 α、弹簧刚度及摩擦阻尼系数随活塞行程的变化曲线。如图 6-13a 所示，随着活塞行程的增加，电流线性增加，且 60Hz 时增加速度最快，56Hz 增加速度最慢。如图 6-13b 所示，随着行程的增加，相位角 α 逐渐降低直至达到稳定值，且在相同行程下，56Hz 对应的相位角 α 最大，60Hz 对应的相位角 α 最小。如图 6-13c 所示，弹簧刚度随行程和频率的变化很小，56Hz、58Hz、60Hz 对应的全行程范围内的弹簧刚度平均值分别为 58644.3N/m、59250.4N/m、58695.6N/m，相比胡克定律试验测试结果 58800N/m，误差分别为 0.26%、0.76%、0.18%，三个频率的综合平均值为 58863，误差为 0.1%。如图 6-13d 所示，摩擦阻尼系数受频率的影响很小，但受位移的影响很大：随着行程的增加，摩擦阻尼系数值随着行程的增加而降低，且降低速率逐渐放缓，直到达到稳定值，其变化趋势与前文所述空载法测试摩擦阻尼变化趋势一致。此处将摩擦阻尼系数拟合成与活塞行程有关的函数，可拟合公式为

$$c_\text{f} = \frac{(1.422 \times 10^6 X^2 - 12442X + 95.1)}{2000X + 0.1519} \qquad (X \geqslant 3.6 \times 10^{-4}\,\text{m}) \qquad (6\text{-}22)$$

3. 负载运行试验

图 6-14a 所示为不同频率下，负载运行时，直线压缩机起动过程中行程随电压的变化曲线。从图中可以看出，在直线压缩机起动初始，存在一个比较小的电压范围，期间活塞行程基本为零；此后，行程随着电压的增加而增加；在行程达到或稍过上止点位置时，电压保持不变，此时行程继续增加一段距离。本

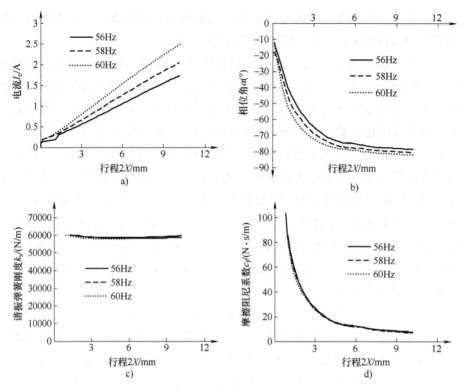

图 6-13　无负载运行试验结果

试验中频率变化对行程随电压的响应特性产生了一定影响：活塞达到同一行程所需的电压值，56Hz 最大，60Hz 最小。

图 6-14b 所示为不同频率下，直线压缩机起动过程中气体压力随时间的变化曲线。从图中可以看出，在起动初始，存在一个很小的行程范围，吸排气压力基本保持不变；泵气点之后，排气压力迅速增加，而吸气压力则在一段时间后才开始下降；在吸气压力开始下降后，排气压力的增加速度有所降低。气体压力产生这种变化的原因是：在泵气点之前，气缸内压力低于排气压力，制冷剂气体只在气缸内进行压缩膨胀过程，因此直线压缩机吸排气压力不发生变化；泵气点之后，压缩后的制冷剂气体压力达到排气压力，从而通过排气阀排入管道，管道内气体压力逐渐升高，但是由于压缩机机壳体积相较排气管道体积大很多，因此在一段时间内机壳内气体压力变化很小，只有当压缩机吸气量随活塞行程的增加达到一定程度时，压缩机机壳内的气体压力即吸气压力才开始明显下降；吸气压力的下降导致了气缸吸气质量的降低，使排气压力增加速度变缓。

图 6-14c 所示为不同频率下，直线压缩机在起动过程中气体等效刚度随行程的变化曲线。从图中可以看出，在直线压缩机起动初始，气体等效刚度随行程

逐渐增加，这是因为此阶段内排气压力迅速增加，行程增加速度相对较慢；当行程增加到一定程度后，行程增加速度快于气体压力变化，气体等效刚度开始降低，并且在上止点之前，气体等效刚度下降速度加快；上止点之后，气体在气缸中的排气过程延长，而膨胀过程消失，导致气体等效刚度随行程的增加而继续增加。从试验结果可以看出，气体等效刚度主要受活塞运动和气体压力影响，频率对气体等效刚度的影响很小。

图 6-14d 所示为不同频率下，直线压缩机在起动过程中气体等效阻尼系数随行程的变化曲线。从图中可以看出，随着行程的增加，气体等效阻尼系数先降低后上升，在上止点位置存在拐点；上止点之后，气体等效阻尼系数随行程的增加而下降；气体等效阻尼系数对行程的响应受频率的影响，在相同行程下，56Hz 对应的气体等效阻尼系数最大，60Hz 最小。

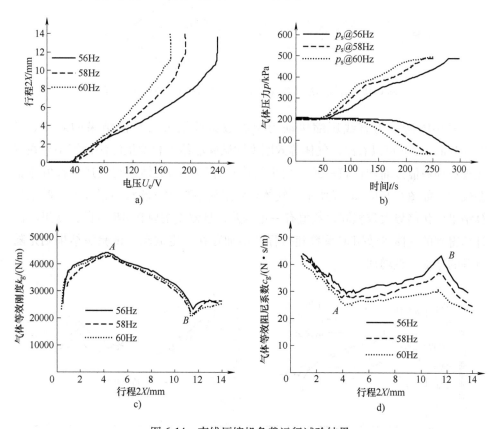

图 6-14　直线压缩机负载运行试验结果

4. 试验结果与数值计算结果对比

本文根据测得的直线压缩机吸排气压力及试验得到的活塞行程，分别通过基于胡克定律的平均值法（简称平均值法）及傅里叶法计算得到直线压缩机气体动力学参数，其中气体等效刚度的平均值法如式（6-23）所示，傅里叶法计算过程如图 6-15 所示，其中 ΔX 为活塞振动中心偏移量（mm），err 为设定误差（%）。

$$k_{\mathrm{g}} = \frac{(p_{\mathrm{d}} - p_{\mathrm{s}})S}{2X} = \frac{(p_{\mathrm{d}} - p_{\mathrm{s}})\pi d^2}{8X} \tag{6-23}$$

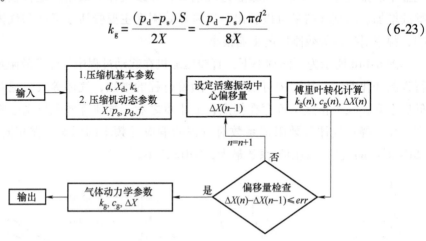

图 6-15　直线压缩机气体动力学参数的傅里叶法计算过程

　　图 6-16 所示为直线压缩机动力学参数试验结果与数值结果的对比。从图 6-16a、c、e 可以看出，气体等效刚度的试验法结果和傅里叶法计算结果在变化趋势和数值方面均比较一致，而平均值法计算得到的结果与上述两种方法偏差较大。如图 6-16b、d、f 所示，气体等效阻尼系数的试验法结果和傅里叶法计算结果变化趋势大致相同，数值有一定偏差，且偏差主要在 AB 阶段：傅里叶法计算得到的气体等效阻尼系数随行程的增加存在一定波动，试验法结果则是随行程的增加一直增加。

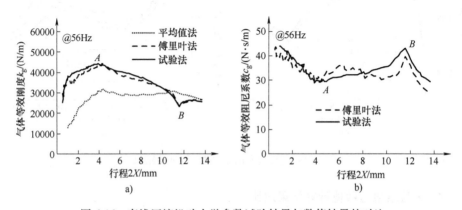

图 6-16　直线压缩机动力学参数试验结果与数值结果的对比

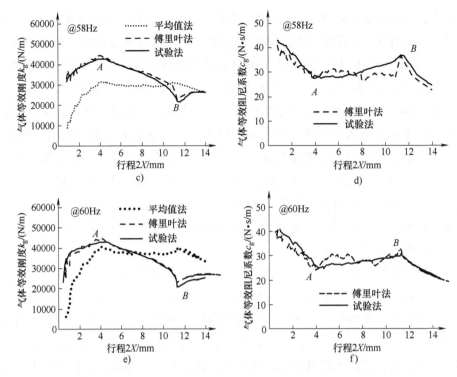

图 6-16　直线压缩机动力学参数试验结果与数值结果的对比（续）

6.3　直线压缩机制冷系统控制策略

6.3.1　起动控制

直线压缩机在起动过程中，供电参数和气体压力发生了显著变化，在制冷系统中运行时，还易受到制冷系统结构、节流阀调整等的影响，导致压缩机性能及运行工况发生显著变化，可能存在不稳定现象。因此，有必要对直线压缩机在起动过程中的运行特性进行研究，以保证直线压缩机在起动阶段的稳定、高效、安全运行，有必要阐述起动速度、供电频率、环境温度等工况变化对直线压缩机起动特性的影响。

1. 起动速度的影响

直线压缩机行程由 PWM 控制器输出电压进行调节，因此直线压缩机起动速度由电压调节步长和电压调节时间间隔两方面决定。

（1）电压调节步长的影响　图 6-17 所示为某型号直线压缩机在不同电压调节

步长下，直线压缩机起动过程中行程、电压、电流、功率等参数的变化。电压调
节步长的影响试验步骤为：设定 PWM 控制器输出电压频率为 60Hz，电压调节时
间间隔为 2s，分别以 1V、2V、3V 的电压调节步长逐渐提高电压值使行程达到或
稍过压缩机上止点位置时为止，观察及记录此过程中直线压缩机各参数的变化。

从图 6-17 中可以看出，当电压调节步长一定时，行程随电压增加呈线性状
态增加；电流和输入功率随行程增加而增加，在压缩机上止点位置出现拐点，
上止点之前，行程越大增加速度越快。当电压调节步长改变时，电压调节步长
越大，行程随电压的增加速度越快；电压调节步长的变化对行程随电压、电流
随行程、功率随行程的变化趋势无影响，但会对直线压缩机的稳定性产生一定
影响：行程达 6.2mm 之后，电压调节步长越大，行程随电压、电流随行程及功
率随行程出现的波动性越大。

试验结果显示，增大电压调节步长可以加快直线压缩机的起动速度，且不
影响压缩机性能，但可能引起直线压缩机的不稳定运行。因此，直线压缩机的
电压调节步长需要根据压缩机的运行状态进行合理设定：在活塞行程较小且无
不稳定波动时，可以适当提高电压调节步长，以加快直线压缩机的起动；在活
塞行程较大时，要适当降低电压调节步长，防止发生不稳定现象；在接近上止
点位置时，应设置合理的电压调节步长，以利于直线压缩机的上止点控制。

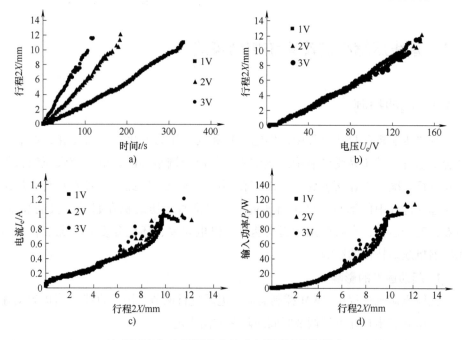

图 6-17　电压调节步长对直线压缩机的影响

（2）电压调节时间间隔的影响　图 6-18 所示为对某型号直线压缩机在不同电压调节时间间隔下，直线压缩机在起动过程中，行程、电压、电流、功率等参数的变化。电压调节时间间隔的影响试验步骤：设定 PWM 控制器输出电压频率为 60Hz，电压调节步长为 1V，分别以 0.5s、1s、2s、3s 的电压调节时间间隔逐渐提高电压值使行程达到或稍过压缩机上止点位置时为止，观察及记录此过程中直线压缩机各参数的变化。

从图 6-18 中可以看出，在电压调节步长一定时，电压调节时间间隔越短，行程增加速度越快；电压调节时间间隔的改变对图中各参数的变化趋势及数值影响不大。

试验结果显示，减小电压调节时间间隔可以加快直线压缩机的起动速度，并且对直线压缩机的性能影响不大。因此，在直线压缩机起动初始，可以适当降低电压调节时间间隔，以加快直线压缩机的起动；在接近上止点位置时，设置合理的电压调节时间间隔，以利于直线压缩机的上止点控制及稳定运行，避免出现撞缸的现象。

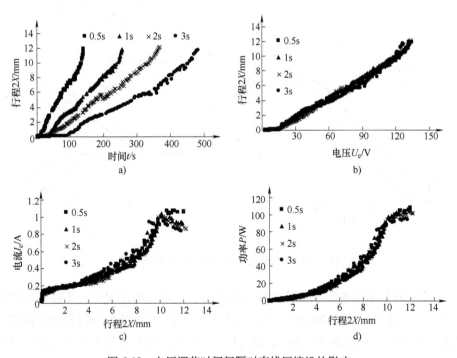

图 6-18　电压调节时间间隔对直线压缩机的影响

2. 供电频率的影响

图 6-19 所示为某型号直线压缩机在不同供电频率下，直线压缩机在起动过

程中，电压、行程和吸排气压力随时间的变化。试验过程中分别设定 PWM 控制器输出电压频率为 56Hz、58Hz 及 60Hz，在每一特定频率下，调节 PWM 控制器输出电压值使活塞行程逐渐增大直至达到或稍过压缩机上止点位置，观察及记录试验过程中直线压缩机的参数变化，试验期间环境温度始终保持为 25℃。如图 6-19 中 a～c 所示，行程随电压的增加而增加，且行程随电压的响应特性受到供电频率的影响：达到相同行程所需的电压值，56Hz 最大，60Hz 最小。如图 6-19d 所示，供电频率越高，气体压力的变化速度越快。

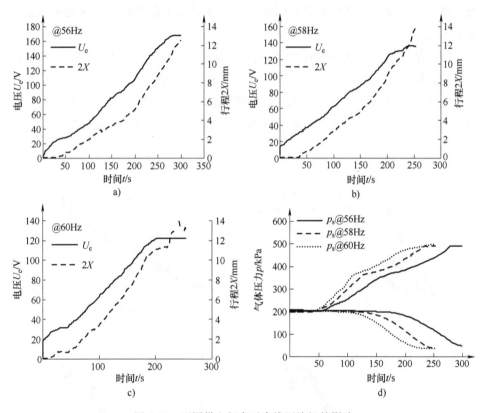

图 6-19　不同供电频率对直线压缩机的影响

　　图 6-20 所示为直线压缩机在不同供电频率下的起动过程中，各特征参数随行程的变化曲线。图 6-20a 所示为不同频率下，直线压缩机起动过程中电流随行程的变化曲线。如图 6-20a 所示，随行程增加，电流随行程发生明显变化，可根据活塞的工作过程，将电流随行程的变化过程分为三个阶段：活塞静止阶段、活塞运动但未过压缩机上止点位置阶段、过压缩机上止点位置阶段。在活塞静止阶段，行程为零，但电流持续增加，直到电磁驱动力足够大时，活塞开始运

动。在活塞运动但未过压缩机上止点位置阶段，电流随行程的增加而增加，且行程越大增加速度越快，在上止点位置出现拐点。过压缩机上止点位置阶段，电流随行程增加出现不同限度的下降，而后保持不变。当供电频率变化时，电流随行程的响应特性发生一些变化：压缩机在上止点位置之前，56Hz 与 58Hz 对应的电流随行程的响应趋势一致，相同行程下对应的电流值相差不大，而6.5mm 之后 60Hz 对应的电流增加速度明显高于 56Hz 与 58Hz；上止点之后，56Hz 与 58Hz 对应的电流值随行程的增加而下降，60Hz 对应的电流随行程增加略有下降而后又上升；在全行程范围内，60Hz 对应的电流平均值高于 56Hz 与58Hz 对应的电流平均值，且在拐点位置增加更多。

图 6-20b 所示为不同频率下，直线压缩机起动过程输入功率随行程的变化曲线。从图 6-20b 中可以看出，活塞达到开始运动状态所需的功率值很小；活塞开始运动之后，功率随行程的增加而增加，且行程越大，功率增加速度越快；在上止点位置，输入功率随行程的响应曲线出现拐点，且 56Hz 对应的输入功率最高，60Hz 对应的输入功率最低；上止点位置之后，输入功率随行程的响应特性随频率发生变化，56Hz 和 58Hz 对应的输入功率值随行程的增加先下降后上升，而 60Hz 对应的输入功率值随行程的增加而上升。

图 6-20c 所示为不同供电频率下，直线压缩机在起动过程中固有频率随行程的变化曲线。从图 6-20c 中可以看出，随着行程的增加，固有频率先增加后降低，在压缩机上止点位置之后又开始增加。在不同频率下，固有频率随行程的变化趋势相同，且同行程下的固有频率数值相差不大，当压缩机在上止点位置时，三种频率对应的固有频率约为 55Hz。

图 6-20d 所示为不同供电频率下，直线电动机起动过程电动机效率随行程的变化曲线。从图 6-20d 中可以看出，电动机效率在活塞行程为 2mm 时，已达到0.92 左右，此后受供电频率的影响呈现不同的响应特性：56Hz、58Hz 和 60Hz 对应的电动机效率初始下降时刻对应的行程值分别为 9.5mm、6.1mm 及 4.2mm，对应的电动机效率分别为 0.95、0.96 及 0.95；在压缩机上止点位置时，因固有频率低于工作频率，因此 56Hz、58Hz 及 60Hz 对应的固有频率在压缩机上止点位置均存在极小值，且 56Hz 的电动机效率最高（0.93），其次是 58Hz（0.91），最低为 60Hz（0.86）。

从上述试验结果可以看出，在行程变化过程中，直线压缩机的响应参数呈一定的非线性特性，尤其是在上止点附近，会存在一定的拐点特性，但拐点的变化受工作频率影响。

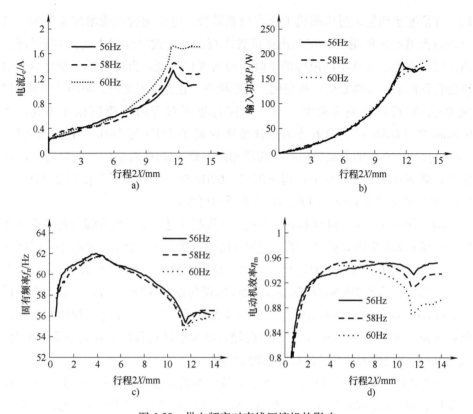

图 6-20　供电频率对直线压缩机的影响

3. 环境温度的影响

图 6-21 所示为某型号直线压缩机在环境温度分别为 25℃和 35℃时，起动过程中的参数变化。从图中可以看出，当环境温度保持不变时，随着电压的增加，活塞行程、吸排气压差及功率不断增加；当电压保持不变时，行程受排气压力的影响开始下降直到达到稳定值，行程的下降导致排气压力增加的速度逐渐变缓，吸气压力略有上升，功率略有下降而后保持不变。稳定状态时，25℃对应的电压、行程、电流、输入功率及吸、排气压力值分别为 134.7V、9.9mm、100.4W、62.2kPa、570.5kPa，35℃对应的值分别为 179.2V、9.0mm、117.1W、66.9kPa、749.4.5kPa。从中可以看出，当环境温度升高时，同行程下的排气压力增加，吸气压力变化不大，压缩机达到相同行程所需的输入电压和输入功率均增加。说明，当环境温度增加时，需要输入更高的供电电压和输入功率才能达到工作要求。

图 6-22 所示为 25℃及 35℃环境温度下，直线压缩机起动过程中系统等效刚度、固有频率、气体等效阻尼系数及气体压缩功随时间的变化曲线。因环境温

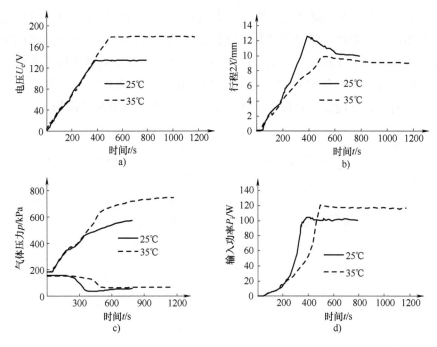

图 6-21　不同环境温度下直线压缩机的起动过程

度影响直线压缩机吸排气压力，继而影响活塞所受气体力和活塞行程，导致直线压缩机运行状态发生变化。

图 6-22a 所示为不同环境温度下，直线压缩机系统等效刚度随时间的变化曲线。从图中可以看出，系统等效刚度先增加后降低，在压缩机上止点位置存在拐点；上止点之后，先增加后降低最后随吸排气压力平衡达到稳定值。当状态稳定时，25℃和35℃对应的系统等效刚度值分别为93500N/m，104862N/m。

图 6-22b 所示为不同环境温度下，直线压缩机固有频率随时间的变化曲线。固有频率由系统等效刚度和动静子质量决定，因此固有频率随时间的变化趋势和系统等效刚度随时间的变化趋势相同。在环境温度为25℃和35℃时，直线压缩机在上止点位置的固有频率分别为 56.8Hz 及 60.1Hz。

图 6-22c 所示为不同环境温度下，直线压缩机气体等效阻尼系数随时间的变化曲线。从图中可以看出，气体等效阻尼系数先降低后增加，在上止点位置出现拐点；上止点之后，25℃和35℃对应的气体等效阻尼系数出现短时间内不同程度的下降，然后开始逐渐上升，最终达到稳定值。当状态稳定时，环境温度为25℃和35℃时，直线压缩机气体等效阻尼系数分别为 49N·s/m 和 63.4N·s/m。从试验结果可以看出，当环境温度升高时，相同活塞行程达到的等效阻尼系数增加。

图 6-22d 所示为不同环境温度下，直线压缩机气体压缩功随时间的变化曲线。从图中可以看出，随时间增加，气体压缩功值不断增加，且增加速度越来越快；在压缩机上止点位置之后，气体压缩功略有下降而后基本保持不变；达到稳定状态时，25℃和35℃对应的气体压缩功分别为 82.0W、92.1W。从试验结果可以看出，环境温度的升高，会导致同行程下的气体压缩功增加。

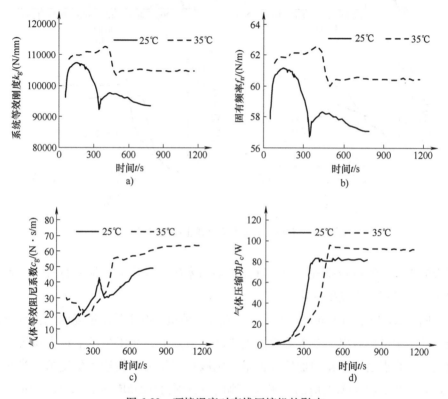

图 6-22　环境温度对直线压缩机的影响

因此，针对起动过程中直线压缩机的工作特性，直线压缩机进行起动控制时，起动调节模块程序利用压缩机输入参数来判断压缩机运行状态，用于控制压缩机行程及工作频率，主要包括电压调节速度控制、行程控制和上止点判别及固有频率跟踪三方面内容。

（1）电压调节速度控制　直线压缩机电压调节速度由电压调节步长和调节时间间隔决定。直线压缩机电压调节速度会影响试验结果，调节速度对直线压缩机的性能具有一定的影响，超过一定行程范围后，调节步长的增大可能导致直线压缩机的运行出现稳定性问题。所以合理的直线压缩机电压调节速度控制方法：当直线压缩机行程较小时，适当提高直线压缩机电压调节步长；当行程超过一定范围时，降低电压调节步长。

（2）行程控制与上止点判别　由前文分析，在直线压缩机运行过程中，随着活塞行程的增大，余隙容积逐渐变小，直至活塞端部冲出气缸而撞击排气阀，影响压缩机的运行状态。理论分析和试验结果表明，当活塞行程达到压缩机上止点位置时，直线压缩机的位移与电流的相位差、功率、等效刚度、等效阻尼系数等会发生突变，在线监测过程中，特征曲线如：气体等效刚度-行程、气体等效阻尼系数-行程、活塞速度与电流相位差-行程均会出现明显的拐点，根据以上特性，可以很好地实现上止点的判断。当直线压缩机活塞越过压缩机上止点位置后，活塞运行环境发生变化，导致直线压缩机特征参数在压缩机上止点位置出现一些明显变化，如电流与位移相位角、功率、刚度、阻尼等，但是随压缩机运行状态和工况的不同，活塞偏移量不同，导致压缩机的上止点位置不同，因此有必要建立多参数的压缩机上止点判断准则及行程控制策略。

（3）固有频率跟踪　研究结果表明，当直线压缩机驱动频率与固有频率越接近时，直线电动机效率越高。在直线压缩机起动过程中，固有频率不断变化。为保证直线压缩机的高效运行，需对固有频率进行跟踪调节。值得注意的是，固有频率与压缩机行程是相互耦合的，在进行固有频率跟踪时，驱动频率的改变会影响活塞行程随电压的响应特性，如在某一供电电压下，调节供电频率可能会引起活塞行程的增加或降低，行程的变化又会反过来影响固有频率，因此对固有频率的跟踪调节需要结合压缩机运行状态综合考虑。

4. 上止点位置判断

起动过程中，上止点位置的准确判断是保证压缩机稳定可靠运行的关键，同时也是变容量运行的参考基准，因此本节重点阐述直线压缩机上止点位置的判断方法。对于起动过程中的固有频率跟踪将在本章后面高效运行控制一节中进行阐述。

随着直线压缩机行程的增大，压缩机的动力学参数等效刚度、等效阻尼等参数会呈现非线性特点，根据压缩机运行参数在上止点位置的特性可知，在压缩机上止点位置附近，由于活塞端面即将或已经冲出气缸，压缩机的刚度和阻尼等运行参数会产生拐点。因此根据此特性，可以通过寻找曲线拐点的方法进行上止点判别。

实际过程中的压缩机会在不同工况下运行，而且数据采集存在噪声，通常情形下通过采集读取的数据如图 6-23 所示：

根据曲线的不同特征可将曲线划分为以下 4 种情形：

1）a 区，等效刚度及等效阻尼系数近似单调变化，压缩机行程在上止点范围之内，曲线范围内无极值，或二者不同时存在极值。

2）b 区，压缩机行程在上止点范围之内，但由于噪声的影响，在曲线范围内等效刚度与等效阻尼系数同时波动，产生多个局部极值。

3）c 区，压缩机运行在上止点附近，在动力学参数曲线范围出现明显拐点。

4）d 区，压缩机行程越过上止点，或已经重新开始下一工况的上止点寻找，曲线范围之内均出现拐点，但其变化趋势与上止点附近变化特征不同。

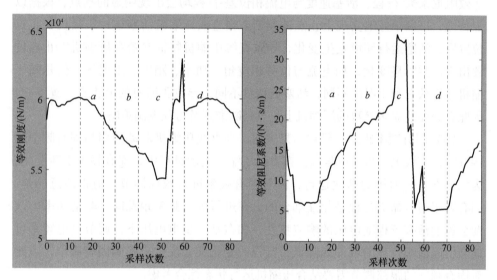

图 6-23　采集读取的数据

根据以上分析，上止点位置寻找方法如下：

读取某一连续时间段内计算的压缩机行程及动力学参数，寻找该组数据中等效刚度的极小值点和等效阻尼系数的极大值点，根据 a、b、c、d 四个不同区域的特征，判断该区域内是否出现了上止点特征，同时判断两者的极值点时刻是否出现在同一采样时刻或相近的采样时刻（采样点时刻相差小于 3）的位置，记录满足该条件的时刻的位移值，此位移值即为当前运行工况下的上止点位置。

通过测试 5 组采样点个数为 20~60 不等的压缩机动力学参数，若在曲线范围内出现了上止点，则程序自动标出上止点所在位置（图中标注圆圈的位置），判别结果如图 6-24 所示。

由以上测试结果可知，该方法能够准确地找出被判断曲线是否出现上止点，且能够准确找出上止点所在的采样点位置，可以通过该采样点时刻的位移值得到该运行工况下的上止点位置。

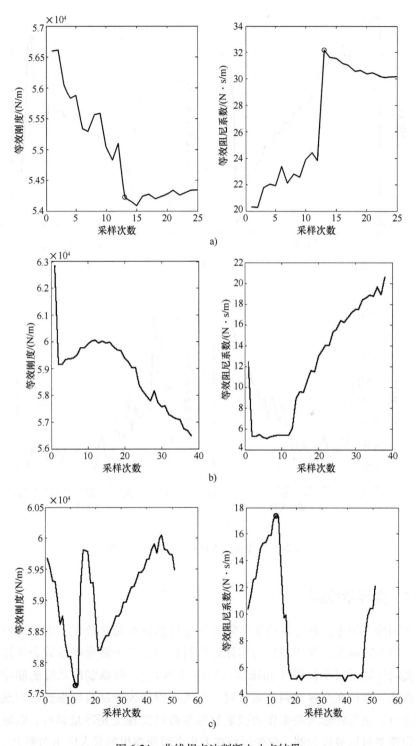

图 6-24 曲线拐点法判断上止点结果

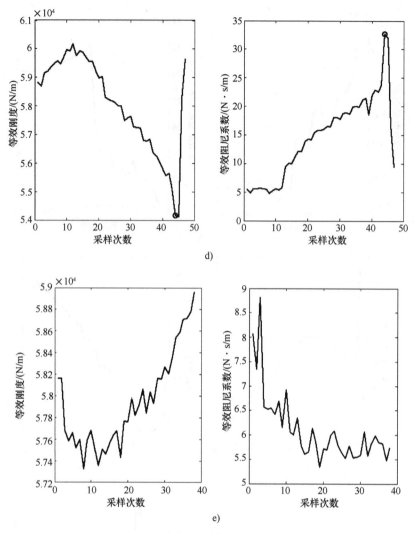

图 6-24　曲线拐点法判断上止点结果（续）

6.3.2　变容量控制

在制冷系统中，制冷量的变化需要压缩机的排量随之改变，由于直线压缩机行程可调，因此，在压缩机的实际运行过程中，基于测量电参数和矢量模型可以实时计算活塞半行程 X 和压缩机输出功率 P_{out}，根据制冷系统的制冷量需求，直线压缩机在变容量调节运行时，可将行程作为控制目标参数以实现变制冷量运行，也可将输入功率作为控制目标参数以实现变制冷量运行。以输入功率作为控制目标参数为例，根据运行在上止点时压缩机的最大输出功率 P_{max} 和变

容量调节系数 r 确定变容量运行的调节目标 P_{set}，将输出功率 P_t 和输出功率设定值 P_{set} 之差作为 PID 调节的偏差值，在步长输出设定范围内调节电压变化步长 dU，通过设定电源的电压变化速率 dt，同时实时计算直线压缩机的固有频率 f_n，从而对固有频率进行跟踪，以保证其高效运行。

6.3.3　高效运行控制

在直线压缩机的控制运行过程中，直线压缩机的能效受频率特性的影响较大。当容量改变时，其机械振动系统的频率（即固有频率）特性也会发生改变，理论分析表明，直线压缩机在谐振状态工作时，其运行效率最高，即在供电频率与固有频率比接近 1.0 时，电动机效率达到最高点。为保证压缩机在制冷过程中高效运行，直线压缩机供电系统的驱动频率必须等于或约等于压缩机的固有频率以保证直线压缩机在谐振状态工作。直线压缩机按照供电频率振荡，同时其固有频率由工作条件决定。通过调节运行时的供电频率，获得较优的频率特性，以此来提高压缩机的运行效率。基于矢量模型推导出的固有频率在线测量算法可实时计算得到运行过程中的直线压缩机固有频率。图 6-25 所示为某型号直线压缩机在冰箱国家标准测试工况下，相同行程时不同运行频率时压缩机的制冷性能。图 6-26 和图 6-27 所示为通过动力学参数在线测量系统计算的相应运行状态下的固有频率。如图 6-25 所示，可以看出压缩机制冷量随着运行频率的增加而增加，但是压缩机能效比（COP，即制冷量/输入功）随着频率的增加先增加后减少，在 51Hz 时，压缩机 COP 达到最大值，此时压缩机运行在固有频率附近，性能达到最优。

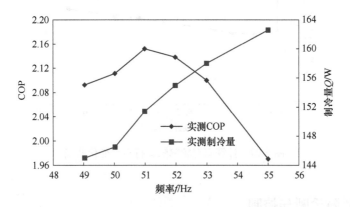

图 6-25　压缩机性能随供电频率变化曲线

图 6-26 所示为在国家标准测试工况下，计算固有频率随时间变化曲线，由

图中可以看出根据矢量模型得到的固有频率值基本保持不变，图 6-27 所示计算固有频率随运行频率变化曲线，可以看到随着运行频率的增大，计算固有频率值略有增大。试验中根据矢量模型计算测得的压缩机固有频率值为 50.99Hz，试验测量运行频率为 51Hz 时压缩机 COP 达到最大值，由此可看出采用动力学参数在线测量得到的固有频率可以作为压缩机最优运行频率使用。以上试验结果表明基于动力学参数在线测量和矢量模型计算得到的固有频率具有一定的准确可用性，可作为压缩机变工况及变容量运行状态下的目标控制频率，从而进行此运行频率跟踪以实现效率最优。

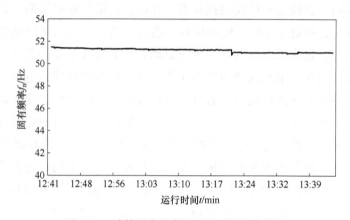

图 6-26　计算固有频率随运行时间变化曲线

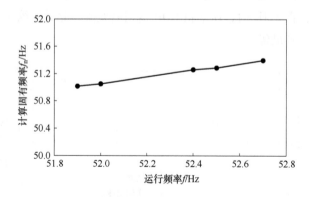

图 6-27　计算固有频率随运行频率变化曲线

6.3.4　故障诊断与控制

直线压缩机自由活塞式的结构设计也使活塞的运动对系统参数变化敏感，易发生暂时性故障，如活塞行程跳跃和振荡不稳定行运行现象、活塞轻微撞缸等，为防止暂时性故障损坏压缩机，需要对压缩机的运行状态进行实时监测。

1. 直线压缩机运行过程中的不稳定性现象

图 6-28 所示为直线压缩机起动过程运行稳定性测试，图 6-28a 所示为电压的调节过程，从图中可以看出，起动初始后，电压快速增加，经过三次调节之后，稳定在 116.8V，试验总时间约为 150min。从图 6-28b ~ f 中可以看出，在电压调节阶段，直线压缩机行程、吸排气压力、温度、输入功率及电动机效率等参数发生了剧烈变化，在电压值稳定后，各参数依然会出现两组明显的波动过程。从图 6-28d 可以看出，在 86min 时，冷藏室蒸发器入口温度与冷冻室蒸发器入口温度进入周期性变化阶段，表明制冷系统在电磁阀作用下进入冰箱制冷回路切换运行状态。从图 6-28f 中可以看出，在初始电压调节过程和制冷回路切换过程电动机效率波动较大且综合效率较低，在发生外部扰动过程及稳定过程中电动机效率较高。为便于分析压缩机在试验中的不稳定特性，该过程中三组不稳定阶段可分为：①电压调节不稳定阶段（0~27min）；②外部扰动不稳定阶段（28~60min）；③制冷回路切换不稳定阶段（86~150min）。

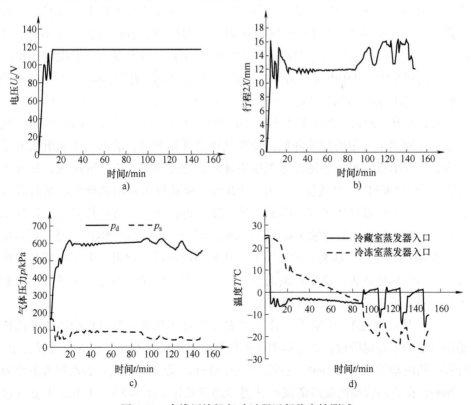

图 6-28　直线压缩机起动过程运行稳定性测试

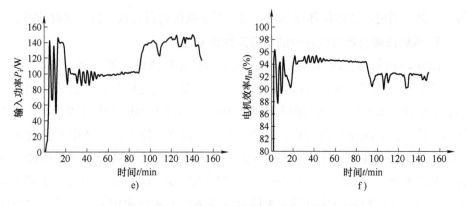

图 6-28 直线压缩机起动过程运行稳定性测试（续）

（1）电压调节不稳定阶段　图 6-29 所示为直线压缩机在起动过程中，电压调节不稳定阶段。从图中可以看出，在起动初始，行程随电压的增加而增加，吸气压力不断降低，排气压力不断增加；在 11.5mm 时，行程发生跳跃，突变到16mm，越过了压缩机上止点位置；为保护压缩机安全运行，此时立即降低供电电压，但由于行程调节的滞后性，降压后的行程又小于压缩机上止点位置；此后经过两次反复调节，在 13min 时电压调节为 116.8V，并保持此电压不变。在调节过程中，吸排气压力、电流、输入功率、冷藏室蒸发器入口温度均随电压的调节出现波动，其中电流与功率的波动达到此过程平均值的 50%；当电压值固定后，吸气压力基本保持不变，而排气压力继续增加，使得活塞行程开始下降，电流开始上升，而输入功率基本不变；在 18min 时，行程已降低到 13.27mm，此时由于压缩机泵气量的持续降低，使吸气压力开始升高，输入功率和电流开始下降，行程的进一步下降使得排气压力随后也开始下降；在 22min 时，排气压力降低到了 582kPa，吸气压力上升至 92kPa，吸排气压差的降低使活塞行程开始回升，从而使吸气压力继续降低，排气压力再次升高，活塞行程与吸排气压力相互作用，最终使行程稳定在 11.97mm，吸气压力稳定在 90kPa，排气压力稳定在 600kPa，至此起动调节阶段结束。从起动过程可以看出，电压调节及吸排气压力的变化是造成不稳定现象的主要原因，当电压保持不变且吸排气压力趋于稳定时，不稳定现象随之逐渐消失。

（2）外部扰动不稳定阶段　图 6-30 所示为压缩机在运行过程中由于外部扰动而引起的不稳定阶段，此过程中压缩机供电电压保持不变。从图中可以看出，行程平均波动周期约为 4min，持续时间约 33min，振幅不固定，振动最大值约为 0.3mm，在波动后期振幅逐渐减小并逐步趋于稳定。图 6-30b～d 所示为波动过程中吸排气压力、电流、输入功率、冷藏室及冷冻室蒸发器入口温度产生的相

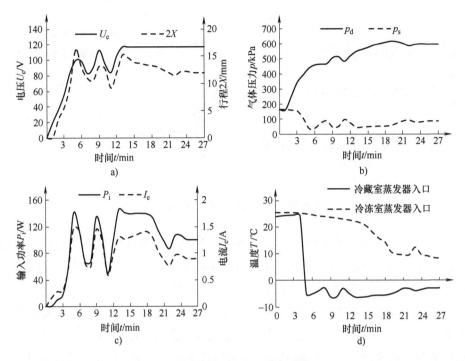

图 6-29　电压调节不稳定阶段

应波动，其中，直线压缩机各参数最大波动值占此过程各参数平均值的百分比分别为：吸气压力 8.1%，排气压力 0.86%，电流 10%，输入功率 10%。造成上述外部扰动不稳定阶段的主要原因是制冷系统内部的随机扰动对直线压缩机运行产生了一定影响。在供电参数不变的情况下，直线压缩机冰箱制冷系统经历了不稳定波动的产生到稳定状态的恢复，表明直线压缩机容易受到外部扰动的影响，且能够通过自身调节恢复稳定状态，体现了直线压缩机的敏感性和自修复性。

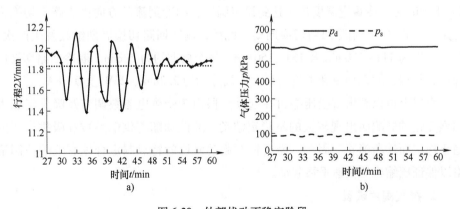

图 6-30　外部扰动不稳定阶段

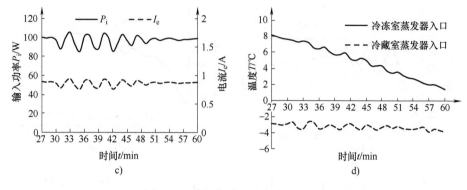

图 6-30　外部扰动不稳定阶段（续）

（3）制冷回路切换不稳定阶段　图 6-31 所示为直线压缩机在运行过程中由于制冷回路切换引起的不稳定阶段。直线压缩机起动后，制冷剂流经冷藏室与冷冻室串联支路（支路 1）所在的制冷回路，冷藏室温度与冷冻室温度开始下降，冷藏室温度下降速度更快。随着直线压缩机的持续运行，冷藏室温度持续降低，在 88min 时，冷藏室温度达到设定温度，此时，冰箱控制板控制电磁阀动作使制冷剂流动方向由冷藏室与冷冻室串联支路（支路 1）改为冷冻室单冷支路（支路 2）。制冷回路切换后，冷藏室蒸发器入口温度开始增加，冷冻室蒸发器入口温度开始降低，活塞行程逐步增大，输入功率和电流增加，并且由于支路 2 中毛细管节流作用更大，使吸气压力下降，随着吸气密度的降低，排气压力经过短暂增加后开始降低。在 103min 时，冷藏室温度升高到设定温度，冰箱控制板再次控制电磁阀动作使制冷剂流动方向由支路 2 改为支路 1 此后，冷冻室蒸发器入口温度升高而冷藏室蒸发器入口温度迅速下降，活塞行程开始下降，排气压力由于支路阻力的增加而上升，吸气压力由于活塞行程的下降而上升。到 110min 时，冷藏室温度再次达到设定温度，制冷剂流动方向由支路 1 切换为支路 2，完成一个制冷回路切换周期。此后，制冷回路切换周期继续发生两次，时间分别为 111~130min 及 131~150min，每个周期约为 20min。制冷回路切换过程中，行程、输入功率和电流的最大振幅分别为 2.2mm、26W 及 0.28A。

由以上可以看出直线压缩机在起动阶段由于受供电参数调节及吸排气压力剧烈变化的影响而出现较大的不稳定波动，此波动随着供电参数和吸排气压力趋于稳定而逐渐消除。因此，需要针对起动阶段的特点制定合理有效的控制策略以保证压缩机的快速平稳起动。

2. 排气阀片破裂

图 6-32 所示为某型号直线压缩机试验过程中排气阀片严重损坏的图片，在

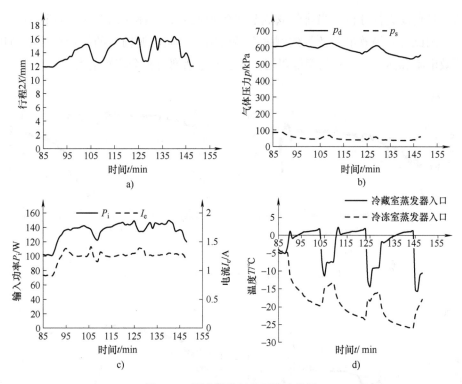

图 6-31　制冷回路切换不稳定阶段

直线压缩机运行过程中，吸排气阀片频繁启闭，使直线压缩机极易出现阀片严重损坏的运行故障。图 6-33 所示为压缩机运行过程中电压及行程变化，在压缩机达到确定吸排气压力工况所需的行程后，不再对电压进行调整，压缩机位移基本保持稳定运行；当排气阀破裂导致泄露瞬间，气缸内压力的骤减致使活塞向远离上止点的方向偏离，使活塞行程突然增大。由于控制系统具有行程限制功能，当行程超过保护值后控制器会产生保护动作，从

图 6-32　试验排气阀片损坏情况

而迅速下调供电电压，使活塞行程也大幅减小。当控制系统再次通过增加电压来提高压缩机活塞行程时，供电电压与行程响应之间的关系发生了变化，在同样的电压下，排气阀破裂后，活塞行程会更大。图 6-34 所示为压缩机运行过程中电流及功率变化，可以看到在排气阀破裂时功率和电流均出现较大地增加。图 6-35 所示为系统等效弹簧刚度和等效阻尼系数的变化，压缩机稳定阶段，等效刚度及等效阻尼保持不变；排气阀破裂后，等效刚度及等效阻尼均大幅降低。

从能量角度进行分析，当排气阀破裂导致泄漏后，气体压缩及膨胀过程不复存在，因此气体等效阻尼及等效刚度会瞬间减小，而电源输入的能量存在电动机等效电阻和活塞与气缸的摩擦阻尼，故会导致活塞行程会骤然增大。

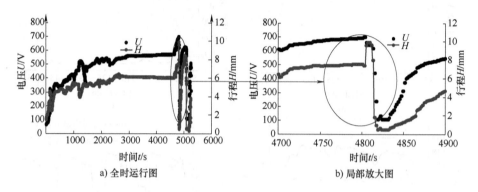

a) 全时运行图　　　　　　　　b) 局部放大图

图 6-33　压缩机运行过程中电压及行程变化

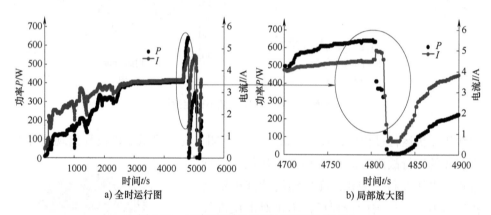

a) 全时运行图　　　　　　　　b) 局部放大图

图 6-34　压缩机运行过程中电流及功率变化

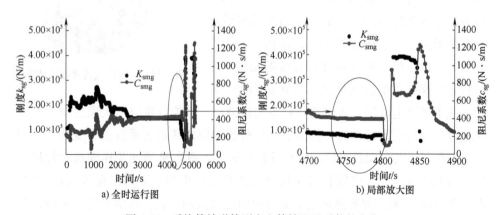

a) 全时运行图　　　　　　　　b) 局部放大图

图 6-35　系统等效弹簧刚度和等效阻尼系数的变化

3. 谐振弹簧脱落

在排气阀破裂时会导致活塞行程增加过大进而导致谐振弹簧脱落，因弹簧设计不当，压缩机的长时间运行也可能导致谐振弹簧的断裂。谐振弹簧损坏情况如图 6-36 所示。

图 6-36　谐振弹簧损坏情况

图 6-37 所示为某型号直线压缩机谐振弹簧断裂后计算位移与实测位移曲线。从图中可以看到，虽然活塞位移随着电压的增加而增加，但压缩机谐振弹簧组中一个弹簧断裂后，由于活塞受力不均，测试得到的活塞位移曲线出现了紊乱，存在不稳定波动，导致电动机感应电动势出现波动，进而导致采用无位移传感算法计算得到的位移值出现较大波动，并且使计算值与实测值出现较大偏差。等效刚度和等效阻尼系数在故障状态与正常状态运行的对比如图 6-38 所示。

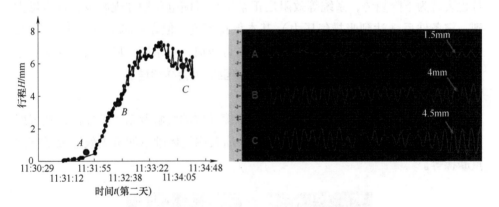

图 6-37　谐振弹簧断裂后计算位移与实测位移曲线

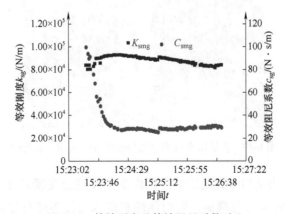

图 6-38　等效刚度及等效阻尼系数对比

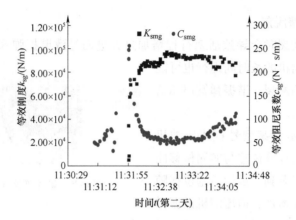

图 6-38　等效刚度及等效阻尼系数对比（续）

试验用压缩机采用 8 根弹簧的弹簧组，试验中模拟其中 1 根弹簧断裂。从测试结果可以看到，故障状态与正常运行状态相比，系统等效刚度最大值基本相同，且也表现为下降趋势；系统等效阻尼正常运行时随电压增加先减少，行程增大到一定条件后（达到吸排气压力）基本保持不变。但在故障运行时明显偏大，由于弹簧的断裂，导致气缸活塞之间侧向力增加，使摩擦阻尼增大，且随着电压的增加（行程增大），故障时系统的等效阻尼也会继续增加。

4. 摩擦增加

图 6-39 所示为某型号直线压缩机因摩擦导致的气缸及动子磨损图，造成摩擦增加的原因可能包括内定子边侧开裂、油泵或气体轴承润滑失效造成活塞严重摩擦等。

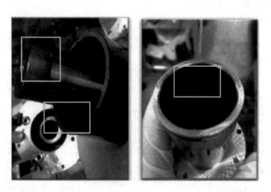

图 6-39　直线压缩机因摩擦导致的气缸及动子磨损图

图 6-40 所示为某型号直线压缩机因内定子开裂造成摩擦故障，并对比了相同运行条件下正常运行与摩擦故障时压缩机输入电压等随行程的变化。图中可

以看出压缩机在故障出现之后的电压、电流、功率、行程之间的响应关系与正常运行状态下的对比。由于压缩机摩擦增加,相比正常运行时,达到相同行程摩擦故障时压缩机所需的驱动电压更高,相应地,达到相同行程时压缩机的响应电流也越大,故所消耗的功率也越大,由此对应的在线测试等效阻尼系数也越大。同时,由图中可以看到,压缩机在出现内定子摩擦后,由于内定子开裂,导致气缸与活塞之间发生严重摩擦,电动机效率减小。从压缩机数学模型可以看出,由于摩擦增加,相应地,当压缩机达到某一个行程时,所需的驱动力也更大,因此所需电压更大。

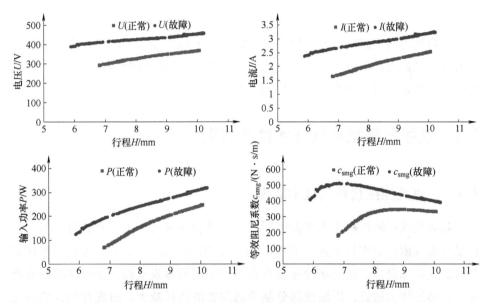

图 6-40　正常运行与摩擦故障时压缩机输入电压等随行程的变化

　　通过以上故障状态直线压缩机运行参数变化规律的分析,特别是直线压缩机动力学参数的变化规律的研究可以看出动力学参数(等效刚度、阻尼等)的实时在线测量,可以作为监控与判别直线压缩机运行状态的特征参数,用于直线压缩机的运行故障识别及控制。

第**7**章

直线压缩机补气技术

本章从直线压缩机不同应用场景的需求和节能角度入手，对现有的直线压缩机进行结构改进，设计研究补气式直线压缩机，通过试验与仿真研究，探究直线压缩机补气时的参数调节与变工况动态特性。

7.1 直线压缩机补气技术试验研究

7.1.1 直线压缩机补气技术原理

随着直线压缩机应用于多温区制冷或低环温制热的使用需求日益增长，上述结构的局限性也逐步显露，如图 7-1 所示，比如多温区电冰箱，不同温度区间的冷藏或冷冻设计，使其制冷系统存在多个不同的蒸发支路，在同样的冷凝条件下，蒸发压力越低，压缩该部分制冷剂需要的功耗越大。而现有的这些直线压缩机结构只对应一个吸气压力，从蒸发压力最低的一级吸入气体进行压缩，造成一定的能量浪费。另外，现有的直线压缩机压缩腔容量是固定的，压缩机的质量流量取决于吸气状态点参数，蒸发温度越低，质量流量越少，从而使热泵空调系统的低温制热性能随着蒸发温度的降低而大幅衰减。

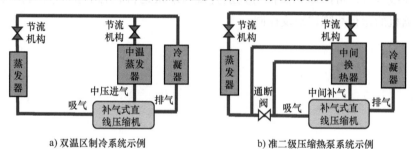

a) 双温区制冷系统示例　　　　　　b) 准二级压缩热泵系统示例

图 7-1　补气式直线压缩机及系统原理图

在直线压缩机的压缩腔设置补气结构，当吸气过程基本结束时，补气口打开，补气支路向压缩腔内补入中压制冷剂，从而减少中间支路的压力损失，提高了低温环境下的工作流量。直线压缩机的吸、排气机构通常采用舌簧吸气阀和盘状排气阀相结合的结构形式，舌簧吸气阀布置于活塞端部，利用气缸与背压腔的压差实现阀门的开闭；盘状排气阀被锥形弹簧预压在气缸端部，排气压力高于排气腔内压力和排气弹簧的预紧力之和时，排气阀打开，气体排出。在气缸中部开设补气口，并在补气口处布置单向阀，以实现中压制冷剂的单向补入，如图 7-2 所示。

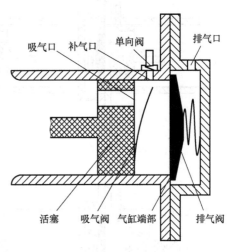

图 7-2　直线压缩机补气口设置示意图

单位周期内直线压缩机的吸、补、排气过程如图 7-3 所示。首先，当活塞由上止点向下止点开始运动时，余隙容积内高压气体膨胀（见图 7-3a），压缩腔内压力逐渐降低；当压缩腔内压力低于补气口压力且活塞端部退回至补气口左侧时，在补气支路与压缩腔内压差作用下，单向进气阀开启，中压气体由补气口补入压缩腔内，同时，腔内气体随活塞的回退继续膨胀，但此时压缩腔内压力仍高于机壳内压力，因而吸气阀仍处于紧闭状态，如图 7-3b 所示；随着活塞的进一步回退，压缩腔内压力低于背压腔压力时，吸气阀在压差的作用下开启，此时气体和低压气体同时吸入压缩腔；直至活塞越过下止点转向上止点运行时，吸气阀关闭，低压吸气过程结束，压缩过程开始，补气过程继续（见图 7-3d）；当活塞端部运行至补气口右侧时，补气口被活塞端面掩盖，或腔内压力高于补气压力时，补气阀关闭，两种情形下补气过程均停止（见图 7-3e）；压缩过程继续，直至压缩腔作用于排气阀上的压力高于排气阀受到的排气腔压力和排气弹簧的预紧力之和时，排气阀开启，压缩机开始排气（见图 7-3f），活塞运动至上止点位置，循环结束。

采用图 7-4 所示的补气进气单向阀结构，单向阀的出气端与气缸中部的补气口通过螺纹连接并由橡胶密封圈密封，以实现压缩机的中压补气。单向进气阀包括阀体、阀芯、弹簧、进气连接装置（图中未画出详细结构），弹簧有一定的安装预紧力，将阀芯紧压在阀体进气通道的锥形角处。当进气端气体压力高于出气端气体压力时，阀芯在压差的作用下向出气端方向移动，阀芯与阀体锥形

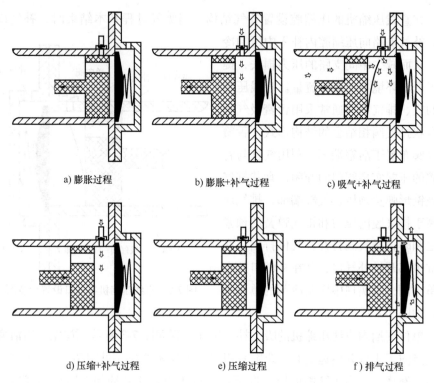

a) 膨胀过程   b) 膨胀+补气过程   c) 吸气+补气过程

d) 压缩+补气过程   e) 压缩过程   f) 排气过程

图 7-3　直线压缩机的吸、补、排气过程

角之间形成环形通道，气体由进气端向出气端流动；当进气端压力低于出气端压力时，阀芯紧贴阀体，通道被阻塞，气体无法流通，从而实现气体由进气端向出气端的单向流动。补气结构参数见表 7-1，该压缩机采用有油卧式结构，气缸外置于直线电动机，图中线圈未显示。

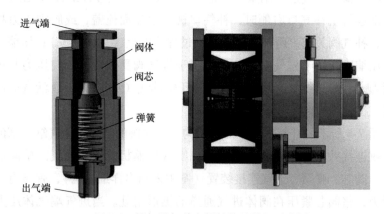

图 7-4　补气进气单向阀结构及样机示意图

表 7-1 补气结构参数

参数	数值及形状
补气口直径 d_i/mm	2.0
补气口中心距离上止点长度 l/mm	6.5
补气口形状	圆形
补气阀导通压差 Δp/kPa	5.0

7.1.2 测试装置及系统

为探究直线压缩机的补气特性，搭建了补气式直线压缩机驱动的准二级蒸气压缩系统。系统流程采用带中间换热器的准二级蒸气压缩循环，测试系统原理和试验台架如图 7-5 所示。

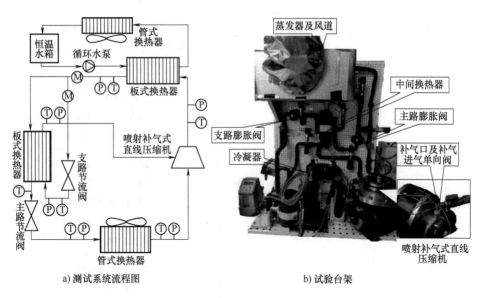

a) 测试系统流程图 b) 试验台架

图 7-5 测试系统原理及试验台架

制冷剂循环系统包括补气式直线压缩机、换热器、节流阀、流量计等部件，另有冷却循环水系统和低温送风系统控制冷凝和蒸发温度。冷凝器采用板式换热器，系统冷凝压力通过冷却水循环系统的供水温度控制，冷却循环水与制冷剂逆流换热，冷却水循环系统包含恒温水箱、循环水泵和管式换热器等；对于制冷剂循环系统，由于 R600a 具有压力低、压比大及流量小的特点，市面上没有成熟的 R600a 专用电子膨胀阀，因此系统主、支路的节流机构选用机械针阀，通过旋钮手动调节阀门开度，以实现制冷剂的节流；蒸发器则采用管式换热器，并设置保温风道，从焓差室内引风以对蒸发器周围环境温度进行控制；系统状态参数的测量是在各主要部件出入口处分别布置压力和温度测点，在冷凝器后和补气支路分别布置高精度质量流量计，使用数据采集仪对压力、温度、流量及压缩机参数实时读取和保存，监测并记录系统运行状态，系统主要部件参数见表7-2。

表7-2　系数主要部件参数

部件	规格	参数
冷凝器、中间换热器	板式换热器（定制）	换热器尺寸：205mm×73mm×25mm 单片有效换热面积：0.012m^2 换热片：7片 额定换热量：500W
蒸发器	管式蒸发器	换热管：ϕ10，3排8列 外形尺寸：490mm×70mm×210mm 质量：1.26kg
节流阀	机械针阀	流量系数：0.024 压力：0~20MPa 材质：316不锈钢
总流量计	科里奥利质量流量计	量程：0~40kg/h 精度：±0.2% 压力：0~4MPa 温度：-40~150℃ 输出：DC 1~5V
支路流量计	科里奥利质量流量计	量程：0~30kg/h 精度：±0.1% 压力：0~36.5MPa 温度：-50~180℃ 输出：DC 4~20mA
数据采集仪	安捷伦数据采集仪 （Aglient 34970A 采集仪+ 34901A 采集卡）	采集信号：温度、直流电压、直流电流等 扫描速率：250通道/s 直流电压精度：±0.004% 直流电流精度：±0.01% 温度精度：±1.0℃

7.1.3　测试原理及方法

考虑压缩机的排量较小，系统制冷、制热能力的测量通过二次侧计算时误差对测量结果的影响较大：换热器本身换热量小，漏热量相对占比较大；尤其对于蒸发器侧，风量小时，风速测量精度不够，风量大时，进出口温差很小，导致测量结果的精确度较差。因此，采用制冷剂流量和进出口焓差的方法计算换热器内制冷剂的热交换量，如式（7-1）和式（7-2）所示。其中，制冷剂焓值根据测量仪表得到的状态参数，通过调用制冷剂物性计算软件 NIST 得到。压缩机效率定义为该泵气参数条件下的理论压缩功与功耗的比值。

$$Q_{h} = q_{m\_t}(h_{in\_con} - h_{out\_con}) \tag{7-1}$$

$$Q_{c} = q_{m\_suc}(h_{out\_evp} - h_{in\_evp}) \tag{7-2}$$

$$\eta = \frac{q_{m\_suc}(h_{dis} - h_{suc}) + q_{m\_inj}(h_{dis} - h_{inj})}{P} \tag{7-3}$$

式中，Q_{h} 为系统制热量；q_{m_t} 为总制冷剂流量；h_{in_con} 为冷凝器进口处制冷剂的焓；h_{out_con} 为冷凝器出口处制冷剂的焓；Q_{c} 为系统制冷量；q_{m_suc} 为低压支路制冷剂流量；h_{out_evp} 为蒸发器出口处制冷剂的焓；h_{in_evp} 为蒸发器进口处制冷剂的焓；η 为压缩机效率；q_{m_inj} 为中压补气支路制冷剂流量；h_{dis} 为压缩机排气口处制冷剂的焓；h_{suc} 为压缩机低压吸气口处制冷剂的焓；h_{inj} 为压缩机中压补气口处制冷剂的焓；P 为压缩机实际消耗的有用功。

基于搭建的补气式直线压缩机驱动的准二级系统，开展了输入参数调节特性和变工况（各支路压力调节）特性试验，对直线压缩机的补气特性进行探究，试验测试工况见表 7-3。

表 7-3　试验测试工况

试验目的	调节参数及范围	工况/kPa
电压调节特性	供电电压：180~230V	吸气压力：100 排气压力：700 补气压力：280
频率调节特性	供电频率：69~73Hz	吸气压力：70 排气压力：630 补气压力：140~315
变补气压力特性	补气压力：70~300kPa	吸气压力：70 排气压力：630

（续）

试验目的	调节参数及范围	工况/kPa
变吸气压力特性	吸气压力：70~90kPa	补气压力：70~210 排气压力：700
变排气压力特性	排气压力：420~630kPa	吸气压力：70 补气压力：105~420

7.1.4 参数调节特性试验研究

针对补气式直线压缩机的补气特性随参数调节的变化开展试验研究，探究输入参数变化时直线压缩机的补气特性。

1. 电压调节

在给定工况（吸气压力 70kPa，排气压力 700kPa，补气压力 140kPa）和运行频率（70Hz）条件下，逐渐调节输入电压，直线压缩机有、无补气时的运行状态变化如图 7-6 所示。随着输入电压从 190V 提升至 220V，当补气运行时，活塞行程由 10.1mm 增大至 12.0mm，在相同的电压条件下，比无补气时行程增大 0.2mm 左右；在调节过程中，补气和不补气时的主路质量流量变化幅度均很小，支路质量流量基本保持不变，约为 0.00015kg/s。

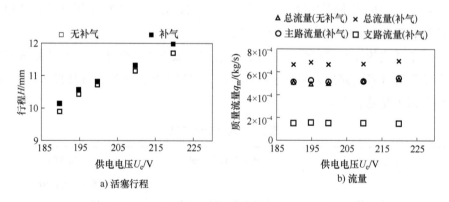

a) 活塞行程   b) 流量

图 7-6 压缩机运行参数随供电电压的变化

定义压缩机中压补气支路质量流量 q_{m_i} 与低压吸气主路质量流量 q_{m_s} 的比值为补气流量比（简称补气比），用符号 α_i 表示［见式（7-4）］。如图 7-7 所示，随着供电电压的增大，活塞行程逐渐增大，补气流量基本不变，吸气流量略有增加，因而补气比略有减小：活塞行程为 10.14mm 时，补气比为 0.29，行程增大至 11.97mm 时，补气比下降至 0.27 左右；相比于无补气情形，行程变化过程中，系统总流量可提升 28% 以上。

$$\alpha_i = q_{m\_i} / q_{m\_s} \tag{7-4}$$

对比电压调节过程中直线压缩机有、无补气前后的参数变化，可以得出其主要原因如下：中压制冷剂的喷射补入，增大了压缩腔内的压力，使活塞偏移量略有增大，进而活塞行程有一定程度增大；另一方面，由制冷剂补入引起的腔内压力的提升也会使直线压缩机的自由活塞偏移量提升，引起余隙容积的

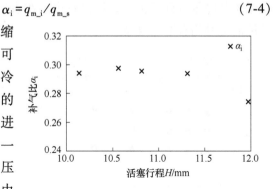

图 7-7　补气比随活塞行程的变化

增大；进一步地，膨胀过程中压缩腔内压力降低的速度被延缓，从而对压缩机的吸气产生一定的影响，相比于无补气情形时，补气时主路质量流量有所降低，但由于补气压力较低，因而其影响相对较小。

图 7-8 对比了相同供电参数条件下准二级系统有、无补气时的压焓图。无补气时，主路阀前过冷度为 16℃，补气时，由于支路制冷剂对主路制冷剂的进一步降温，过冷度增大了 10℃左右，使单位低压工质的制冷量增加；另外，可以看出，在该补气压力下，支路出口的过热度很大，焓值已高

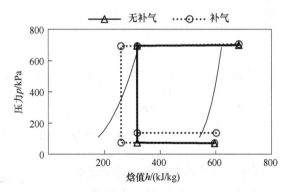

图 7-8　有补气与无补气时的压焓图对比

于吸气状态点焓值，且几乎落在吸气状态点和排气状态点的连线上，因而补气、进气对压缩机的排气温度无显著影响。

图 7-9 所示为直线压缩机补气时制冷/制热性能随供电电压的变化趋势，由于补气提升了压缩机质量流量，因而系统制热量得到了显著提升，在不同供电电压条件下，压缩机制热量提升了 30%~40%；同时，压缩机功耗略有增大，系统制热 COP 相较于无补气时大幅提升，提升幅度为 22%~34%，随着供电电压的增大，COP 先基本不变，后逐渐下降，在补气比为 0.3 左右时，压缩机及其系统的制热性能最佳，此时压缩机的供电电压为 195V；补气时，系统制冷量和 COP 也有不同程度的提升，分别可提升 7%~15% 和 3%~11%，由于该运行条件

下，主路流量受补气影响程度较小，基本保持不变，主路阀前温度的大幅降低使系统制冷量得到了提升，可以看出，在该运行工况下，补气对于制冷和制热性能的提升均有增益效果。

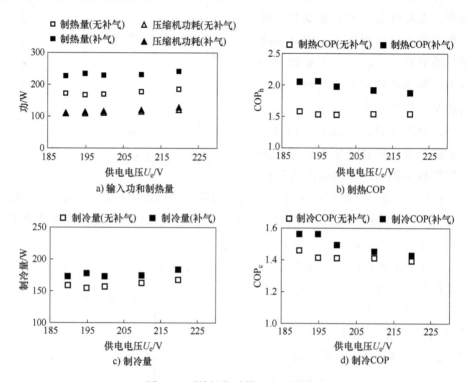

图7-9　系统性能随供电电压的变化

压缩机效率随供电电压的变化如图7-10所示，无补气时，不同电压条件下压缩机的效率基本保持不变，约为38%；补气时，效率不随电压改变，比无补气时提升约9%，但总体而言，压缩机效率不佳。这是因为在补气式直线压缩机性能探索的试验过程中，随着补气压力的提升，补气对气缸活塞间隙内润滑油的影响逐渐增大，油路出口处的润滑油成股流出并

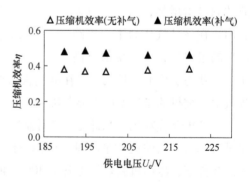

图7-10　压缩机效率随供电电压的变化

逐渐呈溅射状态，而黏附在机壳内壁或压缩机机身处的油滴回流不及时，导致机壳内油位降低，油泵无法正常供油，从而导致试验时出现较长的干摩擦过程，

因而使该压缩机的气缸活塞磨损较为严重，故该补气式直线压缩机的效率不甚
理想。

2. 频率调节

补气式直线压缩机的频率特性试验通过控制输入电压不变，调节压缩机的
驱动频率来实现。由于直线压缩机的自由活塞结构，其运行调节时对驱动频率
变化时的响应比较敏感：当驱动频率偏离压缩机的固有频率较大时，由于直线
电动机推力与活塞速度的相位差太大，驱动力不足，从而导致活塞行程过小，
使系统无法达到目标工况需要的压缩比；此外，变频率定电压调节时，给定的
电压值应适中，否则，较大的电压值会使压缩机在固有频率状态点附近的行程
过大，可能出现撞缸的情形，而较小的电压值则会导致驱动力不足，系统运行
状态无法满足相应的测试需求。考虑以上因素，并综合试验测试过程中压缩机
的响应特性，确定频率调节特性试验过程中的恒定输入电压有效值为 180V，频
率调节范围为 69~73Hz。

图 7-11 所示为吸气压力为 70kPa，排气压力为 630kPa，补气压力由 140kPa
逐渐增大至 315kPa［系统总压比为 9，补气压比为 2.0~4.5，补气压比定义为
补气压力 p_i 与吸气压力 p_s 的比值，用符号 ε_i 表示，见式（7-5）］时，驱动频率
变化对压缩机流量的影响。可以看出，在同一补气压力条件下，随着压缩机运
行频率的增大，补气支路流量基本保持不变，波动小于 4%；对于主路而言，运
行频率增大时，质量流量逐渐增大，不同补气压力下的提升量均在 17% 以上，
当补气压比为 2，运行频率为 73Hz 时，最大提升值可达 27%；相应地，系统的
总流量也会随着运行频率的提升而提升，在不同的补气压比条件下，均在频率
最高时达到最大值，如图 7-11c 所示；由于补气流量的相对不变与主路流量的逐
渐提升，补气流量比随频率的增大而逐渐减小。

$$\varepsilon_i = p_i / p_s \tag{7-5}$$

由于样机的补气口较小，进气速率符合小孔节流模型，补气量的大小一方
面取决于腔内压力和补气进气的差值，另一方面还受补气口与压缩腔连通（直
接补气进气）时间的影响。活塞运动过程中，腔内压力与补气进气压力无法达
到准平衡态，即在整个补气过程中，压缩腔内的瞬时压力无法因中压制冷剂的
补入而达到与其压力相平衡的状态，故补气会持续进行。虽然压缩机的驱动频
率改变，但单位时间内补气开口时间的占比一定，因而补气进气质量流量的变
化量很小。

对于吸气主路而言，进气口横截面面积较大，吸气阀开启时，低压制冷剂
的大量吸入使压缩腔内压力达到与机壳内压力相平衡的状态，即吸气量与压缩

机吸气阀开启时活塞的扫气行程（容积）成正比，而与单位周期内吸气阀开启的时间无关。在这种情形下，随着运行频率的增大，活塞单位时间内的扫气行程增加，因而使主路流量随频率的增大而线性增大，系统总流量的增大主要是由主路吸气量的增大而引起的。运行调节时，增大运行频率可在支路流量基本不变的情形下实现主路流量的调节，以减小补气对吸气的影响。

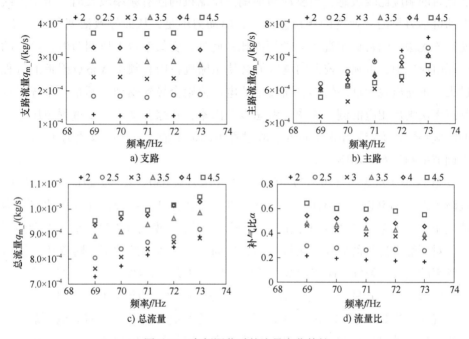

图 7-11　变频调节时的流量变化特性

如图 7-12 所示，频率调节过程中，不同补气压比条件下压缩机的响应电流呈相同的变化趋势，均先减小后增大，在驱动频率为 71Hz 左右达到最小值，表明此时压缩机的固有频率约为 71Hz，且补气压力的变化对固有频率的影响很小；压缩机功耗则随着驱动频率的增加而逐渐增加，平均频率每提升 1Hz，排气量增加 2.5% ~ 5.4%，压缩机功耗增大 5% 左右，这是由于在中压补气量基本不变的情形下，低压吸气量增大导致压缩机的有效输出功增大，因而功耗增加。图 7-13 所示为压缩机制热/制冷能力和性能在变频调节过程中的变化。随着驱动频率的提升，各补气压比条件下系统制热量均增加，且补气比越高，制热量越大，但其增长斜率较小补气压比时略有降低；而系统制冷量虽均呈现随频率增大而提升的趋势，但相同频率、不同补气压比条件下的变化趋势较为复杂，总体来看，小补气压比对制冷量的提升效果更好。

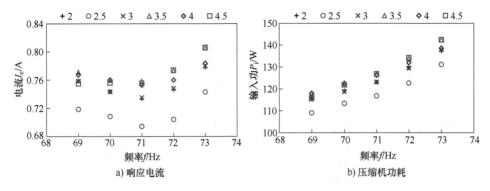

图 7-12　变频调节时电参数变化特性

根据图 7-13c 所示的制热 COP 的变化，可以看出，当补气压比小于 3 时，随着驱动频率的增加，COP 先增大，后减小，在固有频率附近达到最佳的制热性能；当补气压比大于 3 时，制热 COP_h 随驱动频率的增大而衰减；而对于制冷性能，根据图 7-13d 可以看出，在小补气压力下，制冷 COP_c 先增大后降低，而在大补气压力下则存在一定程度地衰减。

制热量和制冷量的提升主要是由频率增大引起的主路吸气流量增大所致，而压缩机功耗也随频率的提升增加，且在固有频率附近压缩机效率的改变，使制热 COP_h 和制冷 COP_c 呈现不同的变化趋势：当补气压比小时，存在最佳的驱动频率（固有频率）使制热/制冷能效最佳，此时，低压进气是压缩腔吸气的主要来源，低压气体量的增大对腔内平均压力及压缩过程的影响较小，故运行频率仍是压缩机效率的主要影响因素；而在大补气压比条件下，压缩机的补气比大，低压吸气量增大时，压缩机的进气由吸、补气量相当逐渐向低压进气占主导地位转变，因而压缩腔内平均压力的降低幅度及压缩功耗的增大幅度比小补气比下更为显著，使低压吸气量的增大带来的制热/制冷量的提升幅度小于该部分低压气体消耗的压缩功，因而其性能存在不同程度的衰减。

综合以上参数调节过程中补气式直线压缩机的主、支路流量分配特点来看，在一定的驱动频率和供电电压调节范围内，由于补气开口结构形式的特殊性，支路补气质量流量主要由补气进气时间支配，在一定的补气压力下，输入参数的调节对其影响较小；而由于补气过程开始于压缩机的膨胀环节，中压补气进气早于低压吸气，且在活塞回退时压缩腔存在吸气口和补气口同时进气的过程，影响了吸气阀的开启和关闭，因此低压吸气量会有所降低。

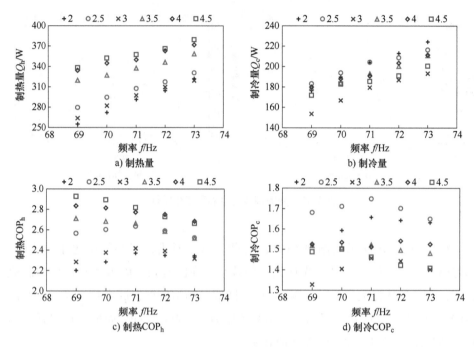

图 7-13　系统性能随频率的变化

7.1.5　变工况特性试验研究

为进一步对直线压缩机补气特性进行探究，试验测试了不同的吸、补、排气压力条件下压缩机的流量与系统性能的变化特性。

1. 补气压力

补气压力试验通过给定压缩机吸、排气压力，将支路节流阀由关闭逐渐开启（即补气压力由吸气压力逐渐增大）来实现。试验工况为吸气压力 70kPa，排气压力 630kPa，补气压比由 1（无补气）逐渐提升至 4.3。压缩机输入电压和频率分别为 180V 和 70Hz。

图 7-14 所示为不同补气压力下的流量分配，其中，total 表示压缩机的总流量；main 表示压缩机低压吸气支路的流量；Ⅵ 表示压缩机中压补气支路的流量；α_i 表示补气支路与低压吸气支路的流量比。随着补气压力的逐渐增大，补气支路流量逐渐提升，而主路流量逐渐下降，系统总流量逐渐增大后基本保持不变。无补气时，压缩机的泵气量为 0.00076kg/s，补气压比为 4.3 时，吸气流量降低至 0.00045kg/s，比无补气时降低 40%；补气流量增大至 0.00047kg/s，补气流量比由 0 增大至 1.05；压缩机的排气量基本稳定在 0.00093kg/s 左右，相较于无

补气时提升了 23%。可以看出，补气进气降低了压缩机的低压吸气量，补气压力越高，影响越显著，但由于补气进气量的增加大于低压吸气量的减少，使不同补气压比下压缩机的排气量均有所提升。

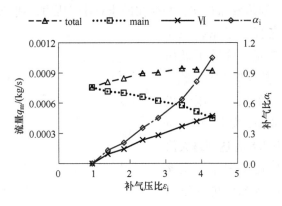

图 7-14 不同补气压力下的流量分配

根据图 7-15a 所示，压缩机功耗随补气压比的增大几乎呈线性增大的趋势，而制热量则是先增大后再略有减小，最大提升量可达 69W，大补气压比下制热量的降低是由于大补气压力下压缩机的主路吸气量大幅降低而导致总质量流量略有衰减；系统制冷量随着低压吸气量的减少而逐渐降低，表明此压比条件下补气对压缩机制冷量及制冷性能均无增益效果。

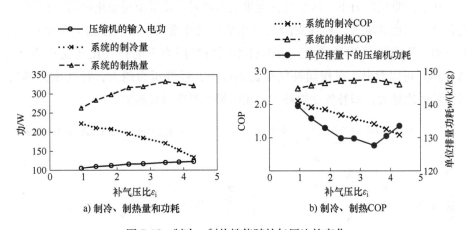

图 7-15 制冷、制热性能随补气压比的变化

补气压力调节过程中，系统 COP 的变化如图 7-15b 所示。由于压缩机排量的增大及压缩功耗的增加，压缩机单位排量功耗先降低后增大，在补气压比约为 3.5 时达到最小值 128kJ/kg，相比于无补气时降低 12kJ/kg，相应地，系统制

热 COP 达到最大值 2.75。而制冷 COP 则因压缩机功耗的增大和制冷量的减小而大幅衰减。

可以看出，在此工况条件下，补气式直线压缩机驱动的准二级蒸气压缩系统能够提升系统的制热量和 COP，并存在最佳的补气压力，使 COP 达到最大值，

这是由于补气显著提升了系统在大压比工况下的排气量，弥补了低压吸气量小导致的制热量低下的缺陷。

随着补气压比的增大，压缩机的效率先增大后减小，如图 7-16 所示，在补气压比为 2.8 时达到最大值 0.64，在大补气压比工况下，压缩机效率降低，从而使单位排量压缩机功耗升高。

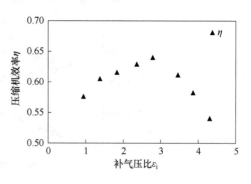

图 7-16　压缩机效率随补气压比的变化

2. 吸气压力

压缩机变吸气压力试验是在给定冷凝器循环水供应温度条件下，不断调节蒸发器供风温度及主、支路机械针阀的开度来测试压缩机的性能和稳定性。试验中，固定排气压力为 700kPa，吸气压力为 70kPa 和 100kPa 两种工况，供电参数给定为电压 180V 和驱动频率 70Hz。

在不同吸气压力下，压缩机在定供电参数时的质量流量变化如图 7-17 所示。随着补气压比的增大，补气支路流量几乎呈线性增大，吸气主路流量存在小范围波动，压缩机总排量增大。由两种不同吸气压力下的补气比变化趋势（见图 7-18）可以看出，在相同补气压比条件下，吸气压力越大，补气压力越高，因而补气比越大，即补气比随补气压比的增长斜率越来越大。

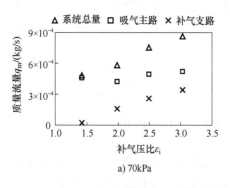

a) 70kPa

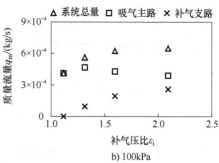

b) 100kPa

图 7-17　不同吸气压力下质量流量的变化

相应地，压缩机的能效变化如图 7-19 所示，随着补气压比的增大，以及系统总流量的增大，制热 COP 有所提升，在低吸气压力条件下，制热能效随补气压比持续增大，吸气压力增加时，系统温差减小，制热 COP 随补气压比先增大后有所降低，这主要是因为在小温差条件下较大的补气比使压缩机效率下降明显，因而使压缩机功耗增大，性能有所降低；但补气会对低压吸气主路的质量流量产生一定的影响，使制冷能效存在波动，但变化幅度较小。

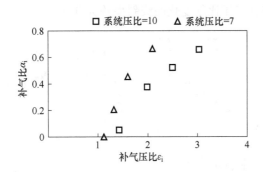

图 7-18　不同吸气压力下的补气比

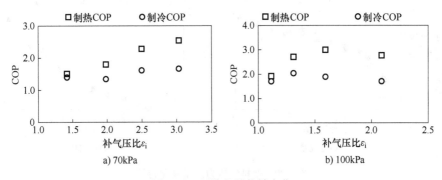

a) 70kPa

b) 100kPa

图 7-19　压缩机的能效变化

3. 排气压力

不同排气压力下压缩机的性能试验通过不断调节冷却水循环系统的供水温度，并配合主、支路节流装置的开度调节来实现。试验中，给定压缩机的吸气压力 70kPa，供电电压和驱动频率分别为 180V 和 70Hz，排气压力由 420kPa 提升至 630kPa，系统压比由 6 增大至 9。

图 7-20 所示为变排气压力流量变化特性。由于吸气压力保持不变，即补气进气的背压相等，不同排气压力下的同一补气压比所对应的补气压力大小也相等。因而，其相应的支路流量大小基本相等，且随补气压比的增大而逐渐增大；

对于主路流量，不同补气压比下均呈下降趋势，其主要是由支路补气进气对主路吸气的影响所引起的，但不同排气压力下存在差异，总压比小时，由于膨胀行程小，压缩机的吸气量偏大，因而相比于系统大压比条件下的主路流量偏大；系统总流量则随补气压比的增大而逐渐增大，而在系统小压比条件下则较高一些。可以看出，在不同的排气压力下，补气比随补气压比的变化曲线基本一致，即在相同的吸、补气压力下，排气压力变化对压缩机吸、补气流量比的变化影响很小，补气比与补气压比的变化曲线斜率约为0.52。

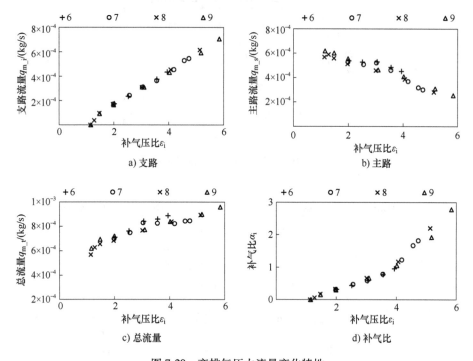

图 7-20　变排气压力流量变化特性

　　结合不同吸气压力下流量比随补气压比的变化斜率及不同工况条件下的补气比变化趋势，可得出以下结论：排气压力对补气比与补气压比的拟合曲线斜率没有影响，不同系统压比条件下补气比斜率的变化主要是由吸气压力的变化引起的：吸气压力变化时，相同补气压比对应的补气压力不同，补气进气量随着补气压力的增大而增大，从而使大补气压力下的补气比增长速率大于同补气压比条件下低吸气压力时的增长速率。

　　图 7-21 所示为不同排气压力下的性能变化，可以看出，在不同系统压比条件下，随着补气压比的增大，系统制热量均呈现不同程度的增大，当系统压比为9时，无补气时的系统制热量为212W，补气压力增大时，系统制热量最高提

升至 330W，这主要是由补气使系统流量增大而引起的。但主路流量的减小导致了其制冷量出现了不同程度的衰减，且系统压比越大，制冷量随补气压比的增大衰减越严重。

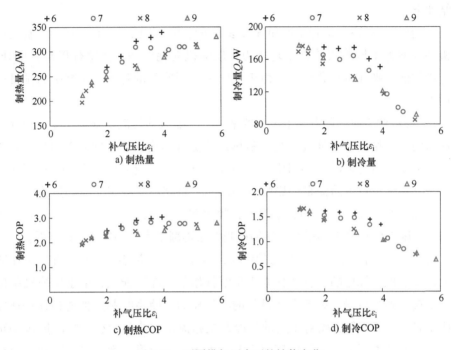

图 7-21 不同排气压力下的性能变化

相应地，系统在不同压比条件下，使用补气技术都会使制热 COP 有所提升，当系统压比为 6 时，制热 COP 随补气压比增加持续增大，最大制热 COP 为 3.03；当系统压比增加至 7 时，性能增大至一定值后基本保持不变，在补气压比为 3.6 左右时达到最大值 2.82；压比进一步增大后，制热性能随着补气压力的增大逐渐增大，系统运行压比为 8 和 9 时，随着补气压比的增大，可获得与系统压比为 7 工况下相当水平的制热性能。当系统压比变化时，由于制冷量的衰减和压缩机功耗的增大，制冷性能持续下降，在补气压比小时，下降缓慢，因为此时补气支路对吸气主路有一定的过冷，虽然压缩机主路流量减小，但由于过冷度的提升，性能衰减较为缓慢；当补气压比增大时，由于主路流量的大幅降低，且支路蒸发对主路的过冷能力有限，因而制冷性能衰减严重。

7.1.6 补气技术试验研究小结

为满足多温区制冷或低环温制热的需求，本节介绍了补气式直线压缩机的新型结构形式，以拓宽直线压缩机的应用场景，理论分析了直线压缩机的补气原理，并设计开发了补气式直线压缩机样机；搭建了带中间换热器的准二级蒸气压缩循环系统，试验测试了补气式直线压缩机的参数调节及变工况动态特性，小结如下：

1）在给定的系统运行工况和输入参数条件下，相比于无补气情形，直线压缩机补气增大了压缩机腔内平均压力，压缩机功耗增加，活塞行程略有提升；压缩机的低压吸气量变化较小，由于支路中压制冷剂的补入，压缩机的排量也会增大。

2）参数调节时，随着供电电压的增大，压缩机补气流量基本不变，吸气流量逐渐增大，相比于无补气系统，制热量的提升幅度大于30%；补气时，COP先基本不变，后逐渐减小，相比于无补气运行工况，最大可提升34%；测试工况下，支路流量对主路流量的影响较小，而主路阀前温度因支路的过冷大幅降低，系统制冷量及 COP 均得到了提升；频率调节对直线压缩机的补气量几乎无影响，而随着驱动频率的增大，压缩机吸气量逐渐增大，补气比逐渐降低。

3）变工况时，随着补气压力的增大，压缩机吸气量逐渐减小，补气量逐渐增大，压缩机补气比随补气压比几乎呈线性增加；在性能上，由于压缩机单位排量功耗的先减后增，因此存在最佳的补气压力，使系统制热性能最佳；补气压比小时，由于补气支路对主路的过冷及主路流量的小幅减少，制冷量和 COP 略有改善或基本不变，而补气压比大时，由于主路流量的大幅降低，制冷量和制冷 COP 会下降；在不同系统压比下补气比变化斜率的改变主要是由于吸气压力的改变引起的，吸气压力越高，补气比随补气压比变化的斜率越大。

7.2 直线压缩机补气特性模拟研究

7.2.1 补气式直线压缩机模型

1. 补气模型

从试验结果可以看出，补气式直线压缩机的补气量与吸气量受多个参数的影响，为进一步分析补气与吸气之间的影响关系及变化规律，将直线压缩机的活塞运行过程剖解，构建直线压缩机补气理论模型，从而探究活塞运动过程中补气的变化规律和吸、补气之间的影响机理。

直线压缩机的调节参数有两个自由度：活塞行程和运行频率，且在补气过程中可能存在压缩机中压补气和低压吸气同时进行的情形，因而其在补气时的特性与其他结构形式的补气压缩机有较大的差异。从行程变化角度而言，活塞行程的改变直接影响了补气口在单位周期内的开启圆周角和开启时间。图 7-22所示为单位压缩周期内补气口与压缩腔连通时的补气口进气横截面面积随活塞运动的变化，其中，横坐标以气缸端部为原点，以活塞运动路程为轴。

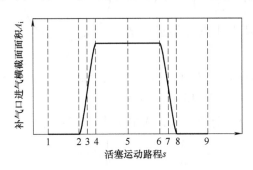

图 7-22　补气口进气横截面面积随活塞运动的变化

假设在某一输入参数下活塞运行行程为 X，运行余隙为 x_{i_o}，则图 7-22 中各状态点所表示的活塞运动状态点及相对位置见表 7-4。其中 l_i 表示圆形补气孔中心距离活塞端部的长度，d_i 表示补气孔的直径。

表 7-4　活塞运动状态点描述

状态点	位置	距离活塞端部长度 l	活塞运动路程 s
1	上止点	x_{i_o}	x_{i_o}
2	补气口开启点	$l_i-d_i/2$	$l_i-d_i/2$
3	补气口半开点	l_i	l_i
4	补气口完全开启点	$l_i+d_i/2$	$l_i+d_i/2$
5	下止点	$x_{i\_o}+X$	$x_{i\_o}+X$
6	补气口关闭点	$l_i+d_i/2$	$2x_{i\_o}+2X-(l_i+d_i/2)$
7	补气口半闭点	l_i	$2x_{i\_o}+2X-l_i$
8	补气口完全关闭点	$l_i-d_i/2$	$2x_{i\_o}+2X-(l_i-d_i/2)$
9	上止点	x_{i_o}	$x_{i\_o}+2X$

以活塞运动路程为参数表示补气开口面积，当活塞运动路程小于 2 点或大于 6 点时，补气口紧闭，即 $A_i=0$；当活塞运动路程大于 2 点小于 3 点时，补气口处于小部分开启状态，如图 7-23a 所示，补气口开启面积计算公式如式（7-6）

和式（7-7）所示

$$A_i = \frac{1}{4}\theta d_i^2 - \frac{1}{8}d_i^2 \sin(2\theta) \qquad (7\text{-}6)$$

$$\theta = \arccos\left[\frac{2(l_i - s)}{d_i}\right] \qquad (7\text{-}7)$$

式中，s 为压缩机从上止点开始运行的路程。

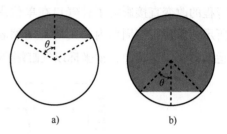

当活塞运动路程大于 3 点，小于 4 点时，补气开口如图 7-23b 所示，补气口开启面积由式（7-8）计算得到，式中 θ 见式（7-9）。

a)　　　　　b)

图 7-23　补气口部分开启示意图

$$A_i = \frac{1}{4}(\pi - \theta)d_i^2 + \frac{1}{8}d_i^2 \sin(2\theta) \qquad (7\text{-}8)$$

$$\theta = \arccos\left[\frac{2(s - l_i)}{d_i}\right] \qquad (7\text{-}9)$$

当活塞运动路程处于 4 和 6 之间时，补气口完全打开，相应地，各个状态下补气口的开口面积和相应的 θ 值见表 7-5。

表 7-5　各状态下补气口的开口面积和相应的 θ 值

状态点	开口面积 A_i	式中 θ 值
1~2	0	—
2~3	$A_i = \frac{1}{4}\theta d_i^2 \frac{1}{8}d_i^2 \sin(2\theta)$	$\theta = \arccos\left[\dfrac{2(l_i - s)}{d_i}\right]$
3~4	$A_i = \frac{1}{4}(\pi - \theta)d_i^2 + \frac{1}{8}d_i^2 \sin(2\theta)$	$\theta = \arccos\left[\dfrac{2(s - l_i)}{d_i}\right]$
4~6	$A_i = \frac{1}{4}\pi d_i^2$	—
6~7	$A_i = \frac{1}{4}(\pi - \theta)d_i^2 + \frac{1}{8}d_i^2 \sin(2\theta)$	$\theta = \arccos\left[\dfrac{2(2x_{i_o} + 2X - l_i - s)}{d_i}\right]$
7~8	$A_i = \frac{1}{4}\theta d_i^2 \frac{1}{8}d_i^2 \sin(2\theta)$	$\theta = \arccos\left[\dfrac{2(s - 2x_{i_o} - 2X + l_i)}{d_i}\right]$
8~9	0	—

在该压缩机结构形式下，压缩机的补气进气采用喷管模型，补气进气速率曲线如图 7-24 所示。定义补气进气压力与压缩腔内压力的比值为进气压比，用符号

ε_{i_c} 表示 [见式 (7-10)]。图中临界补气点对应的临界压比如式 (7-11) 所示，当背压压力高于临界背压时，进气速率遵从式 (7-12) 所示的进气方程，当背压压力低于临界背压时，补气速率达到最大值，等于临界补气压力对应的进气速率 [见式 (7-13)]。式中 p_i 表示制冷剂的补气压力，p_c 表示压缩腔内制冷剂的压力，λ 表示小孔进气系数，由进气口形状、单向进气阀流量系数等参数决定。

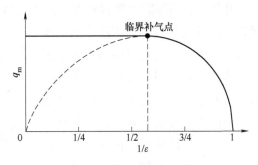

图 7-24　补气进气速率曲线

$$\varepsilon_{i\_c} = p_i/p_c \tag{7-10}$$

$$\varepsilon_{i\_c\_crit} = \left(\frac{2}{\kappa+1}\right)^{-\frac{\kappa}{\kappa-1}} \tag{7-11}$$

$$q_{m\_i} = \lambda A_i \sqrt{2\frac{\kappa}{\kappa-1}\frac{p_i}{v_i}\left(\varepsilon_{i\_c}^{-\frac{2}{\kappa}} - \varepsilon_{i\_c}^{-\frac{\kappa+1}{\kappa}}\right)} \tag{7-12}$$

$$q_{m\_i\_max} = \lambda A_i \sqrt{2\frac{\kappa}{\kappa-1}\frac{p_i}{v_i}\left(\varepsilon_{i\_c\_crit}^{-\frac{2}{\kappa}} - \varepsilon_{i\_c\_crit}^{-\frac{\kappa+1}{\kappa}}\right)} \tag{7-13}$$

式中，κ 为绝热压缩因子；v_i 为补气进气的比体积。

压缩机开始补气对应的状态点 (下标记为 inj_on) 则分为两种情形：一种是在腔内压力膨胀至补气压力时，此时活塞端部尚未运动至补气口开启行程点，开始补气点则为补气口开启点 2；另一种情形则是在活塞运行至补气口开启点 2 时，腔内压力仍高于中压补气压力，待腔内压力进一步膨胀直至其低于中压补气压力后，补气阀开启，此时补气开始点对应的行程如式 (7-14) 所示

$$s_{inj\_on} = (p_d/p_i)^{1/\kappa} x_{i\_o} \tag{7-14}$$

式中，p_d 为压缩机的排气压力。

由于压缩机的低压进气口面积大，不补气时压缩机的低压进气速率与活塞运动速度相关。当压缩机运行频率为 f 时，某时刻的进气速率则可以表示为式 (7-15)，其中活塞运动路程 s 的取值范围如式 (7-17) 所示。

$$q_{m\_s} = p_s A_p \frac{ds}{dt} \tag{7-15}$$

$$\frac{ds}{dt} = 2\pi f X \sin(2\pi f t) \tag{7-16}$$

$$s \in \left[(p_d/p_s)^{1/\kappa} x_{i\_o}, s_5\right] \tag{7-17}$$

式中，p_s 为压缩机的低压吸气压力；A_p 为活塞的横截面面积。

补气时，压缩腔余隙容积内的高压气体膨胀速率降低，使压缩机吸气阀暂缓开启，吸气量减少，该部分的减少量取决于吸气阀的迟开时间；而随着活塞的进一步回退，在补气和吸气同时进行的过程中，由于补气压力高于压缩腔内压力及吸气压力，中压进气后会产生一定的膨胀，占据压缩腔因回退产生的体积空间，因而使低压吸气量进一步减少。图 7-25 所示为压缩腔单位时间内的体积增大量与补气进气膨胀量的关系，图中浅灰色区域表示有补气时的低压吸气体积，黑色

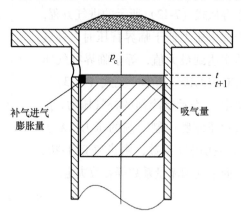

图 7-25　活塞膨胀过程中吸、补气示意图

区域表示补气进气的膨胀体积，即因补气引起的低压进气的减少量，如式（7-18）所示，某时刻低压吸气的减少量等于补气进气膨胀至原压缩腔内气体压力相等时所占据的空间。压缩腔体积变化率与补气进气膨胀量的关系如图 7-26 所示，由于膨胀过程中活塞速度先由零增大至最大值，然后再逐渐减小为零，膨胀初期，余隙内气体先膨胀，压缩机吸气量为零，随着腔内压力的降低，压缩机先后产生补气和吸气。因此，式（7-18）在活塞运动接近下止点位置附近时存在零点，该零点即因补气进气导致吸气阀的提前关闭点，该点对应的因活塞运动产生的压缩腔体积膨胀量与补气进气膨胀至吸气压力所占据的空间大小相等，因此可求得相应的吸气阀关闭点的速度如式（7-19）所示，进一步根据活塞速度可计算出相应时刻和活塞的运动路程。

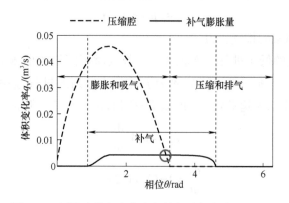

图 7-26　压缩腔体积变化率与补气进气膨胀量的关系

$$q_{m\_s} = \max\left[0, p_s\left(A_p\frac{ds}{dt} - q_{m\_i}\left(\frac{p_i}{p_s}\right)^{1/\kappa}v_i\right)\right] \quad s \in ((p_d/p_s)^{1/\kappa}x_{i\_o}, s_5] \quad (7\text{-}18)$$

$$\frac{ds}{dt} = \frac{q_{m\_i}}{A_p}\left(\frac{p_i}{p_s}\right)^{1/\kappa}v_i \quad (7\text{-}19)$$

根据不同活塞行程区间内压缩机的中压补气和低压吸气速率方程，对压缩机的进气量进行积分计算，可得到相应的补气量和吸气量，从而可以计算得出压缩的吸、补气量及两者之间的关系。

$$m_s = \int q_{m\_s}dt \quad (7\text{-}20)$$

$$m_i = \int q_{m\_i}dt \quad (7\text{-}21)$$

2. 补气压缩机模型

基于以上直线压缩机补气模型及直线压缩机控制方程，对补气式直线压缩机进行建模。直线电动机电压平衡方程见式（7-22），活塞受力方程采用二自由度非线性气体力方程，如式（7-23）所示。

$$L_e\frac{di}{dt} + R_e i + K_0 v = u \quad (7\text{-}22)$$

$$m_e\frac{dv}{dt} + c_f v + k_s x + F_g = K_0 i \quad (7\text{-}23)$$

$$F_g = (p_c - p_s)A_p \quad (7\text{-}24)$$

对于给定的补气式直线压缩机电动机参数和结构参数，结合活塞运动微分方程［见式（7-25）］，通过龙格-库塔法（Runge-Kutta method）求解压缩机的响应参数。龙格-库塔法是求解非线性常微分方程（组）的一种常用方法，在求解已知导数和初值的问题时精度非常高，对于已知初值问题［见式（7-26）］，其数值解可由式（7-27）~式(7-31)依次求得，式中，h 为给定的时间步长。

$$v = \frac{dx}{dt} \quad (7\text{-}25)$$

$$\begin{cases} dy/dt = f(y,t) \\ y|_{t=t_0} = y_0 \end{cases} \quad (7\text{-}26)$$

$$y_{n+1} = y_n + \frac{h}{6}(k_1 + k_2 + k_3 + k_4) \quad (7\text{-}27)$$

$$k_1 = f(t_n, y_n) \quad (7\text{-}28)$$

$$k_2 = f\left(t_n + \frac{h}{2}, y_n + \frac{h}{2}k_1\right) \quad (7\text{-}29)$$

$$k_3 = f\left(t_n + \frac{h}{2}, y_n + \frac{h}{2}k_2\right) \tag{7-30}$$

$$k_4 = f(t_n + h, y_n + hk_3) \tag{7-31}$$

对直线压缩机控制方程进行变换，可得到式（7-32）所示的微分方程组。以气缸端部为活塞运动原点，压缩时活塞的前进方向为正方向。初始时刻，压缩机的响应电流和活塞速度均为零，活塞位移为 $-x_0$，即压缩机的初始值如式（7-33）所示。根据给定的供电电压和驱动频率，在额定的压缩机吸、补、排气压力下，计算压缩机的稳态响应，其中，压缩机的起动过程通过给定电压调节步长，逐渐增大至目标设定值。

$$\begin{bmatrix} \mathrm{d}i/\mathrm{d}t \\ \mathrm{d}v/\mathrm{d}t \\ \mathrm{d}x/\mathrm{d}t \end{bmatrix} = \begin{bmatrix} \dfrac{1}{L_e}(u - R_e i - K_0 v) \\ \dfrac{1}{m_e}(K_0 i - c_f v - k_s x - F_g) \\ v \end{bmatrix} \tag{7-32}$$

$$\begin{bmatrix} i & v & x \end{bmatrix}_0 = \begin{bmatrix} 0 & 0 & -x_0 \end{bmatrix} \tag{7-33}$$

压缩腔为动边界开口系，腔内参数根据活塞位移及边界质量流入、流出计算，模型计算时遵从以下假设：

1）压缩过程为准静态过程，压缩腔内制冷剂均匀分布。

2）吸、补、排气为理想气阀，开启时孔口面积即为流通面积，气体流经气阀时的压降忽略不计。

3）不考虑润滑油对压缩过程的影响。

4）压缩过程绝热，与外界无热交换。

腔内制冷剂初始状态为低压吸气状态，根据 t_0 时刻压缩机的状态参数，采用龙格-库塔方法计算 t_1 时刻的电流、速度及位移值；此时，先假设压缩腔边界无质量交换，由 t_1 时刻压缩腔的体积 V_1 及 t_0 时刻腔内制冷剂的质量 m_0 计算腔内制冷剂 t_1 时刻腔内制冷剂的密度 ρ_1；根据能量守恒，t_1 时刻压缩腔内的总能量等于边界移动所做的功［见式（7-34）］与 t_0 时刻腔内总能量的和，进而得到 t_1 时刻的制冷剂焓值 h_1；在已知腔内制冷剂密度、焓值的条件下，调用美国国家标准与技术研究院（National Institute of Standards and Technology，NIST）开发的 REFPROP（Version 9.0）确定腔内制冷剂的其他状态参数，如压力、温度等；根据计算得到的压力与吸、补、排气压力对比，判断控制容积边界是否有制冷剂流入和流出，其中包括气缸活塞间隙制冷剂的泄漏，根据边界质量的交换量，更新腔内制冷剂状态参数，从而完成 t_1 时刻压缩机状态参数的计算，以此类推，完成 t_2、t_3，直至 t_n 时刻的参数。

$$W = \int_{t_n}^{t_{n+1}} p\,\mathrm{d}V \tag{7-34}$$

活塞吸、补气控制方程如前节所述，排气速率与活塞运动速度有关，如式（7-35）所示；气缸活塞之间的间隙泄漏采用小孔节流模型［见式（7-36）］。

$$m_{\mathrm{m\_d}} = \int p_{\mathrm{d}} A_{\mathrm{p}}\,\mathrm{d}s \tag{7-35}$$

$$m_{\mathrm{m\_l}} = \int C_{\mathrm{d}} A \sqrt{p_{\mathrm{c}} \Delta p}\,\mathrm{d}t = \int C_{\mathrm{d}} \pi d_{\mathrm{p}} w \sqrt{p_{\mathrm{c}}(p_{\mathrm{c}} - p_{\mathrm{s}})}\,\mathrm{d}t \tag{7-36}$$

式中，C_{d} 为泄漏系数；d_{p} 为活塞直径。

求得压缩机 $t_0 \sim t_n$ 时刻的离散状态参数后，提取稳定状态下单位周期内［从 j 时刻开始，$(t_j + \Delta t) \sim (t_j + T)$ 时刻］的离散结果，进行离散积分计算，得到压缩机的吸、补、排气质量流量及其他运行参数。活塞运行相关参数根据单位周期内的离散位移值求得，如式（7-38）~式（7-41）所示；压缩机电参数由式（7-42）和式（7-43）计算，补气式直线压缩机仿真模拟流程如图 7-27 所示。

$$q_{\mathrm{m}} = f \sum_{t = t_j + \Delta t}^{t_j + T} m_{\mathrm{t}} \tag{7-37}$$

$$x_{上止点} = \max(x_{t_j + \Delta t}, x_{t_j + 2\Delta t}, \cdots, x_{t_j + T}) \tag{7-38}$$

$$x_{下止点} = \min(x_{t_j + \Delta t}, x_{t_j + 2\Delta t}, \cdots, x_{t_j + T}) \tag{7-39}$$

$$H = x_{上止点} - x_{下止点} \tag{7-40}$$

$$X_{\mathrm{off}} = x_{\mathrm{i}} - \frac{x_{上止点} + x_{下止点}}{2} \tag{7-41}$$

$$I = \max(I_{t_j + \Delta t}, I_{t_j + 2\Delta t} \cdots I_{t_j + T}) \tag{7-42}$$

$$P = f \sum_{t = t_j + \Delta t}^{t_j + T} (U_{\mathrm{t}} I_{\mathrm{t}} \Delta t) \tag{7-43}$$

3. 模型验证

压缩机的建模与仿真是基于时间步长的离散，一般而言，计算步长越小，模拟结果精度越高，但过高的离散点数会延长运算时间、增加运算成本，因此需要选取计算时单位周期内合适的离散点数，以保证模拟结果的高精度和低运行成本。图 7-28 所示为压缩机吸、补、排气质量流量随单位周期离散点数的变化，当单位周期离散点数大于 1000 个后，质量流量趋于稳定，相对变化量小于 1%，因而每周期选取 1000 个离散点进行仿真计算，即计算时间步长为单位周期的千分之一。

图 7-29 所示为活塞位移随运行周期的变化，横轴以活塞运动周期 T 为单位。在压缩机起动阶段，供电电压以固定步长逐渐增加，活塞位移稳步提升；电压

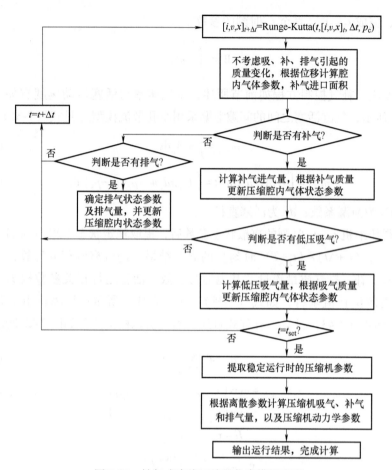

图 7-27 补气式直线压缩机仿真模拟流程

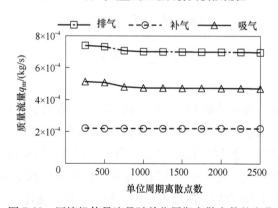

图 7-28 压缩机使量流量随单位周期离散点数的变化

达到至目标值后，压缩机经历一段时间的自调节阶段，自由活塞位移的小幅波动逐渐消失，进入平稳运行阶段。可以看出，在 35~40 个运行周期后，压缩机行程基本稳定,因而,仿真时设定活塞运行时间为 50 个周期(即总离散点数为 50000 个),并取最后一个完整周期内的离散数据计算压缩机的运行状态。

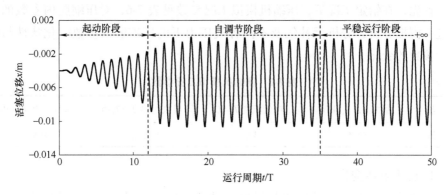

图 7-29 活塞位移随运行周期的变化

在吸气压力为 62.5kPa,排气压力为 765kPa 工况下,当补气压力变化而压缩机输入参数不变时,补气直线压缩机质量流量的模拟值与试验值的对比结果如图 7-30 所示,吸、补、排气质量流量试验值与模拟值呈现良好的一致性,最大偏差均在 15% 以内,验证了补气式直线压缩机仿真模型的准确性。

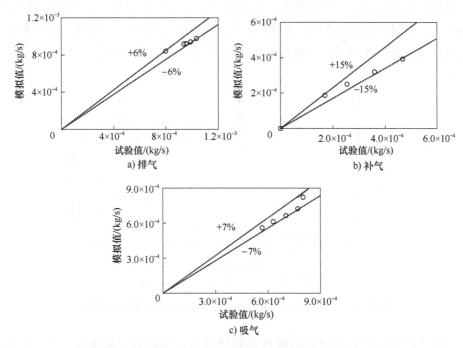

图 7-30 补气直线压缩机模型验证

7.2.2　补气过程运行调节模拟分析

首先，在给定工况下，压缩机模拟工况参数见表 7-6，对压缩腔内参数的影响进行模拟分析，分析无补气及不同补气压力下的压缩腔内参数变化特性与动力学参数的变化。

表 7-6　压缩机模拟工况参数

参数	吸气压力 p_s/kPa	吸气温度 T_s/℃	补气过热度 ΔT_i/℃	排气压力 p_d/kPa
数值	62.5	32.2	5.0	765.0

1. 腔内参数变化

为描述压缩腔内参数变化与活塞运动位置的绝对关系，图 7-31 所示为无补气时压缩腔内参数随活塞运动路程的变化曲线，图中以气缸端部为原点，以活塞运动路程为横坐标，纵坐标表示压缩机在该位移条件下的进/出气量，时间为离散点间隔，即千分之一周期。活塞由上止点往下止点运行时，余隙容积内高压气体膨胀，压缩腔内压力逐渐降低，当腔内压力低于吸气压力时，吸气阀开启，压缩机开始低压进气，当活塞运动接近下止点时，活塞减速，压缩腔体积膨胀量减小，吸气量降低，直至活塞到达下止点，吸气阀关闭，吸气过程结束，活塞转而由下止点向上止点运行，开始压缩过程，腔内压力逐步增大，达到排气压力后开始排气，到达上止点后排气过程结束，至此，完成整个压缩循环。

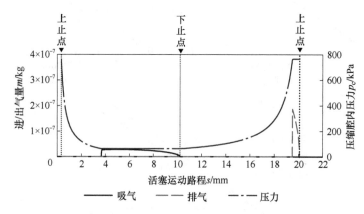

图 7-31　无补气时压缩腔内参数随活塞运动路程的变化曲线

图 7-32 所示为补气时压缩腔内参数随活塞运动路程变化曲线。可以看出，在活塞端部尚未到达补气口开启位置时，此时压缩腔内的气体已经膨胀至低压

吸气压力，吸气阀开启，随着活塞的进一步回退，补气口逐渐开启，压缩机开始中压补气进气，此时，中压补气和低压吸气同时进行，但由于中压制冷剂的补入占据了部分压缩腔膨胀空间，导致低压吸气量减少，且活塞运动至下止点附近，压缩腔体积变化率小于补气进气膨胀量，使吸气阀提前关闭，活塞继续向下止点运行，继而转向上止点开始压缩过程，补气过程继续，当补气口完全关闭时，补气过程结束。

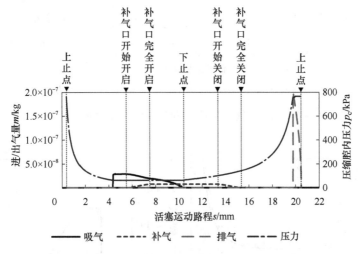

图 7-32　补气时压缩腔内参数随活塞运动路程的变化

在极端补气压力下，一方面，补气增大了压缩腔内平均压力，使活塞偏移量增大，余隙容积增加，从而活塞回退过程中压缩腔的膨胀速率降低；并且高压下的补气增大了腔内气体的膨胀量，使整个压缩过程中腔内的最低压力始终高于低压吸气压力，使吸气阀无法开启，因而导致压缩机无低压进气，如图 7-33 所示。

为更好地比较有、无补气及不同补气压力对压缩腔内参数的影响，将不同补气压力情形下的腔内参数以活塞运动的相位为横坐标展开，以上止点为原点。不同补气压力条件下的对比结果如图 7-34 所示（none 表示压缩机无补气运行，p_1，p_2，p_3，p_4 分别为 200kPa，400kPa，600kPa 和 765kPa）。

从图 7-34a 可以看出，补气时，膨胀过程中压缩腔内压力降低速度减缓，因而使压缩机吸气阀开启相位滞后，关闭相位提前（见图 7-34b）。无补气时，吸气阀在活塞运动至 1.2rad 相位处开启，在到达下止点（活塞相位 3.14rad）时关闭。补气时，随着补气压力的提升，吸气阀开启相位逐渐滞后，关闭相位逐渐提前，即吸气过程逐渐缩短。在极端补气工况下（补气压力等于排气压力），由

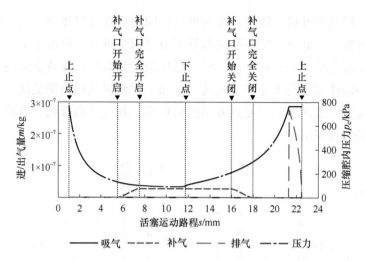

图 7-33　极端补气工况下压缩腔内参数随活塞运动的变化

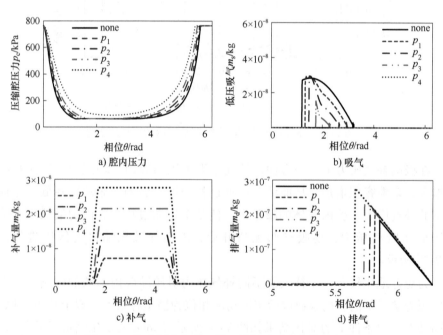

图 7-34　腔内压力和吸、补、排气随活塞相位的变化

于压缩腔内压力始终高于吸气压力，吸气阀无法开启，即压缩机无低压吸气。在不同补气压力下，因压缩机余隙容积的逐渐增大，使补气口开启点对应的相位逐渐提前，完全关闭点相位逐渐后移（见图7-34c），补气进气量随补气压力的增大而增大，且在下止点两侧呈对称分布，且在补气口开启和关闭过程中，进气量随活塞运动相位几乎呈线性变化。由于补气进气提升了压缩过程中压力

提升的速度，因而使腔内压力更快地达到排气状态，因此排气阀开启提前（见图 7-34d），排气量增大。

2. 泵气量和功耗

图 7-35 所示为压缩机的吸、补、排气量在不同补气压力下的变化，随着补气压力的升高，压缩机补气量、排气量和泄漏量均逐渐增大，吸气量逐渐减少。无补气时，压缩机的排气量为 0.00045kg/s，泄漏量占比约为 1.37%；补气压力为 600kPa 时，排气量提升至 0.00076kg/s，相比于无补气时增加 68%，其中，96% 的排气来自于中压补气，而受补气的影响，低压吸气量减少 90%，泄漏量提升 36%；当补气压力为排气压力时，压缩机无低压吸气，在实际系统中亦无运行意义。

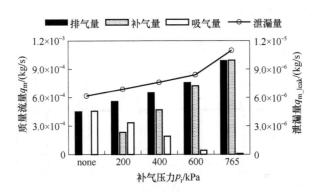

图 7-35   压缩机泵气量

可以看出，低压吸气量受中压补气量的严重影响，在极端的补气压力条件下，压缩机低压吸气量很小甚至无低压吸气，另一方面，由于中压补气提升了压缩腔内压力，使压缩机的泄漏量有所增加。

不同补气压力下的压缩机功耗如图 7-36 所示，随着补气压力的逐渐增加，压缩机输入功逐渐增大，无补气时，压缩机功耗为 92W，补气压力平均每提升 200kPa，压缩机功耗增加约 8W；由于补气提升了压缩机的排量，且中压补气需要的压缩功小于低压吸气需要的理论压缩功，因而单位排量制冷剂的压缩功耗逐渐降低。

3. 动力学参数

图 7-37 所示为不同补气压力条件下活塞位移的变化，压缩机补气压力由无补气提升至 765kPa 时，上止点由 -0.34mm 回退至 -0.99mm，即余隙行程增大了 0.65mm，下止点由 -10.20mm 回退至 -11.73mm，相应地，活塞行程由 9.7mm 增大至 10.7mm。这是由于压缩机的补气，使压缩腔内平均压力提升，进一步使

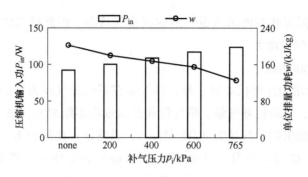

图 7-36 压缩机功耗

压缩机运动中心逐渐偏离气缸端部，活塞运动上止点和下止点均后移，余隙容积增大，从而导致行程略有提升。

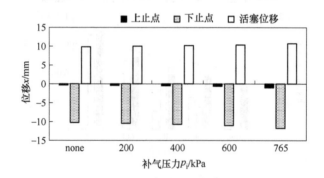

图 7-37 活塞位移随补气压力的变化

动力学参数随补气压力的变化如图 7-38 所示，由于气体力等效刚度取决于压缩腔平均压力与活塞行程的比值，腔内平均压力和行程的同时增加，使气体力等效刚度变化略有提升；由于压缩机排量的增加，压缩功增大，故等效阻尼随之增大。

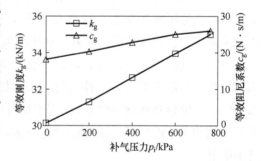

图 7-38 动力学参数随补气压力的变化

4. 参数调节

试验过程中，考虑压缩机的平稳安全运行，参数调节过程中的变化范围较小，且在极端情形下，压缩机和系统难以达到目标工况下的稳态平衡。因此，本小节从模拟角度，在较大的输入参数变化范围内对压缩机的运行调节特性进行分析，压缩机的运行工况见

表 7-6，给定补气压力为 200kPa。

（1）行程调节特性　压缩机的行程调节主要依靠供电电压的变化进行控制，由图 7-39 可以看出，无泵气时，活塞运动中心逐渐下移，即活塞偏移量逐渐增大；泵气后，随着行程的增大，活塞偏移量逐渐减小，这是因为压缩机的进气过程在活塞运动周期内的占比增加了，且平均气体力减小；当活塞端部越过上止点后，由于活塞撞击排气阀，

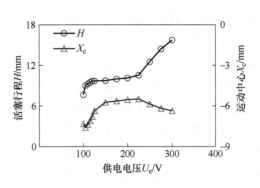

图 7-39　活塞行程随供电电压的变化

受到来自排气弹簧的额外作用力，因而活塞的平均受力增大，偏移量增加。

根据图 7-40 可知，在压缩机的行程调节过程中，当活塞行程小于 9.3mm 时，由于压缩腔内最高压力尚未达到排气压力，排气阀始终处于关闭状态，因而压缩机无吸气、补气和排气。随着供电电压的增加，活塞行程增大，压缩机开始排气；压缩机首先从中压吸气，低压吸气量仍为零，压缩机所能达到的最大补气量约为 0.00025kg/s；活塞行程

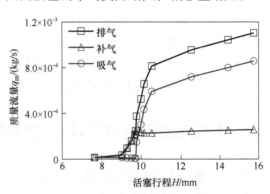

图 7-40　压缩机吸、补、排气量随活塞
行程的变化

进一步提升至 9.8mm 以上时，压缩机开始从低压端吸气，而后，低压吸气量随着活塞行程的增大而逐渐增加，行程增大至一定值后，增加趋势略有减缓，主要是因为当压缩机行程大于一定值后，活塞会冲出气缸端面（即撞缸现象），在回退初始阶段压缩机无法产生有效吸气，因而吸气量随行程增加的速率会有所降低。

在行程变化过程中，压缩机的补气比由无穷大（无低压吸气）逐渐减小至 0.3 左右。可以看出，在一定的工况条件下，仅依靠活塞行程的调节时，压缩机补气比存在特定的调节范围；而在系统运行时则需要合适的补气比以匹配系统特性，当电压调节不足以满足系统流量匹配特性时，还需要调节压缩机的运行频率。

（2）频率调节特性　在实际的运行过程中，为保证系统运行能够达到目标

测试工况，压缩机的频率可调节范围较窄，压缩机的主、支路流量变化范围较小；模拟时，根据目标工况的给定情况，可拓宽压缩机的频率调节范围。

图 7-41 所示为频率调节对压缩机泵气量的影响，当压缩机由较低的运行频率逐渐增大时，其吸、补、排气量逐渐增加，经历了与行程调节过程中相同的先补气、后吸气的过程，这主要是由于频率变化引起的行程变化所致；频率提升至一定值后，补气流量增大至最大值后基本保持不变，后逐渐减小，主要是因为驱动频率偏离固有频率太大，行程衰减严重。可以

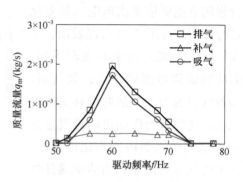

图 7-41　频率调节对压缩机泵气量的影响

看出，在该工况条件下，压缩机的固有频率约为 60Hz，当驱动频率小于固有频率时，吸气流量的增加速率略大于高频率下的减小速率，表明了高频运行条件下补气对吸气的影响小于低频运行时的影响，由于压缩腔体积膨胀量随频率的提升而增大，故吸气量的下降趋势逐渐减缓。

7.3　补气直线压缩机及其系统特性分析

本节根据补气式直线压缩机的试验与模拟结果，对直线压缩机补气特性及其系统变化特性进行综合分析。

7.3.1　直线压缩机补气特性

针对补气式压缩机的吸、补气特性，可将其分为两类：一种是以涡旋补气压缩机、螺杆补气压缩机等为代表，由于压缩机补气时压缩腔吸气过程已结束，因而补气过程对吸气过程无干扰，即低压吸气量恒定；另一种则是以各种补气结构形式的转子压缩机为典型，该类压缩机在补气过程中存在特定的角度，压缩腔将同时进行低压吸气和中压补气，使低压吸气量会一定程度减少。根据以上对补气式直线压缩机的试验测试结果和理论分析可知，补气式直线压缩机属于后者，且其补气变化规律因自由活塞结构而更加复杂。

根据以上模拟结果可知，当压缩机的补气口开启时，补气条件下腔内压力基本低于相应补气压力条件下的临界背压压力，压缩机的补气始终以最大进气速率 $q_{m\_i\_max}$ 进气，且以活塞运动下止点为中心呈对称分布。将补气口开启和关闭

过程近似线性化处理，可得到单位压缩周期内压缩机的补气量如式（7-44）所示，式中的 t_3、t_5 根据其运动路程值与活塞行程求得，在一定的行程条件下为定值，因而单位时间内的补气量则可由式（7-47）表示。可以看出，压缩机补气量的大小除受补气压力的影响外，还受压缩机运行参数和结构参数的影响：从运行调节角度考虑，主要受活塞行程和运行余隙的影响，行程越大，运行余隙越小，补气量越大，而与压缩机的运行频率无关；从压缩机的结构参数角度而言，补气口直径越大，补气口距气缸端部的距离越小，补气量越大。

$$m_i = \int q_{m\_i}\mathrm{d}t \approx 2q_{m\_i\_max}(t_5 - t_3) \tag{7-44}$$

$$t_5 = \frac{T}{2} = \frac{1}{2f} \tag{7-45}$$

$$t_3 = \frac{1}{2\pi f}\arccos\left(\frac{X + x_{i\_o} - l_i}{X}\right) \tag{7-46}$$

$$q_{m\_i} = f\int q_{m\_i}\mathrm{d}t \approx \lambda A_i\sqrt{2\frac{\kappa}{\kappa-1}\frac{p_i}{v_i}\left(\varepsilon_{crit}^{-\frac{2}{\kappa}} - \varepsilon_{crit}^{-\frac{\kappa+1}{\kappa}}\right)}\left[1 - \frac{1}{\pi}\arccos\left(\frac{X + x_{i\_o} - l_i}{X}\right)\right] \tag{7-47}$$

受中压补气的影响，单位周期内压缩机的低压吸气量的计算如式（7-48）所示，单位时间内的压缩机吸气量则为单位周期吸气量与运行频率的乘积。式中各时间量和活塞运动路程根据式（7-49）~式（7-54）计算，吸气阀开启位置与无补气条件下的位置相同，以下标 s_on 表示，而关闭位置由于补气而提前，如式（7-54）所示，关闭状态点以下标 s_off 表示。

$$m_s = \int q_{m\_s}\mathrm{d}t = p_s\left[A_p(s_{s\_off} - s_{s\_on}) - q_{m\_i\_max}\left(\frac{p_i}{p_s}\right)^{1/\kappa}v_i(t_{s\_off} - t_3)\right] \tag{7-48}$$

$$s_{s\_on} = (p_d/p_s)^{1/\kappa}x_{i\_o} \tag{7-49}$$

$$t_{s\_on} = \frac{\theta_{s\_on}}{2\pi f} \tag{7-50}$$

$$\theta_{s\_on} = \arccos\left\{1 - \left[\left(\frac{p_d}{p_s}\right)^{1/\kappa}\frac{x_{i\_o}}{X} - 1\right]\right\} \tag{7-51}$$

$$s_{s\_off} = x_{i\_o} + X(1 - \cos\theta_{s\_off}) \tag{7-52}$$

$$t_{s\_off} = \frac{\theta_{s\_off}}{2\pi f} \tag{7-53}$$

$$\theta_{s\_off} = \pi - \arcsin\left[\frac{q_{m\_i\_max}}{2\pi f X A_p}\left(\frac{p_i}{p_s}\right)^{1/\kappa}v_i\right] \tag{7-54}$$

将式（7-49）~式（7-52）代入式（7-48）并整理，可得到补气状态下的压缩机吸气速率［见式（7-55）~式（7-58）］，式（7-55）中右侧第一项 $m_{\text{s\_non}}$ 表示无补气情形下压缩机的实际吸气量，第二项 $\Delta m_{\text{s\_valve}}$ 表示因吸气阀提前关闭引起的吸气减少量，第三项 $\Delta m_{\text{s\_inj}}$ 表示因补气进气导致的吸气减少量。

$$q_{\text{m\_s}} = f(m_{\text{s\_non}} - \Delta m_{\text{s\_valve}} - \Delta m_{\text{s\_inj}}) \tag{7-55}$$

$$m_{\text{s\_non}} = p_s A_p \left(x_{\text{i\_o}} + 2X - \left(\frac{p_d}{p_s}\right)^{1/\kappa} x_{\text{i\_o}} \right) \tag{7-56}$$

$$\Delta m_{\text{s\_valve}} = p_s A_p \left[X(1 - \cos(\pi - \theta_{\text{s\_off}})) \right] \tag{7-57}$$

$$\Delta m_{\text{s\_inj}} = p_s q_{\text{m\_i\_max}} \left(\frac{p_i}{p_s}\right)^{1/\kappa} v_i (t_{\text{s\_off}} - t_3) \tag{7-58}$$

根据吸气量的表达式，可以看出直线压缩机补气时的低压吸气量受补气的影响主要包括以下两个方面：①补气压力越高、运行频率越低或活塞行程越小，吸气阀关闭的时间越提前，吸气量的减少量越大；②补气压力越高，补气进气膨胀量越大，其占据压缩腔吸气时的腔体体积越大，吸气量越少。

当压缩机以上止点运行时，余隙容积为零，压缩机从上止点开始回退时，压缩机开始吸气，即压缩机吸气阀开启时对应的圆周角为零，待活塞端部运行至补气口开启时，压缩机开始补气，且始终以吸气压力为进气背压，此时压缩机的补气量如式（7-59）所示，压缩机的低压吸气由式（7-60）给出

$$q_{\text{m\_i}} \approx \lambda A_i \sqrt{2 \frac{\kappa}{\kappa-1} \frac{p_i}{v_i} \left(\varepsilon_i^{-\frac{2}{\kappa}} - \varepsilon_i^{-\frac{\kappa+1}{\kappa}}\right)} \left(1 - \frac{1}{\pi} \arccos\left(\frac{X-l_i}{X}\right)\right) \tag{7-59}$$

$$m_s = 2p_s A_p X - p_s A_p \left[X(1 - \cos(\pi - \theta_{\text{s\_off}})) \right] - p_s q_{\text{m\_i}} \left(\frac{p_i}{p_s}\right)^{1/\kappa} v_i (t_{\text{s\_off}} - t_3) \tag{7-60}$$

7.3.2　准二级蒸气压缩系统特性

对于准二级蒸气压缩系统，由于主、支路两股制冷剂在中间换热器内逆流换热，根据能量守恒，两股流体存在如式（7-61）所示的换热平衡，主、支路出口状态由换热器的有效换热面积及主、支路的流量分配关系决定。对于经济器中的热交换过程，存在最小的换热温差 $\Delta T_{\text{eco\_min}}$（一般情况下，板式换热器的最小换热温差约为2℃），因而主、支路的出口状态存在最值，分别由主、支路制冷剂的进口温度决定：主路制冷剂过冷所能达到的最低温度为补气压力状态下的饱和温度加上最小换热温差，如式（7-62）所示；支路出口所能达到的最高温度为冷凝器出口的制冷剂温度减去换热温差［见式（7-63）］。

$$\alpha_i (h_{\text{eco\_i\_out}} - h_{\text{eco\_i\_in}}) = h_{\text{eco\_s\_in}} - h_{\text{eco\_s\_out}} \tag{7-61}$$

$$T_{\text{subcooling\_min}} = T_{\text{inj\_sat}} + \Delta T_{\text{eco\_min}} \tag{7-62}$$

$$T_{inj\_max} = T_{con\_out} - \Delta T_{eco\_min} \tag{7-63}$$

式中，h 为焓值，下标 eco_i_out 表示经济器补气支路出口；下标 eco_i_in 表示经济器补气支路进口；下标 eco_s_in 表示经济器低压支路（主路）侧入口；下标 eco_s_out 表示经济器低压支路（主路）侧出口。

　　此外，考虑压缩机的长期安全可靠，压缩机的补气比存在最大值，否则支路节流后的两相制冷剂无法从主路获得足够的热量，容易出现压缩机补液的情形。虽然压缩机适当的补液可降低压缩腔内的温度，但补气比大于某一临界值后，进气干度过小，会导致压缩腔积液，从而影响压缩机的运行，严重时可能造成压缩机的不可逆损坏；而且，由于制冷剂蒸发时比体积变化率大，补入压缩腔的液体蒸发占据了压缩腔内的大量空间，严重影响了低压吸气过程。但在某一特定补气进口压力条件下，系统所允许的补气比无最小值，仅存在有换热器约束下的最高补气温度。

　　因此，为避免补气比过大，应对系统的补气支路出口状态进行约束，给定支路经济器出口最小干度值 x_{min}，即存在最大的补气比 α_{i_max}。如图 7-42 所示，图中阴影表示适宜的补气入口状态区，该区域以干度 x_{min} 的等干度线为左边界，右侧边界则是最高补气温度下的等温线。根据直线压缩机的补气特性，系统的最大补气比约束条件则进一步限制了压缩机的输入电压和驱动频率的调节范围，即在补气压力恒定条件下，为满足压缩机与系统主、支路流量关系的匹配，存在最小的输入电压和最低的运行频率。

$$\alpha_{i\_max} = \frac{h_{eco\_s\_in} - h_{eco\_s\_out}(T_{inj\_sat} + \Delta T_{eco\_min}, p_d)}{h_{eco\_i\_out}(p_{inj}, x_{min}) - h_{eco\_i\_in}} \tag{7-64}$$

式中，$h_{eco\_s\_in}$ 为经济器低压支路侧入口焓值；$h_{eco\_s\_out}$ 为经济器低压支路侧出口焓值；T_{inj_sat} 为补气支路的饱和温度；ΔT_{eco_min} 为经济器的最小温差；p_d 为排气压力；$h_{eco\_i\_out}$ 为经济器补气支路侧出口处的制冷剂焓值；x_{min} 为补气支路入口的最小干度；p_{inj} 为补气压力；$h_{eco\_i\_in}$ 为经济器补气支路侧入口处的制冷剂焓值。

　　系统制热时，由于补气支路大大提升了系统的总质量流量，因而对于制热量的提升有显著的效果，但补气入口状态点的焓值可能高于补气压力下与吸气等熵对应的制冷剂状态点焓值，如图 7-42 中大虚线等熵线的右侧阴影部分所示，因而压缩机的排气温度并不一定降低，仅当补气支路制冷剂入口状态落在等熵线左侧时，补气才对压缩过程有冷却效果。

　　制冷时，虽然经济器内的热交换增大了主路制冷剂的阀前过冷度，但由于主路流量的减小，其制冷量会受到不同程度的影响，当且仅当补气时主路过冷释放的热量大于主路流量的减少量产生的制冷量时，系统制冷量有提升效果，经进一步推导，得到主路质量流量的相对减少量不得大于式（7-65）所示的值，运行过程中系统所能达到 4 点的焓值越小，则主路所允许的最大减少量越大，支路流量的调节范围也就越大，对于系统最佳制冷性能状态点的寻优越有利，但总体来说，提升幅度有限。

$$\frac{\Delta m_{\mathrm{s}}}{m_{\mathrm{s\_non}}} < \frac{h_3 - h_4}{h_1 - h_4} \tag{7-65}$$

式中，Δm_{s} 为因喷射补气导致的主路流量的减少量；$m_{\mathrm{s\_non}}$ 为无补气条件下低压支路的吸气量；h 下标 1、3、4 为图 7-42 中的状态点。在图 7-42 中，$h_{\mathrm{inj\_min}}$ 为满足最小干度的补气支路制冷剂焓值；$h_{\mathrm{inj\_max}}$ 为满足最大过热度的补气支路制冷剂焓值；iso_{entropy} 为等熵线。

准二级蒸气压缩系统主要包含冷凝器、中间换热器、节流机构、蒸发器等。在压缩机与系统耦合计算时，各部件均假定为理想元件，不考虑换热器的压降、换热效率，节流过程与外界无热交换，并根据热力学第一定律确定各部件进、出口状态参数。压缩机排出的高温、高压气体直接进入冷凝器，通过给

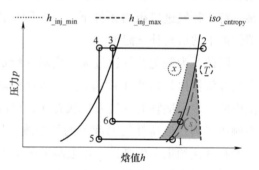

图 7-42 准二级系统补气入口制冷剂状态

定冷凝器出口过冷度 $\Delta T_{\mathrm{s\_c}}$ 和排气压力确定冷凝器的出口状态，吸气状态则由吸气过热度 ΔT_{s} 和吸气压力决定，系统制热量根据式（7-66）计算。根据中间换热器能量守恒，计算换热器主、支路出口状态，在最小换热温差 $\Delta T_{\mathrm{eco\_min}}$ 约束下，冷端补气支路所能吸收的最大热量为如式（7-69）所示，考虑压缩机的湿压缩问题，约束最小补气干度 x_{min}，因而可得到支路所需要的最小吸热量 $Q_{\mathrm{eco\_c\_min}}$，进一步地，热端吸气主路能释放的最大热量见式（7-69）。若热端最大换热量 $Q_{\mathrm{eco\_h\_max}}$ 小于冷端最小换热量 $Q_{\mathrm{eco\_c\_min}}$，即补气制冷剂干度小于 x_{min}，则该补气压比不利于系统的安全运行，此时对应的即为最小的供电电压 U_{min}，表明系统安全运行时压缩机的供电电压应大于该值，以保证系统的补气比不超过某临界值；否则，热端最大换热量高于冷端最小吸热量时，可通过式（7-70）得到中间换热器的换热量，继而确定主、支路出口的制冷剂焓值。主、支路的节流过程为理想过程，节流前后焓值相等，吸气焓值由吸气过热度决定。

$$Q_{\mathrm{h}} = q_{\mathrm{m\_d}}(h_{\mathrm{d}} - h_{\mathrm{s\_c}}) \tag{7-66}$$

$$Q_{\mathrm{eco\_c\_max}} = q_{\mathrm{m\_inj}} \left[h_{\mathrm{eco\_inj\_out}} (T_{\mathrm{s\_c}} - \Delta T_{\mathrm{eco\_min}}, p_{\mathrm{i}}) - h_{\mathrm{eco\_inj\_in}} \right] \qquad (7\text{-}67)$$

$$Q_{\mathrm{eco\_c\_min}} = q_{\mathrm{m\_inj}} \left[h_{\mathrm{eco\_inj\_out}} (p_{\mathrm{i}}, x_{\mathrm{min}}) - h_{\mathrm{eco\_inj\_in}} \right] \qquad (7\text{-}68)$$

$$Q_{\mathrm{eco\_h\_max}} = q_{\mathrm{m\_s}} \left[h_{\mathrm{eco\_s\_in}} - h_{\mathrm{eco\_s\_out}} (T_{\mathrm{inj\_sat}} + \Delta T_{\mathrm{eco\_min}}, p_{\mathrm{d}}) \right] \qquad (7\text{-}69)$$

$$Q_{\mathrm{eco}} = \min (Q_{\mathrm{eco\_h\_max}}, Q_{\mathrm{eco\_c\_max}}) \qquad (7\text{-}70)$$

式中，$q_{\mathrm{m\_d}}$ 为压缩机的排气量；h_{d} 为压缩机的排气焓值；$h_{\mathrm{s\_c}}$ 为冷凝器出口处的制冷剂焓值；Q_{h} 为系统的制热量；$Q_{\mathrm{eco\_c\_max}}$ 为经济器冷侧的最大换热量；$q_{\mathrm{m\_inj}}$ 为压缩机的喷射补气量；$h_{\mathrm{eco\_inj\_out}}$ 为经济器补气支路侧出口处的制冷剂焓值；$T_{\mathrm{s\_c}}$ 为冷凝器出口处的制冷剂温度；$\Delta T_{\mathrm{eco\_min}}$ 为经济器的最小温差；p_{i} 为补气支路的压力；$h_{\mathrm{eco\_inj\_in}}$ 为经济器补气支路侧入口处的制冷剂焓值；$Q_{\mathrm{eco\_c\_min}}$ 为经济器冷侧的最小换热量；x_{min} 为补气支路入口的最小干度；$Q_{\mathrm{eco\_h\_max}}$ 为经济器热侧的最大换热量；$q_{\mathrm{m\_s}}$ 为压缩机的低压吸气量；$h_{\mathrm{eco\_s\_in}}$ 为经济器低压支路侧入口处的制冷剂焓值；$h_{\mathrm{eco\_s\_out}}$ 为经济器低压支路侧出口处的制冷剂焓值；$T_{\mathrm{inj\_sat}}$ 为补气支路的饱和温度；p_{d} 为排气压力；Q_{eco} 为约束条件下的经济器换热量。

耦合计算时，首先假设中间换热器的支路出口状态，通过主、支路的进口状态计算压缩机的动力学参数，进一步得到压缩机的泵气参数和电参数，主、支路进气理论模型则由 7.2 节的分析特性计算；根据中间换热器能量守恒计算主、支路出口状态，将计算得到的补气支路出口状态与假设值做对比，若二者焓值相差小于允许焓值误差 $\Delta h_{\mathrm{error}}$，则表示压缩机运行状态与系统状态相匹配，即为系统稳定运行状态；若二者差值大于允许焓值误差，则重新假设中间换热器出口状态，重复以上计算步骤，直至误差值在允许范围内，结束循环计算，得到该运行状态下的系统稳态结果。

由于中间换热器的能量守恒对压缩机的补气率进行了约束，进一步限定了给定工况条件下输入参数的调节范围。模拟仿真时，设定压缩机最小补气干度 x_{min} 为 0.9，冷凝器出口过冷度 $\Delta T_{\mathrm{s\_c}}$ 为 5℃，吸气过热度 ΔT_{s} 为 10℃。

根据以上仿真模型，计算不同补气压力条件下压缩机在满行程固有频率跟踪运行条件下的系统性能，得到最佳的系统运行参数，在吸气压力为 62.5kPa，排气压力为 765kPa 时，压缩机的最大行程的变化如图 7-43a 所示。随着补气压力的增加，活塞运行满行程逐渐增大，当补气压力提升至一定数值后，由于补气量的增大使压缩机开始补液，压缩腔内积液，因而活塞行程略有降低。

图 7-43b 所示为不同补气压力下压缩机满行程运行需要的供电参数。随着补气压力的增大，压缩机所需要的供电电压有效值逐渐增大，在补气压力约为 210kPa 时达到最大值 179.63V，补气压力继续提升时，供电电压略有降低；压缩机需要的驱动频率基本保持不变，上下浮动小于 0.1Hz。这可以解释为，随着

补气压力的提升，压缩腔内平均压力逐渐增大，压缩机需要的驱动力增加，但由于补气入口制冷剂过热度随补气率的增大逐渐减小，甚至出现补气呈两相态的情形，如图 7-44 所示；补气干度过低时，可能导致压缩腔内积液，因而腔内平均压力及活塞行程减小，需要的驱动力略有降低，固有频率也因气体力的减小而减小。由于补气压力低时，补气率小，中间换热器补气支路出口可达到最高补气温度对应的状态点，即该状态点温度仅低于过冷温度 2℃，此时，该状态点温度高于压缩腔吸气等熵压缩至补气压力对应的温度，因而排气温度略有提升；随着补气压力的增大，补气出口焓值减小，排气温度逐渐降低。

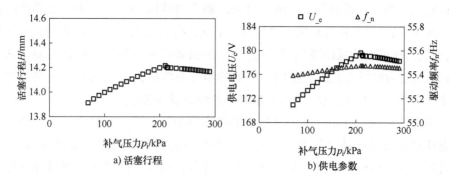

图 7-43 压缩机满行程运行参数随补气压力的变化

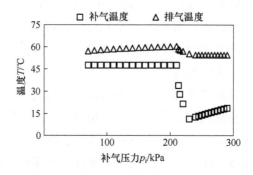

图 7-44 补气温度和排气温度随补气压力的变化

制热量和功耗、COP_h 随补气压力的变化如图 7-45 所示，制热量随补气压力增大先逐渐增大，主要是由排气温度和质量流量的增大引起的，达到最大值后，由于压缩机积液导致排气焓值下降，因而逐渐降低；补气压力提升过程中，压缩机功耗逐渐增加，后基本保持不变；制热能效则先增加后减小，在补气压力为 230kPa 时达到最大值 2.52。此时压缩机的补气进气状态为饱和气态，排气温度略高于饱和温度，在提升压缩机排量的同时，又避免了湿压缩的出现，因而其性能达到最佳。

图 7-46 所示为不同冷凝压力和蒸发压力下系统能效的变化曲线，可以看出，随着冷凝压力的提升，系统制热性能逐渐下降，压缩机最佳性能对应的补气压力逐渐提升；不同蒸发压力工况下，最佳补气压力随蒸发压力的增加也逐渐增大。

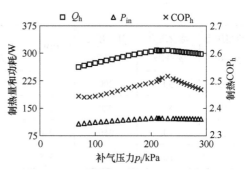

图 7-45　制热量和功耗、COP_h 随补
气压力的变化

不同工况下的最佳性能见表 7-7。可以看出，最佳系统制热 COP 对应的压缩机补气入口焓值与该压力下对应的饱和气相焓值几乎相等，根据模拟结果可以看出，二者的相对差值小于 2%，表明压缩机满行程、固有频率跟踪运行时，补气进口干度为 1 时系统获得最大的制热 COP，可将该特性作为补气式直线压缩机驱动带中间换热器的准二级蒸气压缩循环系统制热时的优化准则，此时，压缩机需要的供电电压达到最大值。

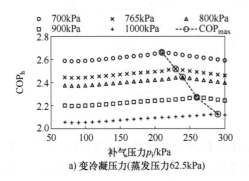

a) 变冷凝压力(蒸发压力62.5kPa)

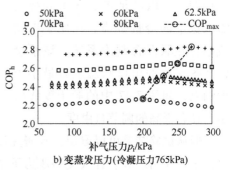

b) 变蒸发压力(冷凝压力765kPa)

图 7-46　变工况下的压缩机性能

表 7-7　不同工况下的最佳性能

冷凝压力 p_d/kPa	蒸发压力 p_s/kPa	补气压力 p_i/kPa	COP_{max}	最佳补气焓值 $h_{\_inj\_opt}$/(kJ/kg)	补气饱和焓值 $h_{\_inj\_sat}$/(kJ/kg)	差值（%）
765	62.5	230	2.45	567.19	569.50	0.41
700	62.5	210	2.66	571.61	565.76	1.03
800	62.5	240	2.52	566.55	571.27	0.83
900	62.5	260	2.27	579.98	574.66	0.93
1000	62.5	290	2.12	576.79	579.39	0.45

（续）

冷凝压力 p_d/kPa	蒸发压力 p_s/kPa	补气压力 p_i/kPa	COP_{max}	最佳补气焓值 h_{inj_opt}/(kJ/kg)	补气饱和焓值 h_{inj_sat}/(kJ/kg)	差值（%）
765	50	200	2.27	560.49	563.79	0.59
765	60	220	2.47	574.22	567.66	1.16
765	70	250	2.65	562.32	572.99	1.86
765	80	270	2.83	566.77	576.28	1.65

7.3.3 并联双蒸发制冷系统特性

当补气式直线压缩机驱动多温区制冷系统时，在各支路压力（即冷藏室和冷冻室蒸发温度需求）恒定的条件下，压缩机的吸、补气支路流量比可通过压缩机行程和频率进行调节，以满足各温区不同冷量需求比下的冷量供应。相比于串联或串、并联混合制冷系统，该系统仅在各支路的出口状态上有最小干度约束，如图7-47中的等干度线所示，具有很高的调节自由度。

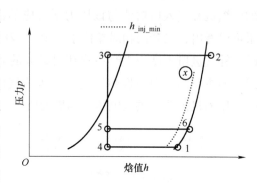

图 7-47 并联双蒸发系统补气入口制冷剂状态

但从试验结果可以看出，本研究设计开发的补气式直线压缩机，其主、支路流量比在给定吸、补气支路压力下的变化范围较小，因而在设计时应根据系统冷量的需求合理配置补气式直线压缩机的结构参数，以实现压缩机及其系统性能的最优化。

对于并联双蒸发制冷系统，主、支路出口的状态主要受两蒸发器换热量的影响，二者之间无相互约束。在模拟仿真时，蒸发温度由各温室设定温度和换热温差决定，两支路出口过热均为无效过热，设定出口过热度为5℃，传热温差为5℃。蒸发支路的换热量分别由式（7-71）和式（7-72）求得。

$$Q_{c\_inj} = q_{m\_inj}(h_{sat\_gas\_inj} - h_{s\_c}) \tag{7-71}$$

$$Q_{c\_suc} = q_{m\_suc}(h_{sat\_gas\_suc} - h_{s\_c}) \tag{7-72}$$

式中，Q_{c_inj}为并联双温区系统中补气支路的制冷量；q_{m_inj}为压缩机的喷射补气量；$h_{sat\_gas\_inj}$为补气支路出口处的饱和气相制冷剂焓值；h_{s_c}为冷凝器出口处的制冷剂焓值；Q_{c_suc} 为并联双温区系统中低压支路的制冷量；q_{m_suc} 为压缩机的低压吸气量；$h_{sat\_gas\_suc}$ 为低压支路出口处的饱和气相制冷剂焓值。

冷冻室设定温度为$-18^{\circ}C$，冷藏室温度在$-10 \sim 10^{\circ}C$调节时，获各支路有效制冷量及压缩机功耗随补气支路设定温度的变化如图 7-48a 所示。可以看出，冷藏支路（补气支路）冷量随设定温度提升而增大，冷冻支路（低压主路）冷量有所降低。设定温度由$-10^{\circ}C$增大为$10^{\circ}C$时，冷冻支路冷量降低约 9.1W，冷藏支路冷量增加 40.8W，压缩机功耗增大 10.3W，由于中压支路冷量的增加量远大于低压支路的减少量，因而总制冷量增大，表明该系统在多温区制冷时存在一定的节能潜力，且冷藏温度设定越高，节能效果越明显。压缩机需要的供电参数由图 7-48b 给出，由于补气支路压力的提升，气体力和行程的增大使供电电压增大，驱动频率基本不变。

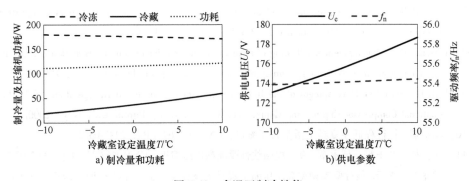

a) 制冷量和功耗　　　　　　　　b) 供电参数

图 7-48　多温区制冷性能

随着直线压缩机应用于多温区制冷或低环温制热的使用需求日益增长，如多温区电冰箱，不同温度区间的冷藏或冷冻设计，使其制冷系统存在多个不同的蒸发支路，在同样的冷凝条件下，蒸发压力越低，压缩该部分制冷剂需要的功耗越大。喷射补气式直线压缩机展示了直线压缩机在多温区小型制冷系统中的良好的发展潜力，是拓展直线压缩机在小型制冷系统中应用的重要研究方向。同时，易于实现无油运行是直线压缩机的重要优点之一，对于空间微小重力环境中气液分离困难或焦耳-汤姆逊节流制冷需要有阀无油压缩机等特种应用场景具有很好适应性，因而耦合补气技术与气体悬浮技术的补气式工质气润滑无油直线压缩机技术在空间热控与深低温制冷技术方面展现了很好的发展和应用前景，但随着应用领域的拓展变化与压缩机结构的创新，以及与新的热力循环进行耦合时仍存在一些科学问题亟待解决，希望今后能有更多的学者能够加入直线压缩机技术研究行列，期待更多研究成果能够相互分享。

参 考 文 献

［1］ VAN D. Electrically actuated pump：US461295A ［P］. 1891.

［2］ LE P，LEON J. Apparatus for obtaining reciprocating motion：US665917A ［P］. 1901.

［3］ VON D F J. Electric translating device：US2194535 ［P］ 1940.

［4］ DOELZ H O. Small electric refrigerating machine：US2679732 ［P］. 1954.

［5］ VAN D W，NICHOLAS R，UNGER R. Linear compressors-a maturing technology ［C］//International Appliance Technical Conference. Madison：University of Wisconsin，1994.

［6］ UNGER R Z，VAN D W，NICHOLAS R. Linear compressors for non-CFC refrigeration ［C］// International Compressor Engineering Conference. West Lafayette：Purdue University，1996.

［7］ UNGER R Z. Linear compressors for clean and speciality gases ［C］//International Compressor Engineering Conference. West Lafayette：Purdue University，1998.

［8］ UNGER R Z. Development and testing of a linear compressor for the european market ［C］//International Appliance Technology Conference. West Lafayette：Purdue University，1999.

［9］ LEE H，SONG G. Development of the linear compressor for household Refrigeration ［C］//International Compressor Engineering Conference. West Lafayette：Purdue University，2000.

［10］ 梁嘉麟. 长行程低往复频率活塞式压缩机：CN86104569 ［P］. 1987-03-25.

［11］ 顾兆林，叶士禄，郁永章，等. 电磁线性驱动高压压缩机：CN2105572U ［P］. 1992-05-27.

［12］ 顾兆林，李云. 线性驱动微型高压压缩机设计方案研究 ［J］. 流体机械，1995，23 （4）：18-21.

［13］ 王仑，梁惊涛，杨健慧. 线型压缩机驱动的微型同轴脉冲管制冷机长寿命试验研究 ［J］. 低温工程，2000，116 （4）：15-18.

［14］ 吴张华，罗二仓，戴巍，等. 高效率电磁驱动直线压缩机的研究 ［J］. 工程热物理学报，2005，26 （3）：435-437.

［15］ 宋金良，吴亦农. 微型斯特林制冷机用线性压缩机研究 ［J］. 流体机械，2006，34 （3）：4-7.

［16］ 陈楠. 大冷量斯特林制冷机用动磁式直线压缩机关键部件及整机性能研究 ［D］. 上海：上海交通大学，2007.

［17］ 陆国华，曲晓萍，吴亦农. 小型动磁直线电机驱动压缩机研究 ［J］. 低温技术，2008，36 （9）：28-31.

［18］ 邰晓亮，王文. 直线电机驱动的微小型活塞压缩机特性分析 ［J］. 低温工程，2009，167 （1）：25-30.

［19］ 张巍，郭方中. 自由活塞型斯特林制冷机的设计方法 ［J］. 低温与超导，1999，27 （4）：40-45.

[20] 孙中章，张永清，李元，等. 一种双活塞对置直线驱动斯特林制冷机的初步研究 [J].
低温工程，1999（4）：55-58.

[21] 饶凌，张存泉. 斯特林制冷机用动圈式直线压缩机共振频率特性仿真分析 [J]. 压缩机
技术，2007（6）：1-4.

[22] XIA M，CHEN X. Analysis of resonant frequency of moving magnet linear compressor of stirling
cryocooler [J]. International Journal of Refrigeration，2010，33（4）：739-744.

[23] 何志龙，李连生，束鹏程. 冰箱用直线压缩机研究 [J]. 西安交通大学学报，2003，37
（11）：1119-1123.

[24] 何志龙. 永磁直线电机驱动的压缩机理论分析及实验研究 [D]. 西安：西安交通大
学，2003.

[25] 马振飞. 冰箱用直线压缩机原理性样机的研制 [D]. 杭州：浙江大学，2005.

[26] 马永寿. 冰箱压缩机驱动用动磁式直线振荡电机研究 [D]. 杭州：浙江大学，2006.

[27] 上官璇峰，李伟. 直线电机驱动的活塞式空气压缩机 [J]. 微特电机，2000，6：34-36.

[28] 王旭平. 动圈式永磁直线振动电机的研究 [D]. 太原：太原理工大学，2003.

[29] ZOU H M，LI X，TANG M S，et al. Performance analysis of linear compressor using R290 for
commercial refrigerator [J]. International Journal of Refrigeration，2020（109）：55-63.

[30] 邹慧明，王英琳，李旋，等. R290直线压缩机变工况制冷性能 [J]. 化工学报，2021，
72：342-347.

[31] 胡海岩. 机械振动基础 [M]. 北京：北京航空航天大学出版社，2005.

[32] 顾海明，周勇军. 机械振动理论与应用 [M]. 南京：东南大学出版社，2007.

[33] ZOU H M，TANG M S，XU H B，et al. Performance characteristics around the TDC of linear
compressor based on whole-process simulation [J]. Journal of Mechanical Science & Technolo-
gy，2014，28（10）：4163-4171.

[34] 邹慧明. 双缸对置式线性压缩机开发与研究 [D]. 北京：中国科学院研究生院，2010.

[35] ZOU H M，ZHANG L Q，PENG G H，et al. Experimental investigation and performance anal-
ysis of a dual-cylinder opposed linear compressor [J]. Journal of Mechanical Science and
Technology，2011，25（8）：1-8.

[36] 张立钦. 冰箱用线性压缩机特性及控制策略研究 [D]. 北京：中国科学院大学，2012.

[37] 邹慧明，张立钦，彭国宏，等. 动磁式直线振荡电机性能模拟及实验 [J]. 电机与控制
学报，2012，16（4）：25-29.

[38] 张倩，胡仁喜，康士廷. ANSYS 14.0电磁学有限元分析从入门到精通 [M]. 北京：机
械工业出版社，2013.

[39] 谭作武，凌金福，辉嘉陵，等. 往复电动机 [M]. 北京：北京出版社，1991.

[40] GU Q S，GAO H Z. The fringing effect in PM electric machines [J]. Electric Machines and
Power Systems. 1986，11：159-169.

[41] GU Q S，GAO H Z. Effect of slotting in PM electric machines [J]. Electric Machines and

Power Systems. 1985, 10（4）：273-284.

［42］ ZHU Z Q, HOWE D BOLTE E, et al. Instantaneous magnetic field distribution in brushless permanent magnet DC motors：Part Ⅰ open-circuit field［J］. IEEE Transactions on Magnetics, 1993, 29（1）：124-135.

［43］ ZHU Z Q, HOWE D BOLTE E, et al. Instantaneous magnetic field distribution in brushless permanent magnet de motors：Part Ⅱ open-circuit field［J］. IEEE Transactions on Magnetics, 1993, 29（1）：136-142.

［44］ ZHU Z Q, HOWE D BOLTE E, et al. Instantaneous magnetic field distribution in brushless permanent magnet dc motors：Part Ⅲ pen-circuit field［J］. IEEE Transactions on Magnetics, 1993, 29（1）：143-151.

［45］ 张榴晨, 徐松. 有限元法在电磁计算中的应用［M］. 北京：中国铁道出版社, 1996.

［46］ 郗晓亮. 动磁式直线电机驱动微小型活塞压缩机理论分析及实验研究［D］. 上海：上海交通大学, 2009.

［47］ 唐明生. 线性压缩机非线性特性与控制系统研究［D］. 北京：中国科学院大学, 2014.

［48］ ZOU H M, ZHANG L Q, PENG G H, et al. Efficiency measurement of linear oscillation motor with gas load［J］. International Journal of Applied Electromagnetics and Mechanics, 2010, 34（1）：109-118.

［49］ TANG M, ZOU H M, XU H, et al. Stroke and natural frequency estimation for linear compressor using phasor algorithm［J］. International Journal of Applied Electromagnetics & Mechanics, 2014, 46（4）：763-774.

［50］ 邹慧明, 唐明生, 徐洪波, 等. 线性压缩机变容量性能实验研究［J］. 压缩机技术, 2014, 2：10-14.

［51］ 李灿. 直线压缩机在线监测及启动控制技术研究［D］. 北京：中国科学院大学, 2017.

［52］ 王敏. 直线压缩机运行稳定性研究与故障诊断［D］. 北京：中国科学院大学, 2018.

［53］ ZOU H M, WANG M, TANG M S, et al. Study on stroke unstable fluctuation of linear compressor and start-up control optimization with frequency tracking［J］. International Journal of Refrigeration, 2018（96）：100-105.

［54］ ZOU H M, LI X, TANG M S, et al. Start-up characteristics of linear compressors in a refrigeration system［J］. Journal of Thermal Science, 2021, 30：598-609.

［55］ TANG M S, ZOU H M, TIAN C Q, et al. The analysis of energy conservation employed in the control of linear compressor［C］. Bristol：IOP Publishing Ltd, 2019.

［56］ 邹慧明, 李灿, 唐明生, 等. 冰箱直线压缩机运行不稳定的实验研究［J］. 制冷学报, 2017, 38（3）：50-55.

［57］ 邹慧明, 王敏, 唐明生, 等. 冰箱直线压缩机不稳定波动的机理分析［J］. 制冷学报, 2019, 40（3）：37-42.

［58］ 谢洁飞. 动磁式直线压缩机理论与试验研究［D］. 杭州：浙江大学, 2005.

[59] 叶云岳. 直线电机原理与应用 [M]. 北京：机械工业出版社，2000.

[60] 赵科. 冰箱用动磁铁式直线压缩机动态优化设计的关键问题研究 [D]. 杭州：浙江大学，2014.

[61] 唐任远. 现代永磁电机理论与设计 [M]. 北京：机械工业出版社，1997.

[62] 焦留成，禹沛. 稀土永磁材料及其在直线电机中的应用展望 [J]. 微特电机，1997，25 (2)：32-34.

[63] 周寿增，董清飞. 超强永磁体-稀土铁系永磁材料 [M]. 2 版. 北京：冶金工业出版社，2004.

[64] 王良泽. 制冷用直线压缩机的动力分析与气阀研究 [D]. 合肥：合肥工业大学，2013.

[65] 汪曾祥，魏先英，刘祥志. 弹簧设计手册 [M]. 上海：上海科学技术文献出版社，1986.

[66] 周超. 弹簧质量对谐振系统固有频率的影响 [J]. 西安建筑科技大学学报，2001，33 (4)：401-403.

[67] 谢利明. 弹簧振子运动的实际动力学分析 [J]. 上海师范大学学报，2002，31 (2)：91-95.

[68] 舒荣服. 非圆形截面钢丝圆柱螺旋压缩弹簧设计计算方法的探讨 [J]. 机械工业标准化与质量，2008，10：21-25.

[69] 邢林芬. 直线压缩机润滑系统的研究 [J]. 科技信息，2009 (33)：125-126.

[70] 金炯镇，李衡国. 为线性压缩机的摩擦部分供油的装置：96190663.4 [P]. 1996.

[71] 郑圆贤. 线性压缩机的油路打开和关闭系统：98812881.0 [P]. 1996.

[72] 玄圣烈. 线性压缩机的供油装置：99803422.3 [P]. 1999.

[73] 金烟镇，崔基喆. 线性压缩机的润滑油供应装置：98102620.6 [P]. 1998.

[74] 邹慧明，王英琳，唐明生，等. 直线压缩机用多孔质气体轴承的仿真与实验 [J]. 制冷学报，2021，4：122-129，141.

[75] 明尔扬. PTFE/PEEK 聚合物涂层对活塞式全无油润滑压缩机活塞销润滑改进的研究 [D]. 北京：北京交通大学，2012.

[76] SAFAR Z S. Design and analysis of mechanical face seals [J]. Wear, 1981, 66 (1)：43-53.

[77] 陈学梅，黎文兰. 气体轴承技术及其应用 [J]. 润滑与密封，2000，4：62-63.

[78] 邹慧明，唐明生，田长青. 基于 R290 和 R600a 两种工质的直线压缩机性能对比分析 [J]. 家电科技，2018，S1：39-42.

[79] 邹慧明，汤鑫斌，唐明生，等. CO_2 直线压缩机设计与变工况性能分析 [J]. 压缩机技术，2021，2：9-17.

[80] 汤鑫斌. 电动汽车 CO_2 热泵系统及压缩机性能研究 [D]. 北京：中国科学院大学，2022.

[81] 吴业正，韩宝琦，等. 制冷原理及设备 [M]. 西安：西安交通大学出版社，1987.

[82] 吴业正，等. 制冷与低温技术原理 [M]. 北京：高等教育出版社，2005.

［83］沈维道，童钧耕. 工程热力学［M］. 4 版. 北京：高等教育出版社，2007.

［84］邹慧明，李旋，唐明生，等. R290 工质直线压缩机的性能实验研究［J］. 化工学报，2018，69（S2）：1-7.

［85］LI X, ZOU H M, TANG M S, et al. Optimization analysis of linear compressor using R290 for capacity-modulation performance improvement［J］. Journal of Refrigeration, 2021（127）：111-119.

［86］LEE H, JEONG S S, LEE C W, et al. Linear compressor for air-conditioner［C］. West Lafayette：Proceedings of International Compressor Engineering Conference, 2004.

［87］YOO J Y, PARK S H, LEE H, et al. New capacity modulation algorithm for linear compressor［C］. West Lafayette：Proceedings of International Compressor Engineering Conference, 2010.

［88］LEE H K, SONG G Y, PARK J S, et al. Development of the linear compressor for a household refrigerator［C］. West Lafayette：Proceedings of International Compressor Engineering Conference, 2000.

［89］LEE H, KI S H, JUNG S S, et al. The innovative green technology for refrigerator development of innovative linear compressor［C］. West Lafayette：Proceedings of International Compressor Engineering Conference, 2008.

［90］LIANG K. A review of linear compressors for refrigeration［J］. International Journal of Refrigeration, 2017, 84：253-273.

［91］一丁. 恩布拉科革命性产品亮相：线性无油压缩机［J］. 电器，2014（4）：48.

［92］UNGER R, NOVOTNY S. A high performance linear compressor for CPU cooling［C］. West Lafayette：Proceedings of International Compressor Engineering Conference, 2002.

［93］BRADSHAW C R, GROLL E A, GARIMELLA S V. A comprehensive model of miniature-scale linear compressor for electronics cooling［J］. International Journal of Refrigeration, 2011, 34：63-73.

［94］POSSAMAI F, LILIE D E B, ZIMMERMANN A J P, et al. Miniature vapor compression system［C］. West Lafayette：Proceedings of International Refrigeration and Air Conditioning Conference, 2008.

［95］MANCIN S, ZILIO C, RIGHETTI G, et al. Mini vapor cycle system for high density electronic cooling applications［J］. International Journal of Refrigeration, 2013, 36：1191-1202.

［96］LIANG K, DADD M W, BAILEY P B. Clearance seal compressors with linear motor drives part ii：experimental evaluation of a moving magnet motor system［J］. Proceedings of the Institution of Mechanical Engineers Part A Journal of Power and Energy, 2013, 227（3）：252-260.

［97］LIANG K, STONE C R, DADD M W, et al. A novel linear electromagnetic-drive oil-free refrigeration compressor using R134a［J］. International Journal of Refrigeration, 2014, 40：450-459.

［98］李林玉，吴张华，余国瑶，等. 直线压缩机电声转换特性的实验［J］. 浙江大学学报
（工学版），2016，50（8）：1529-1536.

［99］汪伟伟. 空间用有阀线性压缩机设计与实验研究［D］. 杭州：浙江大学，2014.

［100］张召，朱绍伟. 脉管制冷机用直线电机［J］. 低温与超导，2018，46（5）：1-7.

［101］陈国邦，汤珂. 小型低温制冷机原理［M］. 北京：科学出版社，2010.

［102］周文杰，甘智华. 低温制冷机用线性压缩机研究进展［C］//第九届全国低温工程大会
论文集. 合肥：《低温与超导》杂志社，2009：205-214.

［103］邓伟峰. 大功率动磁式线性压缩机关键技术与实验研究［D］. 上海：中国科学院研究
生院（上海技术物理研究所），2016.

［104］ZHAO Y, YU G, TAN J, et al. CFD modeling and experimental verification of oscillating
flow and heat transfer processes in the micro coaxial Stirling-type pulse tube cryocooler operat-
ing at 90-170Hz［J］. Cryogenics, 2018, 90：30-40.

［105］YOU X, QIU L, ZHI X, et al. Study on the method of improving the input power of the
linear compressor in a high capacity pulse tube cryocooler［J］. International Journal of Re-
frigeration, 2018, 96：139-146.

［106］DANG H, LI J, TAN J, et al. Theoretical modeling and experimental verification of the
motor design for a 500g micro moving-coil linear compressor operating at 90-140Hz［J］. In-
ternational Journal of Refrigeration, 2019, 104：502-512.

［107］甘智华，王龙一，周文杰，等. 直线臂板弹簧支撑的动圈式线性压缩机［J］. 工程热
物理学报，2013，34（9）：1611-1614.

［108］刘莉，张华，丁磊，等. 有阀线性压缩机输出特性关键影响因素研究［J］. 制冷技术，
2019，39（1）：34-38.

［109］马跃学. 空间液氦温区三级直线压缩机驱动的多孔多级节流过程研究［D］. 北京：中
国科学院大学，2017.

［110］SATO Y, SAWADA K, SHINOZAKI K, et al. Development of 1K-class Joule-Thomson cryo-
cooler for next-generation astronomical mission［J］. Cryogenics, 2016, 74：47-54.

［111］ADE P A R, AGHANIM N, ARNAUD M, et al. Planck early results. Ⅱ. The thermal per-
formance of Planck［J］. Astronomy & Astrophysics, 2011, 536：1-31.

［112］陈思凡. 单级线性压缩机驱动的液氦温区 JT 制冷机模拟与实验研究［D］. 杭州：浙江
大学，2020.

［113］周纪抑，朱因远. 非线性振动［M］. 西安：西安交通大学出版社，1998.

［114］张燕宾. SPWM 变频调速应用技术［M］. 北京：机械工业出版社，2002.

［115］PENG G H, TANG M S, ZOU H M, et al. Determination of TDC using digital correlation
method for linear compressor［J］. Advanced Materials Research, 2013, 694-697（5）：
1608-1614.

［116］ZOU H M, LI C, TANG M S, et al. Online measuring method and dynamic characteristics of gas kinetic parameters of linear compressor [J]. Measurement, 2018, 125: 545-553.

[117] 唐明生, 邹慧明, 王敏, 等. 动力学参数在直线压缩机故障诊断中的应用 [J]. 压缩机技术, 2019 (3): 21-25, 32.

[118] 李旋. 直线压缩机喷射补气动态特性研究 [D]. 北京: 中国科学院大学, 2022.

[119] 李旋, 邹慧明, 汤鑫斌, 等. 直线压缩机喷射补气特性分析 [J]. 制冷学报, 2022, 43 (5): 56-63.

[120] TANG Z H, LI X, ZOU H M, et al. Experimental performance of a heat pump driven by vapor injection linear compressor [J]. Applied Thermal Engineering, 2023, 225: 120197.